21 世纪全国高职高专电子信息系列技能型规划教材

单片机开发入门及应用实例

主　编　熊华波
副主编　蒋　然　李　琦
主　审　李源生

北京大学出版社
PEKING UNIVERSITY PRESS

内 容 简 介

本书是根据首批国家示范性高职建设院校的课程建设要求，以培养高素质高技能型人才为指导思想，结合现代单片机技术的发展趋势而编写的。

本书以单片机开发实例——带语音播报的温度自动测量仪为主线展开内容，内容包括：单片机基础、单片机编程基础、并行输入/输出接口的使用、SPCE061A 的定时器/计数器的使用、SPCE061A 的 ADC/DAC 的使用、UART 的使用、单片机语音基础及 LCD 显示共 7 章，每章中附有多个开发实例。书中还编有教学目标、教学要求、引例、特别提示、知识链接、应用案例、综合应用实例等，方便教师教学和学生自学。本书实例丰富、代表性强，每个例子都调试通过，都有具体的设计思路、软件设计以及程序代码分析，对于读者学习单片机的应用开发提供了良好的参考和指导价值。

本书语言简洁，层次清晰，简单易学、易懂。本书适合高职高专院校计算机、自动化、电子信息等相关专业的学生选用学习，同时也可供热爱单片机开发的人员参考使用。

图书在版编目(CIP)数据

单片机开发入门及应用实例/熊华波主编. —北京：北京大学出版社，2011.1
(21 世纪全国高职高专电子信息系列技能型规划教材)
ISBN 978-7-301-17958-1

Ⅰ.①单… Ⅱ.①熊… Ⅲ.①单片微型计算机—系统开发—高等学校：技术学校—教材 Ⅳ.①TP 368.1

中国版本图书馆 CIP 数据核字(2010)第 203830 号

书　　　名：单片机开发入门及应用实例
著作责任者：熊华波　主编
策 划 编 辑：赖　青　张永见
责 任 编 辑：李婷婷
标 准 书 号：ISBN 978-7-301-17958-1/TN·0063
出　版　者：北京大学出版社
地　　　址：北京市海淀区成府路 205 号　100871
网　　　址：http://www.pup.cn　http://www.pup6.com
电　　　话：邮购部 62752015　发行部 62750672　编辑部 62750667　出版部 62754962
电 子 邮 箱：pup_6@163.com
印　刷　者：河北滦县鑫华书刊印刷厂
发　行　者：北京大学出版社
经　销　者：新华书店
787 毫米×1092 毫米　16 开本　16.25 印张　376 千字
2011 年 1 月第 1 版　2011 年 1 月第 1 次印刷
定　　　价：30.00 元

前　言

随着科学技术的日新月异，单片机也从一开始的8位单片机发展到16位、32位等诸多系列，其应用领域也逐渐地由传统的控制，扩展为控制处理、数据处理以及数字信号处理（Digital Signal Processing，DSP）等领域。凌阳的16位单片机就是为适应这种发展而设计的。

单片机系统的开发是硬件、软件相结合的过程。要完成单片机系统的开发，不仅需要掌握编程技术，还需要针对实际应用选择合理的单片机芯片和外围器件，并以此为基础，设计硬件电路。事实证明，通过具体的实例来学习单片机系统的开发是一条科学的途径，本书的编写，旨在通过介绍各种典型的单片机系统的开发实例来为读者提供开发单片机系统的一条“捷径”。

本书是教育部“十一五”规划课题FJB080593子课题的一部分，并根据国家示范性高职建设院校的课程建设要求，以培养高素质高技能型人才，结合现代单片机技术的发展趋势而编写的。本书在理论上以够用为度，注重培养学生的实践能力，书中选取了大量常用的应用实例，供教学演示和学生动手实践，突出高职高专的教育特色。

本书以单片机开发实例——带语音播报的温度自动测量仪为主线展开内容，内容包括：单片机基础、单片机编程基础、并行输入/输出接口的使用、SPCE061A的定时器/计数器的使用、SPCE061A的ADC/DAC的使用、UART的使用、单片机语音基础及LCD显示共7章，每章中附有多个开发实例。书中还编有教学目标、教学要求、引例、特别提示、知识链接、应用案例、综合应用实例等，方便教师教学和学生自学。本书实例丰富、代表性强，每个例子都调试通过，都有具体的设计思路、软件设计以及程序代码分析，对于读者学习单片机的应用开发提供了良好的参考和指导价值。

本书由辽宁省交通高等专科学校熊华波任主编，由辽宁省交通高等专科学校李源生教授主审。本书编写分工如下：北京体育大学李琦编写第1、2章，辽宁省交通高等专科学校蒋然编写第3、4章，熊华波编写第5～7章。另外，张萍同志在资料收集、整理方面做了大量的工作，在此表示感谢！

由于示范性高职建设院校的课程建设还不够完善，加之编者水平有限，书中难免有疏漏和不妥之处，恳请读者批评指正。

编　者

2010年11月

目　录

第1章 单片机基础

教学目标

通过学习单片机的基础知识，掌握单片机的概念、工作原理、基本构成、发展历史、分类、应用范围等；掌握单片机编程语言的种类及各自的特点；掌握计算机中的数制及相互转换；认识凌阳单片机；掌握凌阳单片机最小系统的组成。

教学要求

能力目标	知识要点	权重	自测分数
掌握单片机的基础知识	单片机的概念、工作原理、基本构成、发展历史、分类、应用范围、编程语言	40%	
掌握几种数制及其相互转换	数制及相互转换；二进制，十进制，十六进制	20%	
认识凌阳单片机	凌阳单片机内部结构；芯片引脚；单片机最小系统，时钟信号、复位信号	40%	

引例

单片机产品实例：公交车报站器

在20世纪时，世界已经跨越了3个“电”的时代，即电气时代、电子时代和现已进入的电脑时代。不过，这种电脑，通常是指个人计算机，简称PC。它由主机、键盘、显示器等组成。还有一类计算机，大多数人却不怎么熟悉。这种计算机就是把智能赋予各种机械的单片机。顾名思义，这种计算机的最小系统只用了一片集成电路，即可进行运算和控制。因为它体积小，通常都藏在被控机械的“肚子”里。它在整个装置中，起着有如人类头脑的作用，它出了毛病，整个装置就瘫痪了。

如果你是第一次接触单片机，可能会对单片机感到很陌生。但单片机却时时刻刻在我们的身边存在，例如在坐公交车时，都听到过车上的报站声音，其实公交车报站器就是一种单片机产品。一些高级的公交车报站器是以单片机为控制核心，结合GPS(全球定位系统)，对车辆的运行状态(位置、方向、速度、时间等)进行实时采集，对数据进行分析，当车辆达到预定位置时，通过语音功能进行播报站名、音乐、广告、提示语、时间等信息，并在LED(发光二极管)点阵上显示，实现全自动报站功能。当然如果考虑成本以及运行的可靠性，可以省去GPS，这时由司机根据车辆运行情况，通过键盘操作进行手动报站。

图1.1所示是公交车报站器的示意图，系统以凌阳16位单片机SPCE061A为控制核心，可以划分为键盘输入(接收司机发出的报站指令)、数码管显示(显示所报站名、日期时间、行进方向等信息)、SPR4096资源存储(语音资源存储，相当于计算机上的硬盘或U盘等存储介质)与61板(凌阳单片机的一种单片机开发板，是以单片机为核心构成的控制电路)语音播报等部分。61板是整个系统的控制核心，并且负责语音的输出。

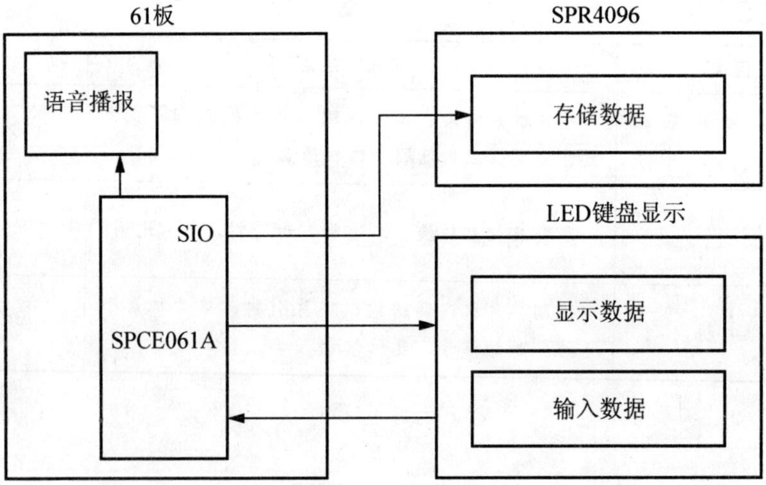

图1.1 单片机构成的语音报站器示意图

上面介绍了一种单片机产品，日常生活中我们能接触到的单片机产品还有很多，如今天每个人都很熟悉的嵌入式电子设备——电饭煲、空调、洗衣机、热水器、遥控多功能电风扇、冰箱、电视、DVD播放机、MP3播放机、充电器、手机、汽车、电动自行车、电梯、飞机、火车等都采用了不同性能档次、不同温度范围和不同成本等级的单片机，而且它的应用范畴还在不断地延伸到很多我们以前想都想不到的领域。一般来说，现代都市生活每天都要接触或使用超过100种采用单片机的产品，不信我们可以来看一下：

从一大早把你从睡梦中唤醒的数字闹钟算起，起床后你很可能会使用电动牙刷，很多人还习惯冲个澡清醒一下，冲完澡后你一般会用电动干发机吹干头发，用电动剃须刀刮刮胡须，然后准备吃早餐，此时你一般会用咖啡机冲杯咖啡，用烤面包机烤几块面包，打开水过滤系统，用电饭煲煮点粥，再从冰箱里拿出鸡蛋，用电动搅拌器打稀，再拿到微波炉里蒸一下就可以享用一顿丰盛的早餐了。

吃完早餐你就该上班了，当你用车钥匙遥控打开汽车门坐进你的爱车的时候，你可曾想到已经有 50 颗左右的单片机在准备为你服务，它们控制着倒车雷达或倒车语音提示器、前后车灯、刮水器、安全气囊、发动机、ABS、牵引系统、电动助力转向、电子消声器、滑动传感器、窗门开启和关闭、座位调整、车内温度、车速 / 油箱指示、转向灯以及胎压监测等。等到一切准备就绪，你就可用遥控器打开自家车库大门，然后开车上路。此时你一路上会遇到很多自动交通信号灯、雷达测速、红灯监视器、交通流量监测器、电子路标、自动街灯、加油机、收加油款的POS终端以及自动支付隧道、桥梁和高速公路使用费的交通卡。

当你到达办公楼时，你会看到夜晚使用的射灯、简洁的荧光灯、电子出口标志和备用灯、紧急照明灯，以及可随外界光线明暗程度自动调节亮度的办公照明系统。当你使用电梯时，电梯的控制、运行和提示也是采用单片机来实现的。今天的电表、水表和煤气 / 天燃气表也大都采用单片机来实现自动抄表和计费。你会使用到吸尘器、洗衣机和干衣机，你一般也会为你的办公 / 家用计算机安装不间断电源。

当筋疲力尽回到家时，你很可能想在电动按摩椅上放松一下，并用遥控电风扇加速房间里的空气对流。你也可能想做一些家庭护理，如用电子血压计量一下自己的血压，用电子体温计量一下自己的体温，用电子称测一下自己的体重，用血糖仪测一下自己血液中的糖分，如有偏头痛现象发生还可用偏头痛减轻仪缓解一下痛苦。

晚上睡觉时你可用电动窗帘机自动关窗帘，冬天睡觉时可开启电热毯，用自动调温 / 调湿器调节室内温度和湿度，用空气净化器吸收你房间里的各种有毒气体，用遥控器自动关灯 / 关门，用电子驱蚊器驱赶蚊虫，用一氧化碳检测仪、烟雾检测器和控制系统、摄像监控报警系统保障你的家人和家庭的生命财产安全，甚至启动防夜游管理系统自动锁死各道房门。

生活中处处都能接触到单片机，单片机究竟是什么？它由哪些部分组成？它是如何工作的？下面就针对这些内容加以介绍。

1.1 单片机的概念

单片机的全称是单芯片计算机(Single Chip Microcomputer)，又称单芯片微控制器(Micro Controller Unit，MCU)。它把一个计算机系统集成到一个芯片上，简单地说，一个芯片就可以成为一台完整的计算机系统。在早期的单片机中集成了处理器(控制器)，输入 / 输出接口(I/O)，RAM，ROM，定时器 / 计数器等部件的电子器件，构成一个最小的计算机系统。现在的单片机，芯片内还集成了 Flash(闪存)，PWM(脉冲宽度调制)，A/D(模数转换)、D/A(数模转换)，UART(串行异步通信) 等多种常用功能部件，功能强大且易于使用。另外芯片中还集成了固定的程序用于处理特定的问题，例如一个计算器是一个单片机系统，一台洗衣机是一个单片机系统，一个照相机是一个单片机系统，一个机械臂也是一个单片机系统。现在比较流行的单片机有 51 系列，intel 系列，AVR 系列，凌阳系列，等等。

单片机到底是什么呢？就是一台计算机，只不过是微型的，麻雀虽小，但五脏俱全。它内部也有和计算机功能类似的模块，例如CPU，内存，并行总线，还有和硬盘作用相同的存储器件，不同的是它的这些部件性能都相对家用计算机弱很多，不过价钱也较低，一般不超过10元，用它来做一些控制电器一类不很复杂的工作足够了。它主要是作为控制部分的核心部件。单片机是一种在线式实时控制计算机，在线式就是现场控制，需要有很高的工作稳定性、较低的成本，这也是和离线式计算机(如家用PC)的主要区别。

计算机系统包括了软、硬件系统，硬件必须和软件配合使用。而单片机是要靠程序的，并且可以修改，通过不同的程序实现不同的功能，尤其是一些独特的功能。这些独特的功能是别的器件需要费很大力气才能做到的，有些则是花大力气也很难做到的。一个不是很复杂的功能要是用美国20世纪50年代开发的74系列，或者60年代的CD4000系列这些纯硬件来实现的话，电路一定是一块大的PCB(印制电路板)板！但是如果用美国70年代成功投放市场的系列单片机，结果就会有天壤之别！这是因为单片机通过人们编写的程序可以实现高智能，高效率，以及高可靠性！

1.2　单片机的应用

单片机的用处非常多，生活在现代城市中，你肯定离不开单片机，早些年，我们的前辈要开发一个简单的逻辑控制产品，需要用到很多的分离器件，这样不仅麻烦，而且可靠性不高，现在用一枚几块钱的单片机便能轻松搞定。单片机由于有极高的可靠性、微型性和智能性(只要编写不同的程序后就能够完成不同的控制工作)，已成为工业控制领域中普遍采用的智能化控制工具，已经渗透到我们生活的各个领域，几乎很难找到哪个领域没有单片机的踪迹。如导弹的导航装置，飞机上各种仪表的控制，计算机的网络通信与数据传输，工业自动化过程的实时控制和数据处理，广泛使用的各种IC卡，民用豪华轿车的安全保障系统，录像机、摄像机、全自动洗衣机的控制，以及程控玩具、电子宠物，等等，这些都离不开单片机，更不用说自动控制领域的机器人、智能仪表、医疗器械了。以下是一些应用举例：

(1) 智能产品：单片机微处理器与传统的机械产品相结合，使传统机械产品结构简化、控制智能化，构成新一代的机电一体化的产品。例如，传真打字机采用单片机，可以取代近千个机械器件；缝纫机采用单片机控制，可执行多功能自动操作、自动调速、控制缝纫花样的选择。

(2) 智能仪表：用单片机微处理器改良原有的测量、控制仪表，能使仪表数字化、智能化、多功能化、综合化。而测量仪器中的误差修正、线性化等问题也可迎刃而解。

(3) 测控系统：用单片机微处理器可以设计各种工业控制系统、环境控制系统、数据控制系统，例如温室人工气候控制、水闸自动控制、电镀生产线自动控制、汽轮机电液调节系统等。

(4) 数控型控制机：在目前数字控制系统的简易控制机中，采用单片机可提高可靠性，增强其功能、降低成本。例如在两坐标的连续控制系统中，用8051单片机微处理器组成的系统代替Z-80组合系统，在完成同样功能的条件下，其程序长度可减少50%，提高了执行速度。数控型控制机采用单片机后口可能改变其结构模式，例如使控制机与伺服控制分开，用单片机构成的步进电机控制器可减轻数控型控制机的负担。

(5) 智能接口：微型计算机系统，特别是在较大型的工业测控系统中，除外围装置(打印机、键盘、磁盘、CRT) 外，还有许多外部通信、采集、多路分配管理、驱动控制等接口。这些外围装置与接口如果完全由主机进行管理，势必造成主机负担过重，降低执行速度，如果采用单片机进行接口的控制与管理，单片机微处理器与主机可并行工作，大大地提高了系统的执行速度。如在大型数据采集系统中，用单片机对模拟 / 数字转换接口进行控制不仅可提高采集速度，还可对数据进行预先处理，如数字滤波、线性化处理、误差修正等。在通信接口中采用单片机可对数据进行编码译码、分配管理、接收 / 发送控制等。

特别提示

- 单片机的应用领域可以归纳为以下几个方面：
  (1) 单片机在智能仪器仪表中的应用；
  (2) 单片机在工业测控中的应用；
  (3) 单片机在计算机网络和通信技术中的应用；
  (4) 单片机在日常生活及家电中的应用；
  (5) 单片机在办公自动化方面。

1.3 单片机的发展历史及产品类型

单片机是随着电子计算机的发展而产生的，我们一起回忆一下电子计算机的发展过程，电子计算机的发展大致已经历了以下四代。

第一代 —— 电子管时代，其发展年代大约在 1946—1958 年。世界上公认的第一台电子计算机是 1946 年由宾夕法尼亚大学研制出来的。这台计算机使用了 18000 个电子管，1500 个继电器，占地面积为 $150m^2$，质量为 30t，功率达 140kW，花费资金 100 多万美元。它的运算速度却只有 5000 次 /s。但它的发明奠定了以后计算机发展的基础。当时的计算机软件主要用机器语言编制程序，其用途主要用于科学计算。

第二代 —— 晶体管时代，其发展年代大约在 1958—1964 年，计算机的逻辑元件为晶体管。软件有了很大发展，开始使用各种高级语言编制程序。计算机的应用已发展至各种事物的数据处理，并开始用于工业控制。

第三代 —— 集成电路时代，其发展年代大约在 1964—1971 年。此时计算机的逻辑元件为小规模集成电路(SSI) 和中规模集成电路(MSI)。软件方面已出现了分时操作系统，会话式的高级语言也有了相当发展。计算机的应用已开始用于企事业管理与工业控制。

第四代 —— 大规模集成电路时代，是从 1971 年以后发展起来的。计算机的逻辑元件为大规模集成电路(LSI)。软件性能也有极大的提高，计算机应用也进入了网络时代。

随着社会的发展和需求的提高，计算机也在不断地更新与发展。由于计算机是应数值计算而产生的，因此长期以来电子计算机技术都是随着满足大量高速数值计算而发展的，直到 20 世纪 70 年代，电子计算机在数字逻辑运算、推理、自动控制等方面显露出非凡的功能后，在各种控制领域开始对计算机技术发展提出了与传统大量高速计算完全不同的要求。这些要求是:面对控制对象、面对各种传感器信号、面对人机交互操作控制、能方便地嵌入工控应用系统中等。

为了实现上述要求，单片微型计算机(简称单片机)应运而生。单片机又称“微控制器”、“嵌入式微控制器”。单片机一词最初是源于“Single Chip Microcomputer”，简称SCM。在单片机诞生时，SCM是一个准确、流行的称谓，“单片机”一词准确地表达了这一概念。随着SCM在技术上、体系结构上不断扩展其控制功能，单片机已不能用“单片微型计算机”来准确表达其内涵。国际上逐渐采用“MCU”(Micro Controller Unit)来代替，形成了单片机界公认的、最终统一的名词。在国内因为“单片机”一词已约定俗成，故而继续沿用。1976年，intel公司首先推出了MCS－48系列的单片微型计算机。

单片机的发展历史大致可分为三个阶段。

第一阶段(1976—1978年)：以intel公司的MCS－48系列为代表，此单片微型计算机具有8位CPU、并行I/O端口、8位时序同步计数器，寻址范围不大于4KB，没有串口。

第二阶段(1978—1982年)：高性能单片微型计算机阶段，如intel公司的MCS－51系列、Motorola公司的6801和Zilog公司的Z－8等。该类单片微型计算机具有串口、多级中断处理系统和16位时序同步计数器，RAM、ROM容量加大，寻址范围可达64KB，有的芯片还有A/D转换接口。

intel公司开发的MCS－51系列单片机，其代表芯片包括8051、8031、8052、8032、8751和8752，这些统称为51系列单片机。

世界各地厂商研制多个品种的单片机产品，其中有Motorola公司的6801、6802，Zilog公司的Z－8系列，Rockwell公司的6501、6502等。

第三阶段(1982年至今)：8位单片微型计算机改良型及16与32位单片微型计算机阶段，如intel公司的16位单片机MCS－96系列，凌阳公司的SPCE系列，32位单片机ARM系列。

本书主要介绍我国台湾凌阳公司生产的单片机，主要因为其具有高速度、低价、可靠、实用、体积小、功耗低和简单易学等特点。像SPCE061A型单片机内嵌32K字闪存Flash，处理速度高，尤其适用于数字语音播报和识别等应用领域，是数字语音识别与语音信号处理的理想产品，得到了广泛的应用。凌阳SPMC75系列单片机是凌阳科技开发的具自主知识产权的16位微控制器(单片机)，它集成了能产生变频电机驱动的PWM发生器、多功能捕获比较模块、BLDC电机驱动专用位置侦测接口、两相增量编码器接口等硬件模块；以及多功能I/O接口、同步和异步串行口、ADC(模数转换器)、定时计数器等功能模块。利用这些硬件模块支持，SPMC75可以完成诸如家电用变频驱动器、标准工业变频驱动器、多环伺服驱动系统等复杂应用。

1.4 单片机的结构组成和工作原理

1.4.1 单片机的结构

单片机由中央处理器(又称微处理器，包括运算器和控制器)、存储器、输入/输出接口电路、输入设备和输出设备组成，如图1.2所示，它们之间由总线(bus)连接进行信息传输。

先来做个比喻，CPU好比人体的“大脑”，计算机大大小小的指令都通过它来执行；存储器记录着计算机需要执行的程序和需要处理的各种数据；输入设备负责将需要处理的数据输入“大脑”；输出设备将处理好的数据输出给外围设备(与计算机相连的其他设备)；计算机“器官”与“器官”之间的数据传输，是通过总线来完成的，就像人体的养分靠血管输送一般。

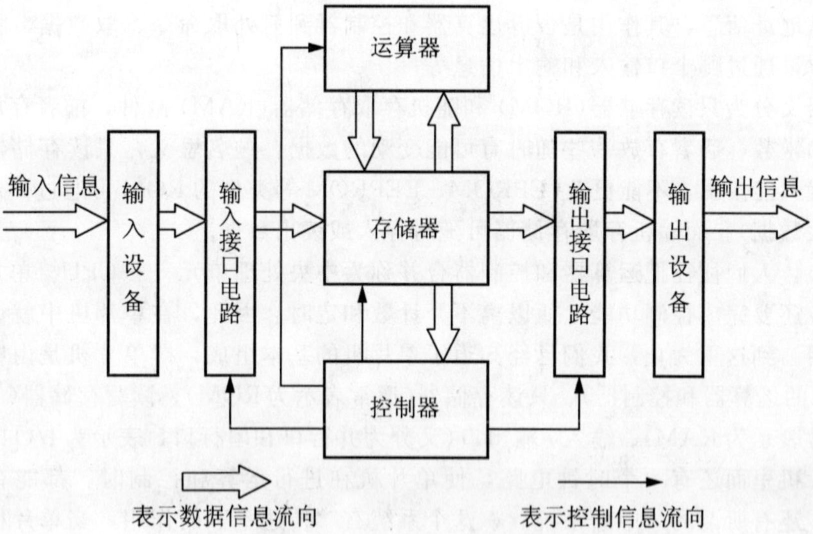

图 1.2 单片机的基本结构组成

单片机的工作过程实质上是执行程序的过程，单片机系统上电后，在程序计数器 PC 的控制下，按一定的顺序从程序存储器(ROM 或 EEPROM) 中取出指令，经控制器分析后，送相应的部件执行。也就是说，单片机的工作过程是周而复始地取指令、分析指令和执行指令的过程。

以打算盘为例计算一道算术题。例：36＋163×156－166÷34。现在要进行运算，首先需要一把算盘，其次是纸和笔。把要计算的问题记录下来，然后第一步先算 163×156，把它与 36 相加的结果记在纸上，然后计算 166÷34，再把它从上一次结果中减去，就得到最后的结果。

现在，用单片机来完成上述过程，显然，首先要有代替算盘进行运算的部件，这就是“运算器”；其次，要有能起到纸和笔作用的器件，即能记忆原始题目、原始数据和中间结果，还要记住使单片机能自动进行运算而编制的各种命令，这类器件就称为“存储器”。此外，还需要有能代替人作用的控制器，它能根据事先给定的命令发出各种控制信号，使整个计算过程能一步一步地进行。但是只有这 3 部分还不够，原始的数据与命令要输入，计算的结果要输出，都需要按先后顺序进行，有时还需等待。当在计算 163×156 时，数字 36 就不能同时进入运算器。因此就需要在单片机上设置按控制器的命令进行动作的“门”，当运算器需要时，让新数据进入，或者，当运算器得到最后结果时，再将此结果输出，而中间结果不能随便“溜出”单片机。这种对输入、输出数据进行一定管理的“门”电路在单片机中称为“口”(port)。在单片机中，基本上有3类信息在流动，第一类是数据，即各种原始数据(如上例中的 36、163 等)、中间结果(如 166÷34 所得的商 4、余数 30 等)、程序(命令的集合) 等。这样要由外围设备通过“口”进入单片机，再存放在存储器中，在运算处理过程中，数据从存储器读入运算器进行运算，运算的中间结果要存入存储器中，或最后由运算器经“出入口”输出。用户要单片机执行的各种命令(程序) 也以数据的形式由存储器送入控制器，由控制器解读(译码) 后变为各种控制信号，以便执行如加、减、乘、除等功能的各种命令。所以，这一类信息是第二类信息，称为控制命令，即由控制器控制运算器一步一步地进行运算和处理，又控制存储器的读(取出数据)和写(存入数据)等。第三类信息是地址信息，其作用是告诉运算器和控制器到何处取命令、取数据，将结果存放到什么地方，通过哪个口输入和输出信息等。

存储器又分为只读存储器(ROM)和随机存取存储器(RAM)两种，前者存放调试好的固定程序和常数，后者存放一些随时有可能变动的数据。顾名思义，只读存储器一旦将数据存入，就只能读出，不能更改(EPROM、EEPROM等类型的ROM可通过一定的方法来更改、写入数据)。而随机存取存储器可随时存入或读出数据。

实际上，人们往往把运算器和控制器合并称为中央处理单元——CPU。单片机除了进行运算外，还要完成控制功能，所以离不开计数和定时。因此，在单片机中就设置有定时器兼计数器。到这里为止，我们已经知道了单片机的基本组成，即单片机是由中央处理器(即CPU中的运算器和控制器)、只读存储器(通常表示为ROM)、读写存储器(又称随机存储器，通常表示为RAM)、输入/输出口(又分为并行口和串行口，表示为I/O口)等组成。实际上单片机里面还有一个时钟电路，使单片机在进行运算和控制时，都能有节奏地进行。另外，还有所谓的“中断系统”，这个系统有“传达室”的作用，当单片机控制对象的参数到达某个需要加以干预的状态时，就可经此“传达室”通报给CPU，使CPU根据外部事态的轻重缓急来采取适当的应付措施。

现在，已经知道了单片机的组成，余下的问题是如何将它们的各部分连接成相互关联的整体呢？实际上，单片机内部有一条将它们连接起来的“纽带”，即所谓的“内部总线”。此总线有如大城市的“干道”，而CPU、ROM、RAM、I/O口、中断系统等就分布在此“总线”的两旁，并和它连通。从而，一切指令、数据都可经内部总线传送，有如大城市内各种物品的传送都经过干道一样。

下面具体来了解CPU和存储器。

1.4.2 中央处理器

中央处理器又称内核，由两大部分组成:运算器和控制器，如图1.3所示。运算器包括完成二进制的算术/逻辑运算部件(ALU)、累加器、暂存器、程序状态字(PSW)以及通用寄存器，主要完成运算由控制器提供的数据，并受控制器的控制。累加器和暂存器是CPU中工作最频繁的寄存器。在进行算术、逻辑运算时，往往在运算前暂存一个操作数(如被加数)，而运算后又保存其结果(如代数和)，这时都要用到累加器和暂存器。标志寄存器PSW用来存放运算结果的一些特征，如有无进位、借位等。通用寄存器R1～R5可用于数据运算或传送的来源及目标寄存器。

控制器负责从程序存储器(ROM)中取指令和数据，并对指令进行译码，同时还从数据存储器RAM中取出数据，提供给运算器，并控制运算器完成预定的运算，且运算结果会由控制器进行分配，控制后续程序的执行，或提供数据给后续的运算等。

控制器是CPU的神经中枢，它包括时序部件、操作控制逻辑电路、指令寄存器、译码器及程序计数器PC等。这里程序计数器PC是由16位寄存器构成的计数器。要单片机执行一个程序，就必须把该程序按顺序预先装入存储器ROM的某个区域。单片机动作时应按顺序一条一条取出指令来加以执行。因此，必须有一个电路能找出指令所在的单元地址，该电路就是程序计数器PC。当单片机开始执行程序时，给程序计数器PC装入第一条指令所在地址，它每取出一条指令(如为多字节指令，则每取出一个指令字节)，程序计数器

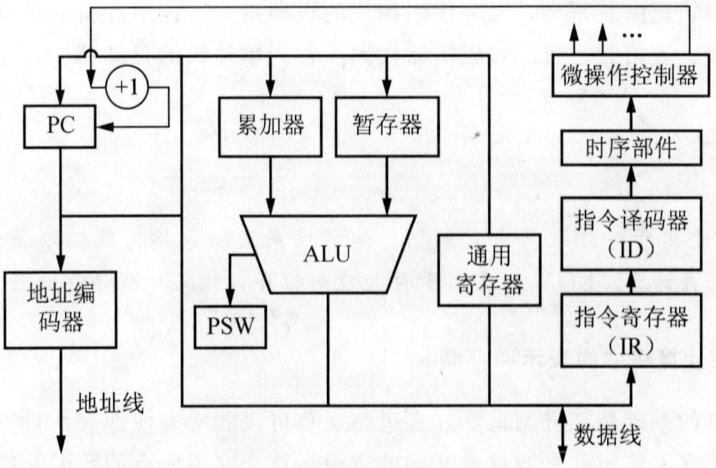

图1.3 CPU的基本组成

PC的内容就自动加1，以指向下一条指令的地址，使指令能顺序执行。只有当程序遇到转移指令、子程序调用指令，或遇到中断时(后面将介绍)，程序计数器PC才转到所需要的地方去。CPU按程序计数器PC指定的地址，从ROM相应单元中取出指令放在指令寄存器中暂存，然后指令寄存器中的指令代码被译码器译成各种形式的控制信号，这些信号与单片机时钟振荡器产生的时钟脉冲在定时与控制电路中相结合，形成按一定时间节拍变化的电平和时钟，即控制信息，在CPU内部协调寄存器之间的数据传输、运算等操作。

特别提示

- 通用寄存器R1～R5可用于数据运算或传送的来源及目标寄存器。
- 程序计数器PC的作用，是用来记录程序目前执行位置的寄存器，其内容为单片机执行的指令机器码所在存储单元的地址，用以控制程序走向。CPU每执行完一条指令，就会改变PC的值，使其指向下一条指令的地址。

1.4.3 存储器

存储器用于存储程序和数据。单片机工作时，需要由程序代码来控制和提供运算所需的数据，而运算结束后的数据要进行保存，这时，就需要有空间去存储这些预先设定好的程序和中间生成的数据，这就引出了RAM和ROM的存在目的。

1. 随机存取存储器(Random Access Memory,RAM)

RAM主要用于存放运算中间数据、运算结果数据或作为数据堆栈和数据缓冲器，又称数据存储器。单片机的数据存储器由随机存取存储器RAM组成，用于存储实时输入的数据。凌阳单片机内部存储器0000H～07FFH为内部随机存取存储器RAM，7000H～7FFFH为专用寄存器区(I/O端口，系统端口)。从使用角度讲，搞清内部数据存储器的结构和地址分配是十分重要的。因为将来在学习指令系统和程序设计时会经常用到它们。

2. 只读存储器(Read Only Memory,ROM)

ROM主要用于存放应用程序，故又称程序存储器。程序是控制计算机动作的一系列命令，单片机只认识由“0”和“1”代码构成的机器指令。在单片机处理问题之前必须事先将编好的程序、表格、常数汇编成机器代码后存入单片机的存储器中，该存储器称为程序存储器。

特别提示

- RAM 主要用于存放运算中间数据、运算结果数据或作为数据堆栈和数据缓冲器，又称数据存储器。ROM 主要用于存放应用程序，故又称程序存储器。

1.4.4 信息在计算机中的表示和存储

计算机运算的基础是二进制运算。二进制运算可以非常方便地表示计算机最基础的逻辑运算；计算机在工作时就是通过最基础的逻辑运算来完成所有的数据处理、运算。

位：信息的基本单位是位(bit 或 b)，表示一个二进制信息“1”或“0”。在存储器中，位信息是由具有记忆功能的半导体电路实现的，例如用触发器记忆一位信息。

字节和字：在微型机中信息大多是以字节(Byte或B)或字形式存放的，一个字节由8个位信息组成(1 Byte = 8 bit)，一个字由16个位信息组成，通常把一个字节或字称作一个存储单元。

存储容量：存储器芯片的存储容量是指一块芯片中所能存储的信息位数，例如8KB的芯片，其存储容量为 8×1024×8 位 = 65536 位信息。存储体的存储容量则是指由多块存储器芯片组成的存储体所能存储的信息量，一般以字节的数量表示。

地址：地址表示存储单元所处的物理空间的位置，用来区分不同的存储单元，用一组二进制代码表示。地址相当于存储单元的“单元编号”，CPU 可以通过地址码访问某一存储单元，一个存储单元对应一个地址码。例如凌阳单片机有16位地址线，能访问的外部存储器最大地址空间为64K(65536)字，对应的16位地址码为0000H～FFFFH，第0个字的地址为0000H，第1个字的地址为0001H，……，第65535个字的地址为FFFFH。

计算机中的所有信息都是用二进制数来表示。一位二进制数称为一个 bit(比特)或一个二进制的位，内存就是由许多个能存储二进制数的电路构成的，能存储一位二进制数的电路也可以称为一个 bit(比特)或一个二进制的位。为了能访问各个 bit，需要能区分各个 bit，可以给每个 bit 按照在电路中的位置编号。通过不同编号就可以访问不同的 bit，但对现在的计算机来说不是一位一位地访问数据，这样太麻烦速度也慢，所以随着计算机技术的发展逐渐变化为多位数据一起访问。从4位、8位、16位、32位，甚至64位等，这时可以将多位二进制数编一个号，通过这个编号可以同时访问多位数据。对应的这个编号就是存储器的地址编号。这个好比每家每户有一个邮政地址一样，每家人可以通过同一个邮政地址收到信件，也可以通过一个地址向另一家的所有人发信。在单片机中，一个地址对应有16位二进制数，为了区分这16位，每一位也有一个编号，从 b0～b15，这里的 b 代表 bit。(注意：地址编号是从0开始)

下面是一个地址的16位：

b15	b14	b13	b12	b11	b10	b9	b8	b7	b6	b5	b4	b3	b2	b1	b0

b0 是低位，b15 是高位，有时又有这样的叫法：一个地址的低8位(b0～b7)为低字节，

高 8 位(b8 ~ b15) 为高字节。

图 1.4 所示为凌阳单片机的存储器结构示意图。这种存储器存储容量为 65535 个单元，其中每个存储单元对应一个地址，65535 个单元共有 65535 个地址，用 4 位 16 进制数表示，即存储器的地址(0x0000 ~ 0xFFFF)。存储器中每个存储单元可存放一个 16 位二进制信息，通常用 4 位 16 进制数来表示，这就是存储器的内容。存储器的存储单元地址和存储单元的内容是不同的两个概念，不能混淆。

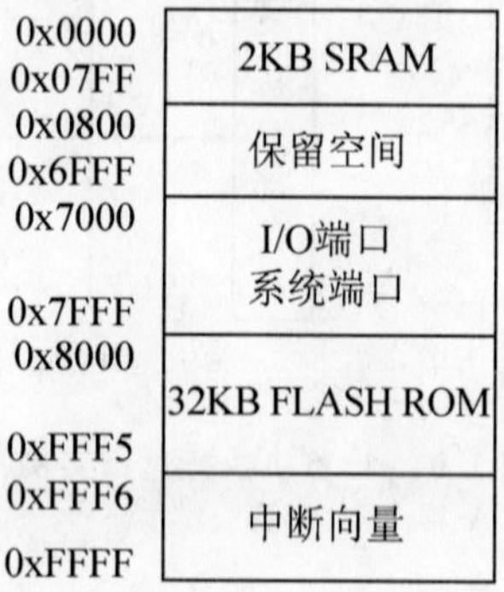

图 1.4　凌阳单片机的存储器结构示意图

特别提示

- 存储器地址表示存储单元所处的物理空间的位置，用来区分不同的存储单元，用一组二进制代码表示。地址相当于存储单元的“单元编号”，CPU 可以通过地址码访问某一存储单元，一个存储单元对应一个地址码。

下面通过一个例子具体说明单片机的工作原理：

编制好的程序放在存储器中，由控制器控制逐条取出指令执行。例如：计算 $a+b-c=?$（设 a 、b 、c 为已知的 3 个数，分别存放在存储器的 5 ~ 7 号单元中，结果将存放在存储器的 8 号单元中)。如果采用单累加寄存器结构的运算器，完成上述计算至少需要 4 条指令，这 4 条指令依次存放在存储器的 0 ~ 4 号单元中，参加运算的数也必须存放在存储器指定的单元中，存储器中有关单元的内容如图 1.5(a) 所示。运算器的简单框图如图 1.5(b) 所示，参加运算的两个操作数一个来自累加寄存器，一个来自存储器，运算结果则放在累加寄存器中。图中的存储数据寄存器是用来暂存从存储器中读出的数据或写入存储器的数据的。

计算机的控制器将控制指令逐条的执行，最终得到正确的结果。

第 1 步，执行取数指令，从存储器 5 号单元取出数 a，送入累加寄存器中。

第 2 步，执行加法指令，将累加寄存器中的内容 a 与从存储器 6 号单元取出数 b 一起送到 ALU 中相加，结果 $a+b$ 保留在累加寄存器中。

第 3 步，执行减法指令，将累加寄存器中的内容 $a+b$ 与从存储器 7 号单元取出的数 c 一起送到 ALU 中相减，结果 $a+b-c$ 保留在累加寄存器中。

第 4 步，执行存数指令，把累加寄存器的内容 $a+b-c$ 存至存储器 8 号单元。

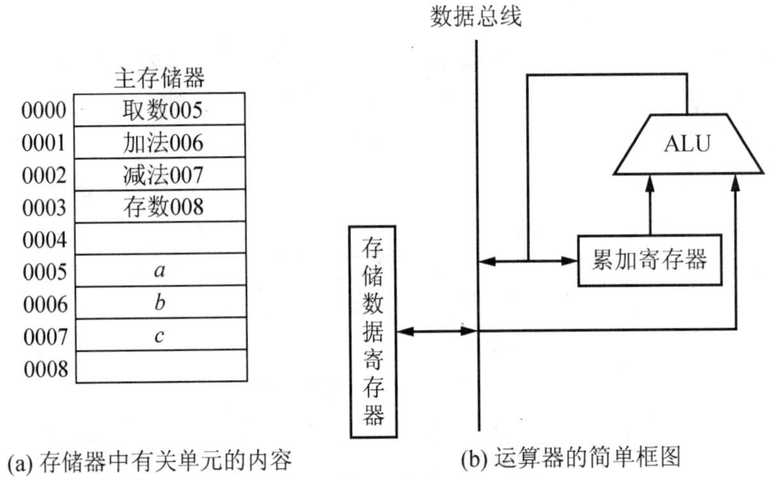

图 1.5　计算机执行过程实例

1.5　单片机指令系统与编程语言

前面已经讲述了单片机的几个主要组成部分，这些部分构成了单片机的硬件。所谓硬件(Hardware)，就是看得到，摸得到的实体。但是，光有这样的硬件，还只是有了实现计算和控制功能的可能性。单片机要真正地能进行计算和控制，还必须有软件(Software)的配合。软件主要指的是各种程序。只有将各种正确的程序“灌入”(存入)单片机，它才能有效地工作。单片机之所以能自动地进行运算和控制，正是由于人们把实现计算和控制的步骤一步步地用命令的形式，即一条条指令(Instruction)预先存入到存储器中，在CPU的控制下，将指令一条条地取出来，并加以翻译和执行。就以两个数相加这一简单的运算来说，当需要运算的数已存入存储器后，还需要进行以下几步：

第 1 步：把第一个数从它所在的存储单元(Location)中取出来，送至运算器；

第 2 步：把第二个数从它所在的存储单元中取出来，送至运算器；

第 3 步：相加；

第 4 步：把相加完的结果，送至存储器中指定的单元。

所有这些取数、送数、相加、存数等都是一种操作(Operation)，把要求计算机执行的各种操作用命令的形式写下来，就是指令。但是怎样才能辨别和执行这些操作呢？这是在设计单片机时由设计人员赋予它的指令系统所决定的。一条指令，对应着一种基本操作；单片机所能执行的全部指令，就是该单片机的指令系统(Instruction Set)，不同种类的单片机，其指令系统也不同。

使用单片机时，事先应当把要解决的问题编成一系列指令。这些指令必须是选定的单片机能识别和执行的指令。单片机用户为解决自己的问题所编的指令程序，称为源程序(Source Program)。指令通常分为操作码和操作数两大部分：操作码表示计算机执行什么操作，即指令的功能；操作数表示参加操作的数或操作数所在的地址(即操作数所存放的地址编号)。因为单片机是一种可编程器件，只“认得”二进制编码(0、1)。要单片机运作，单片机系统中的所有指令都必须以二进制编码的形式来表示。例如，在intel公司的

MCS-51系列单片机中，从存储器中取出一数到CPU中的累加器(在运算器中，参与运算、存放运算结果的专用寄存器）的指令代码为74H，累加器内容加立即数的代码为24H，再加上立即数代码，累加器送数到内部RAM存储器的代码为F6H～F7H等。这些指令是用十六进制表示二进制的机器码。机器码是由一连串的0和1组成，没有明显的特征，不好记忆，不易理解，易出错。所以，直接用它来编写程序十分困难。因而，人们就用一些助记符——通常是指令功能的英文缩写，来代替操作码，如凌阳单片机中数的传送常用“＝”、加法常用“+”来作为助记符。这样，每条指令有明显的动作特征，易于记忆和理解，也不容易出错。用助记符来编写的程序称为汇编语言程序。但是，助记符编写的程序虽然便于人理解，但是单片机却只“认识”二进制机器代码，因此，为了让单片机能“读懂”，汇编语言程序，必须再转换成由二进制机器码构成的程序，这种转换过程，就称为“汇编”。由机器码构成的用户程序一旦“存入”了单片机，再“启动”单片机，就可让它执行输入程序完成所规定的任务。

现在单片机的开发也常常使用高级语言，高级语言是依据数学语言设计的，在用高级语言编程时不用过多地考虑单片机的内部结构。与汇编语言相比，高级语言易学易懂，而且通用性很强。高级语言的种类很多，如:B语言、Pascal语言、C语言和Java语言等。单片机常用C语言作为高级编程语言。单片机不能识别高级语言的程序，因此也需要用编译器将高级语言程序翻译成机器语言程序后再写入单片机。

在上面提到的编程语言中，高级语言编程较为方便，但实现相同的功能，汇编语言代码少，运行效率高。另外对于初学单片机的读者，学习汇编语言编程有利于更好地理解单片机的结构与原理，也能为以后学习高级语言编程打下扎实的基础。

1.6　计算机中的数制与码制

1.6.1　数制的概念

数制是人们进行计数的科学方法。生活中很多地方的计数方法都有不同进制的影子。例如最常用的十进制，其实起源于人有10个手指头。至于二进制，没有袜子称为0只袜子，有1只袜子称为1只袜子，但若有2只袜子，则我们常说的是:1双袜子。生活中还有:七进制，例如星期；十二进制，例如小时或“一打”；六十进制，例如分钟或角度等。

数制有很多种，在计算机中常用的数制有:十进制、二进制和十六进制。

注意:计算机是信息处理的工具，任何信息必须转换成二进制形式数据后才能由计算机进行处理、存储和传输。

1. 十进制数

人们通常使用的是十进制(Decimal)。它有两个特点:由0，1，2，…，9共10个基本数字组成；十进制数运算是按“逢十进一”的规则进行的。

2. 二进制数

二进制数(Binary)也有两个特点:由两个基本数字0和1组成，二进制数运算规律是逢二进一。

为区别于其他进制数，二进制数的书写通常在数的右下方注上基数2，或在后面加B表示。

例如：二进制数 10110011 可以写成$(10110011)_2$或是写成 10110011B，对于十进制数可以不加注。计算机中的数据均采用二进制数表示，这是因为二进制数具有以下特点：

(1) 二进制数中只有两个字符 0 和 1，表示具有两个不同稳定状态的元器件。例如，电路中有、无电流，有电流用1表示，无电流用0表示。类似的还有电路中电压的高、低，晶体管的导通和截止等。

(2) 二进制数运算简单，大大简化了计算中运算部件的结构。

二进制数的加法和乘法运算如下：

$$0+0=0 \quad 0+1=1+0=1 \quad 1+1=10$$

$$0\times0=0 \quad 0\times1=1\times0=0 \quad 1\times1=1$$

3. 十六进制数

由于二进制数在使用中位数太长，不容易记忆，所以又提出了十六进制数。

十六进制数(Hex) 有两个基本特点：它由 16 个字符 0 ～ 9 以及 A，B，C，D，E，F 组成(它们分别表示十进制数 10 ～ 15)；十六进制数运算规律是逢十六进一，即基 $R=16=2^4$，通常在表示时用尾部标志 H 或下标 16 以示区别。

例如：十六进制数 4AC8 可写成$(4AC8)_{16}$，或写成 4AC8H。

1.6.2 数的位权概念

对于形式化的进制表示，可以从 0 开始，对数字的各个数位进行编号，即个位起往左依次为编号 0，1，2，…；对称的，从小数点后的数位则是 －1，－2，…

进行进制转换时，不妨设源进制(转换前所用进制) 的基为 $R1$，目标进制(转换后所用进制) 的基为 $R2$，原数值的表示按数位为 $A_nA_{(n-1)}\cdots A_2A_1A_0.A_{-1}A_{-2}\cdots$，$R1$ 在 $R2$ 中的表示为 R，则有$(A_nA_{(n-1)}\cdots A_2A_1A_0.A_{-1}A_{-2}\cdots)R1$

$$=(A_n*R^n+A_{(n-1)}*R^{(n-1)}+\cdots+A_2*R^2+A_1*R^1+A_0*R^0+A_{-1}*R^{-1}+A_{-2}*R^{-2})R2$$

举例：

一个十进制数 110，其中百位上的 1 表示 1 个 10^2，即 100，十位的 1 表示 1 个 10^1，即 10，个位的 0 表示 0 个 10^0，即 0。

一个二进制数 110，其中高位的 1 表示 1 个 2^2，即 4，低位的 1 表示 1 个 2^1，即 2，最低位的 0 表示 0 个 2^0，即 0。

一个十六进制数 110，其中高位的 1 表示 1 个 16^2，即 256，低位的 1 表示 1 个 16^1，即 16，最低位的 0 表示 0 个 16^0，即 0。

可见，在数制中，各位数字所表示值的大小不仅与该数字本身的大小有关，还与该数字所在的位置有关，称这关系为数的位权。

十进制数的位权是以 10 为底的幂，二进制数的位权是以 2 为底的幂，十六进制数的位权是以 16 为底的幂。数位由高向低，以降幂的方式排列。

1.6.3 数制之间的转换

1. 二进制数、十六进制数转换为十进制数(按权求和)

二进制数、十六进制数转换为十进制数的规律是相同的。把二进制数(或十六进制数) 按位权形式展开多项式和的形式，求其最后的和，就是其对应的十进制数 —— 简称“按权求和”。

例：把$(1001.01)_2$转换为十进制数。

解：$(1001.01)_2$

$= 1\times 2^3 + 0\times 2^2 + 0\times 2^1 + 1\times 2^0 + 0\times 2^{-1} + 1\times 2^{-2}$

$= 8 + 0 + 0 + 1 + 0 + 0.25$

$= 9.25$

例：把$(38A.11)_{16}$转换为十进制数。

解：$(38A.11)_{16}$

$= 3\times 16^2 + 8\times 16^1 + 10\times 16^0 + 1\times 16^{-1} + 1\times 16^{-2}$

$= 768 + 128 + 10 + 0.0625 + 0.0039$

$= 906.0664$

注意：十六进制就是逢十六进一，但只有0～9这10个数字，所以用A，B，C，D，E，F这6个字母来分别表示10，11，12，13，14，15。

2. 十进制数转换为二进制数，十六进制数（除2/16取余法）

整数转换。一个十进制整数转换为二进制整数通常采用除2取余法，即用2连续除十进制数，直到商为0，逆序排列余数即可得到 —— 简称除2取余法。

例：将23转换为二进制数。

解：$23\div 2 = 11$ 余数1

$11\div 2 = 5$ 余数1

$5\div 2 = 2$ 余数1

$2\div 2 = 1$ 余数0

$1\div 2 = 0$ 余数1

所以$23 = (10111)_2$，计算步骤如图1.6所示。

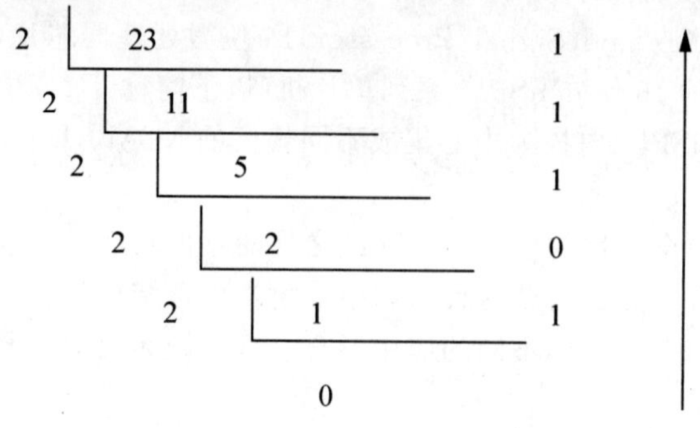

图1.6　十进制数转换为二进制数

同理，把十进制数转换为十六进制数时，将基数2转换成16就可以了。

例：将25转换为十六进制数。

解：$25\div 16 = 1$ 余数9

$1\div 16 = 0$ 余数1

所以$25 = (19)_{16}$

3. 二进制数与十六进制数之间的转换

由于4位二进制数恰好有16个组合状态，即1位十六进制数与4位二进制数是一一对应的。所以，十六进制数与二进制数的转换是十分简单的。

(1) 十六进制数转换成二进制数，只要将每一位十六进制数用对应的4位二进制数替代即可——简称位分4位。

例：将$(4AF8B)_{16}$转换为二进制数。

解： 4 A F 8 B

0100 1010 1111 1000 1011

所以$(4AF8B)_{16}=(10010101111110001011)_2$

(2) 二进制数转换为十六进制数，分别向左、向右每4位1组，依次写出每组4位二进制数所对应的十六进制数——简称4位合1位。

例：将二进制数$(111010110)_2$转换为十六进制数。

解：0001 1101 0110

1 D 6

所以$(111010110)_2=(1D6)_{16}$。

转换时注意最后一组不足4位时必须加0补齐4位。

1.7 认识凌阳单片机

1.7.1 总述

随着单片机功能集成化的发展，其应用领域也逐渐由传统的控制，扩展为控制处理、数据处理以及数字信号处理(Digital Signal Processing,DSP)等领域。凌阳的16位单片机就是为适应这种发展而设计的。它的CPU内核采用凌阳最新推出的μ'nSP™(Microcontroller and Signal Processor)16位微处理器芯片(以下简称μ'nSP™)。围绕μ'nSP™所形成的16位μ'nSP™系列单片机(以下简称μ'nSP™家族)采用的是模块式集成结构，它以μ'nSP™内核为中心集成不同规模的ROM、RAM和功能丰富的各种外设接口部件，如图 1.7所示。

μ'nSP™内核是一个通用的核结构。除此之外的其他功能模块均为可选结构，也即这种结构可大可小或可有可无。借助这种通用结构附加可选结构的积木式的构成，便可形成各种不同系列派生产品，以适合不同的应用场合。这样做无疑会使每一种派生产品具有更强的功能和更低的成本。

μ'nSP™家族有以下特点。

1. 体积小、集成度高、可靠性好且易于扩展

μ'nSP™家族把各功能部件模块化地集成在一个芯片里，内部采用总线结构，因而减少了各功能部件之间的连线，提高了其可靠性和抗干扰能力。另外，模块化的结构易于系统扩展，以适应不同用户的需求。

2. 具有较强的中断处理能力

μ'nSP™家族的中断系统支持10个中断向量及10余个中断源，适合实时应用领域。

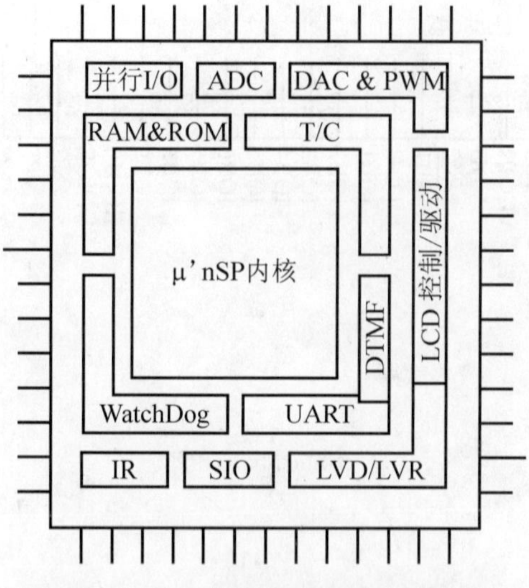

图 1.7　μ'nSP™ 家族的模块式结构

3. 高性能价格比

μ'nSP™ 家族片内带有高寻址能力的 ROM、静态 RAM 和多功能的 I/O 接口。另外，μ'nSP™ 的指令系统提供具有较高运算速度的 16 位 × 16 位的乘法运算指令和内积运算指令，为其应用增添了 DSP 功能，使得 μ'nSP™ 家族运用在复杂的数字信号处理方面既很便利，又比专用的 DSP 芯片廉价。

4. 功能强、效率高的指令系统

μ'nSP™ 指令系统的指令格式紧凑，执行迅速，并且其指令结构提供了对高级语言的支持，这可以大大缩短产品的开发时间。

5. 低功耗、低电压

μ'nSP™ 家族采用 CMOS 制造工艺，同时增加了软件激发的弱振方式、空闲方式和掉电方式，极大地降低了其功耗。另外，μ'nSP™ 家族的工作电压范围大，能在低电压供电时正常工作，且能用电池供电。这对于其在野外作业等领域中的应用具有特殊的意义。

SPCE500A、SPCE061A、SPCE075A 为 μ'nSP™ 系列产品中的 3 种主打产品，其中 SPCE061A 是继 μ'nSP™ 系列产品 SPCE500A 等之后凌阳科技推出的又一款 16 位结构的微控制器。与 SPCE500A 不同的是，在存储器资源方面考虑到用户的较少资源的需求以及便于程序调试等功能，SPCE061A 里只内嵌 32K 字的闪存(FLASH)。较高的处理速度使 μ'nSP™ 能够非常容易地、快速地处理复杂的数字信号。因此，与 SPCE500A 相比，以 μ'nSP™ 为核心的 SPCE061A 微控制器是适用于数字语音识别应用领域产品的一种最经济的选择。我们的学习也主要以 SPCE061A 这种单片机来展开。

1.7.2　芯片的引脚排列和说明

SPCE061A 有两种封装片，一种为 80 个引脚，LQFP80 封装，它的排列如图 1.8 所示；另一种为 84 个引脚，PLCC84 封装形式，它的排列如图 1.9 所示。我们采用的是 PLCC84

封装形式，其实物如图 1.10 所示。

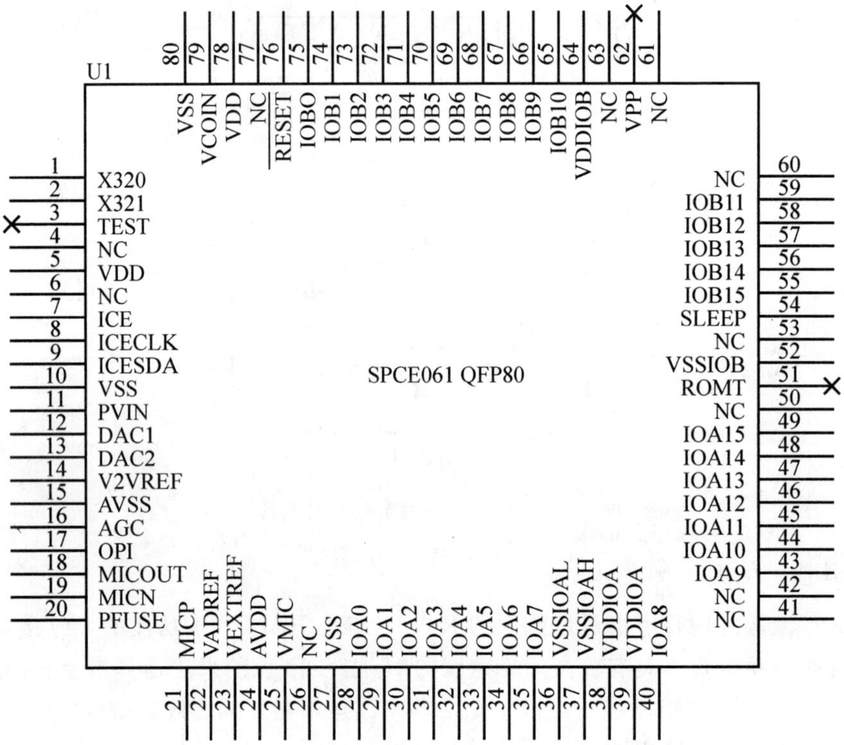

图 1.8　SPCE061A LQFP80 封装的引脚排列图

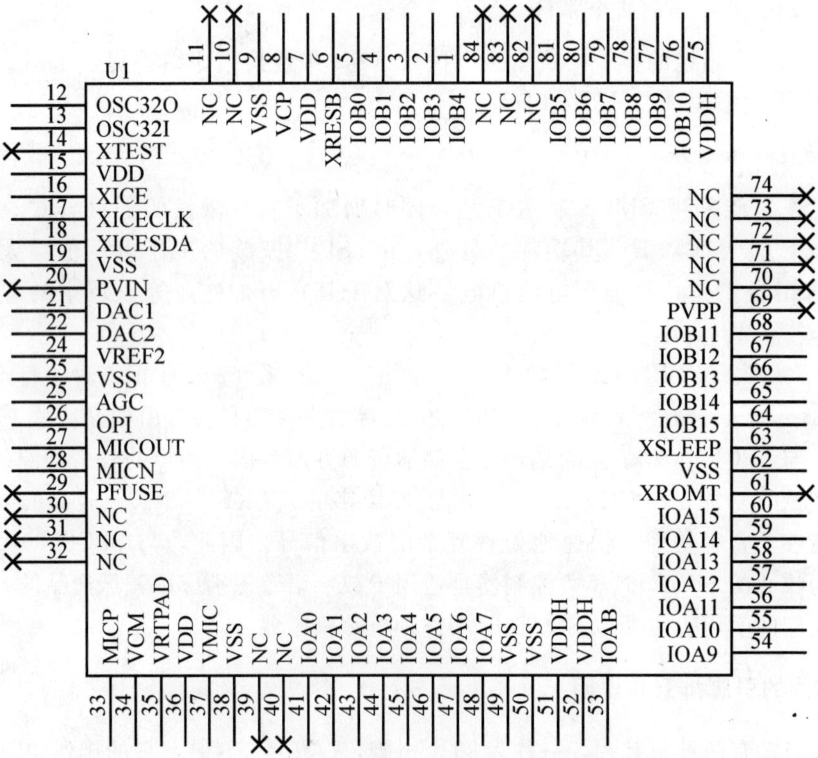

图 1.9　SPCE061A PLCC84 封装的引脚排列图

图 1.10　SPCE061A PLCC84 封装的实物图

1.7.3　SPCE061A 最小系统

那么何谓最小系统呢？所谓最小系统就是单片机可以开始工作所需要的最简系统(接

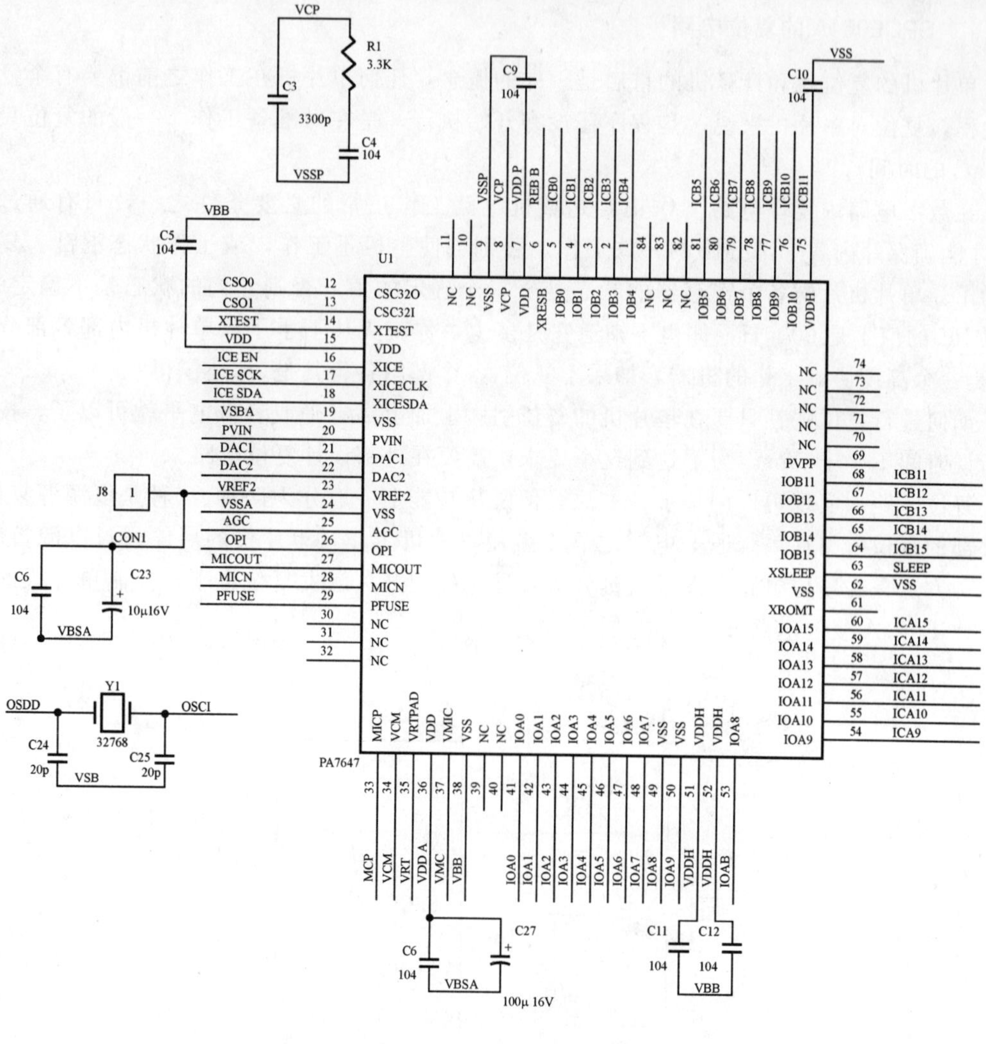

图 1.11　SPCE061A 最小系统硬件电路图

最少的外围元件)。只将单片机的时钟信号和复位电路接上，这时单片机可以开始工作了，另外5V的电源当然要了。最小系统接线电路原理图如图1.11所示，在OSC0、OSC1端接上晶振及谐振电容，在锁相环压控振荡器的阻容输入VCP端接上相应的电容电阻后即可工作。其他不用的电源端和地端接上0.1μF的去耦电容提高抗干扰能力。

OSC0、OSC1分别用做晶体振荡电路的反相器输入端和输出端。在使用内部振荡电路时，这两个端子用来外接石英晶体，振荡频率为晶体振荡频率，振荡信号送至内部时钟电路产生时钟脉冲信号。

为什么需要时钟信号?现在的计算机都是数字电子计算机，是以数字电路为基础的，且当前的数字电路均以集成电路(超大规模集成电路)的形式出现。CPU等计算机部件都是用超大规模集成电路制造的。数字电路主要是时序逻辑电路，就是在一个称为时钟的脉冲信号下指挥同步进行的，它就像是部队的指挥官一样，数字电路必须在时钟下有序运行，不然就乱套了。时钟电路就是由振荡器产生恒定的脉冲，作为数字电路的同步信号。时钟脉冲的快慢用频率来衡量，一般地，频率越高，速度越快。

1.7.4 SPCE061A的复位电路

单片机的复位就和计算机的重启是一样的概念，任何单片机在工作之前都要有个复位的过程，复位对单片机来说，是程序还没有开始执行，是在做准备工作。一般的复位只需要5ms的时间。

在数字电路中复位电路工作正常是整机电路工作正常的必要条件之一，只有通过复位,才能确保片内各个部分协调一致工作。否则会使整机不工作，或工作状态混乱。复位是为了让单片机片内各个寄存器的状态处于一个确定的值，否则它们的状态是不确定的。如果PC的值不是0000H，你也不知道它是多少，你就无从下手了。单片机内部各部分之间,是一个高度协调工作的机器，如果不复位,各个部门各行其是,那还了得?

如何进行复位呢? 只要在单片机的复位引脚上加上高电平或者低电平就可以了。按上面所说时间不少于5ms，为了达到这个要求，需要在外部设计复位电路。

复位电路的实现可以用很多种方法，但是从功能上一般分为两种:一种是电源源复位，即外部的复位电路在系统通上电源之后直接使单片机工作，单片机的启停通过电源控制;另一种方法是在复位电路中设计按键开关，通过按键开关触发复位电平，控制单片机的复位。SPCE061A复位电路如图1.12所示。

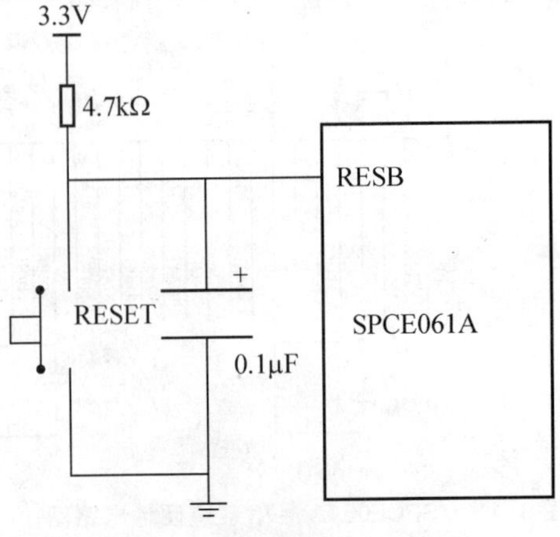

图1.12 SPCE061A的复位电路

1.7.5　SPCE061A 开发方法

SPCE061A 的开发是通过在线调试器 PROBE 实现的。它既是一个编程器(即程序烧写器)，又是一个实时在线调试器。用它可以替代在单片机应用项目的开发过程中常用的软件工具——硬件在线实时仿真器和程序烧写器。它利用了 SPCE061A 片内置的在线仿真电路 ICE(In－Circuit Emulator) 接口和凌阳公司的在线串行编程技术。PROBE 工作于凌阳 IDE 集成开发环境软件包下，其 5 芯的仿真头直接连接到目标电路板上 SPCE061A 相应引脚，直接在目标电路板上的 CPU——SPCE061A 调试、运行用户编制的程序。PROBE 的另一头是标准 25 针打印机接口，直接连接到计算机打印口与上位机通信，在计算机 IDE 集成开发环境软件包下，完成在线调试功能。图 1.13 所示是计算机、PROBE、用户目标板三者之间的实物连接图，图 1.14 所示是计算机、PROBE、用户目标板三者之间的连接示意图。

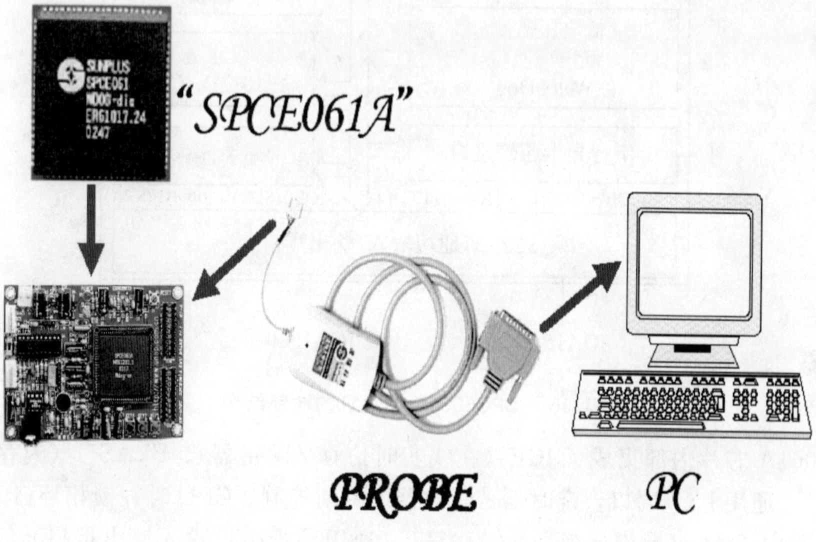

图 1.13　计算机、PROBE、用户目标板之间的连接实物图

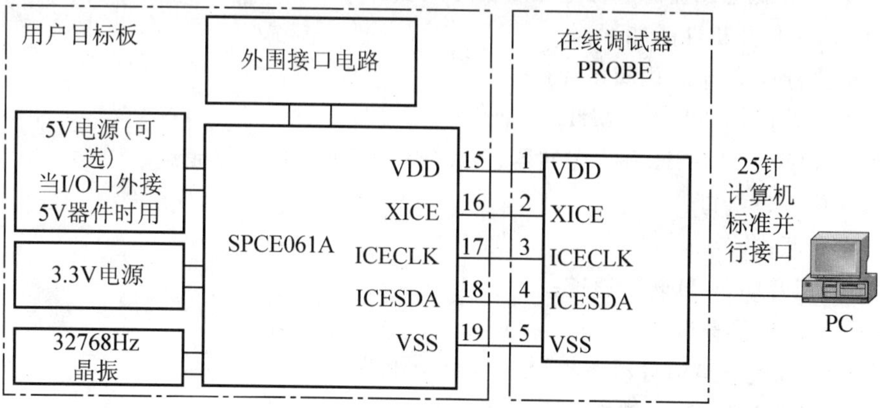

图 1.14　计算机、PROBE、用户目标板三者之间的连接示意图

1.7.6 SPCE061A 单片机的内部结构

SPCE061A 单片机的内部结构如图 1.15 所示。

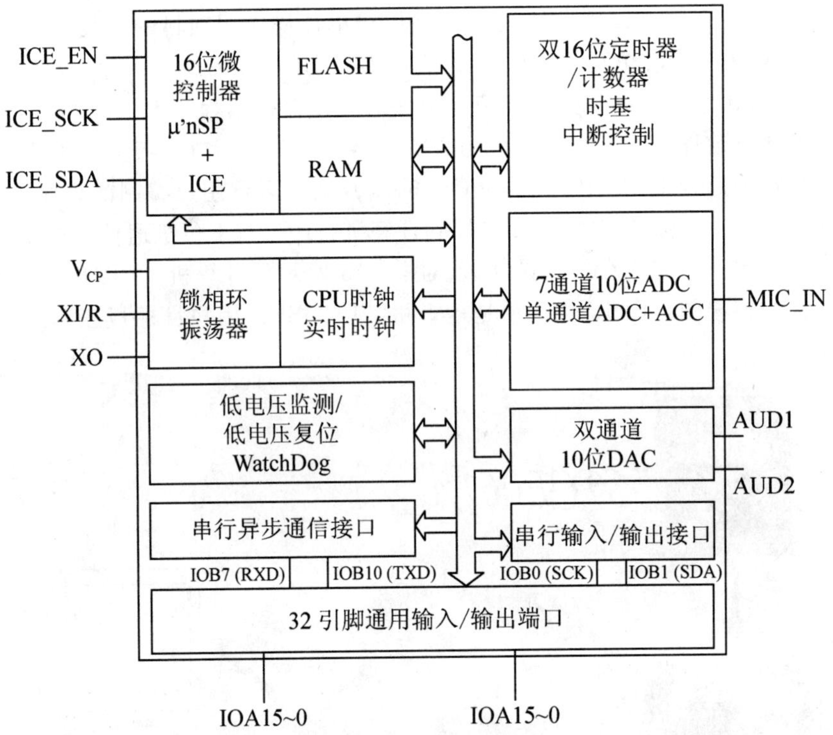

图 1.15　SPCE061A 单片机的内部结构

SPCE061A 芯片内部集成了 ICE（在线实时仿真 / 除错器）、FLASH（闪存）、SRAM（静态内存）、通用 I/O 端口、定时器 / 计数器、中断控制、CPU 时钟锁相环(PLL)、ADC（模数转换器）、DAC（数模转换器）、UART（通用异步串行输入输出接口）、SIO（串行输入输出接口）、低电压监测 / 低电压复位等模块。

SPCE061A 单片机性能如下：

16 位的高性能 μ'nSP 内核单片机；

CPU 时钟范围：0.32 ～ 49MHz；

片内 32K 字的 FLASH 程序存储器、2K 字的 SRAM 数据存储器；

2 个 16 位 I/O 端口；

14 个中断源；

1 通道专用音频 A/D 转换通道；

7 通道 A/D 转换通道；

内置 MIC 放大电路和自动增益(AGC) 放大电路；

2 路电流输出型的 D/A 转换通道；

2 个 16 位通用定时器 / 计数器；

实时实钟(RTC)；

低电压复位、低电压监测；

内置在线仿真接口(ICE)；

具有保密功能；

具有 WatchDog 功能。

1.7.7　SPCE061A 单片机的内核架构

μ'nSP™ 的核心由总线、ALU(算术逻辑运算单元)、寄存器组等部分组成。其结构如图 1.16 所示。

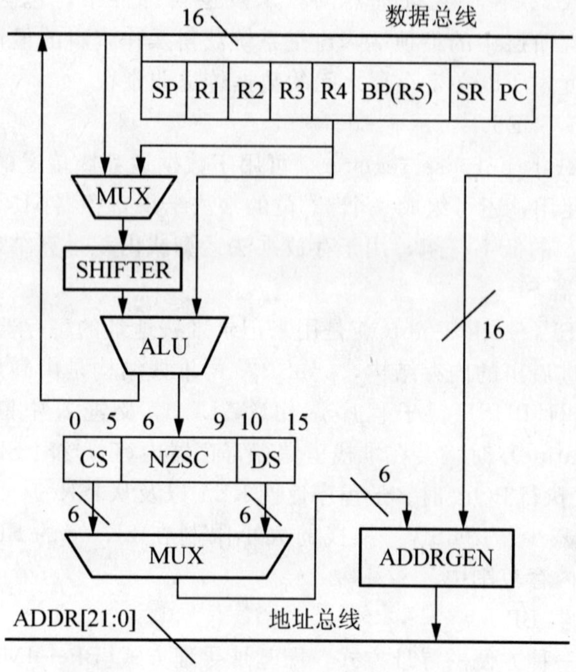

图 1.16　SPCE061A 单片机的内核架构

1. ALU (算术逻辑运算单元)

μ'nSP™ 的 ALU 非常有特色，除了提供一般基本的 16 位算术逻辑运算，还提供了结合算术逻辑的 16 位移位运算，在数字信号处理方面，提供了高速的 16 位×16 位乘法运算和内积(乘加) 运算。

1)16 位算术逻辑运算

μ'nSP™ 与大多数 CPU 一样，提供了基本的算术运算与逻辑操作指令，加法、减法、比较、补码、异或、或、与、测试、写入、读出等 16 位算术逻辑运算及数据传送操作。

2) 结合算术逻辑的 16 位移位运算

μ'nSP™ 的移位运算包括:算术右移 ASR、逻辑左移 LSL、逻辑右移 LSR、旋转左移 ROL 及旋转右移 ROR。

3)16 位的乘法运算和内积运算

除了普通的 16 位算数逻辑运算指令外，μ'nSP™ 还提供了高速的 16 位×16 位乘法运算指令 MUL 和 16 位内积运算指令 MULS 。二者都可以用于有符号数相乘(signed signed) 或无符号数与有符号数相乘(unsigned signed) 的运算。

2. 寄存器组

μ'nSP™ CPU 的寄存器组一共有 8 个 16 位寄存器，可分为通用寄存器和专用寄存器两大类别。通用寄存器包括 R1 ～ R5，作为算术逻辑运算的来源及目标寄存器。专用寄存器包括 SP、BP、SR、PC，是与 CPU 特定用途相关的寄存器。

寄存器是中央处理器内的组成部分。寄存器是有限存储容量的高速存储部件，它们可用来暂存指令、数据和地址。在中央处理器的控制部件中，包含的寄存器有指令寄存器(IR) 和程序计数器(PC)。在中央处理器的算术及逻辑部件中，包含的寄存器有累加器(ACC)。寄存器是内存阶层中的最顶端，也是系统获得操作资料的最快速途径，寄存器拥有非常高的读 / 写速度，所以在寄存器之间的数据传送非常快。

1) 通用寄存器 R1 ～ R5

通用寄存器(General-purpose registers) 可用于数据运算或传送的来源及目标寄存器。寄存器 R5、R3 配对使用，还可组成一个 32 位的乘法结果寄存器 MR，其中 R5 为 MR 的高字符组，R3 为 MR 的低字符组，用于存放乘法运算或内积运算结果。

2) 堆栈指针寄存器 SP

堆栈指针寄存器 SP(Stack Pointer) 是用来记录堆栈地址的寄存器，SP 会指向堆栈的顶端。堆栈是一个先进后出的内存结构，μ'nSP™ 的堆栈结构是由高地址往低地址的方向来储存的。CPU 执行 PUSH、子程序调用 CALL 以及进入中断服务子程序(ISR，interrupt Service Routine) 时，会在堆栈里储存寄存器内容，这时 SP 会递减以反映堆栈用量的增加。当 CPU 执行 POP 时、子程序返回 RET 以及从 ISR 返回 RETI 时，SP 会递增以反映堆栈用量的减少。μ'nSP™ 堆栈的大小限制在 2K 字的 SRAM 内，即地址为 0x0000 ～ 0x07FF 的内存范围中。

3) 基址指针寄存器 BP

μ'nSP™ 提供了一种方便的寻址方式，即基址寻址方式[BP + IM6]。程序设计者可通过 BP(Base Pointer) 来存取 ROM 与 RAM 中的数据，包括局部变量(Local Variable)、函数参数(FunctionParameter)、返回地址(Return Address) 等。BP 除了上述用途外，也可做为通用寄存器 R5，用于数据运算传送的来源及目标寄存器。因此，在本书或程序中，BP 与 R5 是共享的，均代表基址指针寄存器。

4) 程序计数器 PC

程序计数器 PC(Program Counter) 的作用与一般微控制器中的 PC 相同，是用来记录程序目前执行位置的寄存器，以控制程序走向。CPU 每执行完一个指令，就会改变 PC 的值，使其指向下一条指令的地址。在 μ'nSP™ 里，16 位的 PC 寄存器与 SR 寄存器的 CS 字段，共同组成一个 22 位的程序代码地址。

3. 数据总线、地址总线和控制总线

总线(Bus) 是一种内部结构，它是 CPU、内存、输入、输出设备传递信息的公用通道。主机的各个部件通过总线相连接，外围设备通过相应的接口电路再与总线相连接，从而形成了计算机硬件系统。在计算机系统中，各个部件之间传送信息的公共通路称为总线，微型计算机是以总线结构来连接各个功能部件的。按照计算机所传输的信息种类，计算机的总线可以划分为数据总线、地址总线和控制总线，分别用来传输数据、地址和控制信号。

数据总线(DB) 用于传送数据信息。即数据总线既可以把 CPU 的数据传送到存储器或

I/O接口等其他部件，也可以将其他部件的数据传送到CPU。数据总线的位数是微型计算机的一个重要指标，通常与微处理器的字长相一致。例如intel 8086微处理器字长16位，其数据总线宽度也是16位。需要指出的是，数据的含义是广义的，它可以是真正的数据，也可以指令代码或状态信息，有时甚至是一个控制信息，因此，在实际工作中，数据总线上传送的并不一定仅仅是真正意义上的数据。

地址总线(AB)是专门用来传送地址的。地址总线的位数决定了CPU可直接寻址的内存空间大小，例如8位微机的地址总线为16位，则其最大可寻址空间为$2^{16}=64$KB，16位微型机的地址总线为22位，其可寻址空间为$2^{22}=4$MB。一般来说，若地址总线为n位，则可寻址空间为2^n字节。

μ'nSP™是16位单片机，它具有16位的数据线和22位地址线。由此决定其基本数据类型是16位的“字”型，而不是8位的“字节”型，因此内存都是按“字”操作的，22位的地址线最多可寻址到4M字的内存空间。

知识链接

如何学好单片机

单片机诞生于20世纪70年代。所谓单片机是利用大规模集成电路技术把中央处理单元(Center Processing Unit，CPU)和数据存储器(RAM)、程序存储器(ROM)及其他I/O通信口集成在一块芯片上，构成一个最小的计算机系统。再加上中断单元、定时单元及A/D转换等更复杂、更完善的电路，使得单片机的功能越来越强大，应用更广泛。现在更多单片机的发展已经进入了嵌入式系统时代，由于制造工艺的进步，有如VHDL、RTOS、CPLD、FPGA、DSP、ARM等这一系列可编程器件的体积越来越小、成本越来越低，而功能是越来越能满足人们的需要。自20世纪80年代以来，单片机技术在我国各个控制领域得到了广泛应用，各个世界半导体公司都非常看好中国这个庞大的市场而纷纷到中国来投资建厂，如在苏州就有日本的瑞萨、松下，美国的快捷等半导体公司在中的生产厂地。同时随着这一技术的不断发展，我国大部分高校都已经把单片机方面的课程作为学生的必修课，为我国近些年来的科技、工业控制等方面的发展培养了大量人才，而且社会对此方面的人才需求还在不断的增加。面对如此情况，作为在校学生，又该从何学起？如何学好这门课程呢？

1. 理解单片机的结构

对于一个初学者，最迷糊的就是对单片机芯片里面结构的理解，小小的一个芯片为何能完成如此神奇的功能。

第一次从事电子方面的工作，也总对那黑黑的芯片里面感到不可思议的神奇。直到有一天，在检修一台从日本二手电子市场里买来的程控交换机时，发现里面有一块黑东西上的黑胶已经裂开，把它撬开一看，里面就是一块电路板，上面焊满了密密麻麻的电子零件。终于有点明白，原来芯片是这样做成的。当然当时所见的那块电路板是不能称为芯片的，那只是日本的电子制造公司为了防止别人抄袭而把整个电路板密封起来或其他原因，只引出的几个引脚与其他电路连接。不过它可以让人联想到芯片的基本结构与此相类似，如果把那些肉眼看得见的电子零件再缩小1000倍或更小以至于能把所有电子零件做在一个硅片上，那就成了名副其实的芯片了。

知道了一般芯片的原理，同样可以更进一步想象单片机为什么会执行逻辑运算等功能，这就涉及到数字电路和模拟电路的知识。其实不管一个单片机的功能如何强大，它只不过是由许多以微米，甚至是纳米为单位级的数字和模拟电子器件组成。

另外，要做到对单片机内部结构真正的了解，还必须先要有很扎实的电路基础、模拟电路、数字电路等方面的知识，否则可能就是空中楼阁。

2. 理清逻辑思维

学习单片机最重要的一点就是不能糊涂，不能把逻辑关系搞得乱七八糟。初学单片机时，要学会把一个程式的逻辑关系用流程图的形式清楚地表示出来。至于用来编写程式的单片机语言是很简单的，不要把它想象得很神秘，不管是汇编语言、C语言、还是更高级的VC++和图示化语言(如LABVIEW)，都只不过是把我们清楚的逻辑思维告诉单片机处理器，并指令它将要如何进行逻辑操作。把单片机的指令看得很重要是我们大家在学习单片机时的一个最大的误区，老是担心指令记不住、不会用，这也是学习单片机还没入门、上路的主要表现。其实这有什么好担心的呢？记不住就不要强求，把指令放在旁边，当把逻辑关系理顺好之后，再来对着指令表确定哪个逻辑关系由哪些指令来完成，当一条指令运用过几次后，根本就用不着担心不知道指令不会用了。退一步讲，即使真的记不得指令，参照书本的指令用法也完全可行，现在的知识量是海量，把所学的知识全死记在脑子里肯定会把脑袋涨破。在写程序时，只要把程序的逻辑关系调理清楚了，写起来就好比做简单的翻译工作，把逻辑关系翻译成计算机语言来表示。

3. 对微观世界的想象

曾经在设计电路板时，为了让线路中的电流能流畅地通过线路，为了所设计的电路板能满足各种测试条件下的安全标准，如UL标准要求最长的电源地线不能过0.02Ω(其测试条件是在20A的电流情况下测量它的功率$P=I^2R$)。如果是0.02Ω，通以20A的电流，那这条线路的发热功率将会是8W。把电流看作是宏观世界里的水，线路就好比一条水沟。要让水在水沟里怎么流，这理所当然是很容易控制的了。如水在急转弯的地方会起漩涡，会对急转弯的沟的对面产生冲击。同样在电路板上的线路如果存在急转弯的情况，电流也会引起涡流，也会对线路的拐点处有一个冲击作用而产生辐射。这样，在理解了这一原理之后，每一次电路板的设计完成之后，所有的测试都能一次通过。可见把微观世界想象成宏观世界相类似的事物或过程是非常有帮助的。现代电子世界，特别是微电子，要想看清它的真面目，只有在高清晰度的显微镜下才能看到它的外形，可是即使了解了它的外形，也只是知其然而不知其所以然，它的工作过程根本无法看得到。

现在单片机结构越来越复杂，集成度越来越高，存储量越来越大，将来还可能采用分子级电子晶体管呢。它的运行速度也是越来越快，现在已经是采用纳秒级来定义它的运行时间了，最长的运行一条指令的时间最多不过1～2μs，简直就是比一闪而过还要少好多好多。既然我们可以在空间上利用放大镜把外形放大后来了解，那么同样可以在时间上把时间拉长来了解。不妨把1μs当作是1min或1h来理解，这样就不难理解CPU就如人一样在处理某一条指令。例如指令“MOV A，01H”就是CPU把数据01H送到A累加器，这个运送的过程就如人搬运东西的过程，这个过程的处理时间就是CPU处理一个指令的时间，通常称为指令周期。有些时候单片机会出现对某个操作处理的时间不够，如进行数据采集时，被采集的信号相对于单片机处理时间比较快就会出现数据遗失的情况，这就要求单片机的运行速度更快。如果没有这种微观时间的概念，就很难理解怎么会出现这种情况。

(文章来源：电子工程专辑)

常用的单片机学习网站：

凌阳科技(www.unsp.com.cn)

周立功单片机(www.zlgmcu.com)

武汉力源(www.9910.com)

中源单片机(www.zymcu.com)

嵌入开发网(www.embed.com.cn)

单片机学习网(www.mcustudy.com)

单片机爱好者(www.mcufan.con)

中国单片机公共实验室(www.Bol-system.com)

中国单片机综合服务网(www.emcic.com)

中国电子网(www.21ic.com)

单片机技术开发网(www. Mcu－tech. com)

老古开发网(www. laogu. com)

我爱51单片机(mcu51. hothome. net)

电子工程师(www. eebyte. com)

世界电子元器件(www. gecmag. com)

世界单片机论坛大全(www. Etown168. com

小　　结

本章所讲的内容是单片机基本的知识，包括单片机的概念、工作原理、基本构成、发展历史、分类、应用范围、编程语言；凌阳单片机内部结构；芯片引脚；单片机最小系统，时钟信号、复位信号。另外还讲解了计算机中几种常见数制及其相互转换，包括二进制、十进制和十六进制。

单片机全称是单芯片计算机(Single Chip Microcomputer)，又称单芯片微控制器(Micro Controller Unit,MCU)，单片机中集成了处理器(控制器)，输入/输出(I/O)接口，RAM，ROM，定时器/计数器等部件。

CPU好比人体的"大脑"，计算机大大小小的指令都通过它来执行；存储器记录着计算机需要执行的程序和需要处理的各种数据；输入设备负责将需要处理的数据输入"大脑"；输出设备将处理好的数据输出给外围设备(与计算机相连的其他设备)；计算机"器官"与"器官"之间的数据传输，是通过总线来完成，就像人体的养分靠血管输送一般。

SPCE061A是凌阳科技推出的又一款16位结构的微控制器。在存储器资源方面考虑到用户的较少资源的需求以及便于程序调试等功能，SPCE061A里只内嵌32K字的闪存(FLASH)。较高的处理速度使μ'nSP™能够非常容易地、快速地处理复杂的数字信号。因此，与SPCE500A相比，以μ'nSP™为核心的SPCE061A微控制器是适用于数字语音识别应用领域产品的一种最经济的选择。

习　　题

一、简答题

1. 单片机与计算机的区别是什么？
2. 单片机和PC相比，哪个使用量更大，各自擅长于什么领域？
3. 单片机大约是哪一年诞生的？现在发展到多少位字长了？
4. 请查阅资料文献，试举出几种常见的内含单片机的电子产品。
5. 内含单片机的电子产品一般具有什么特点？你认为还有哪些产品中也应该含有单片机？
6. 单片机未来的发展趋势有哪些？你认为单片机内包含的部件是否越多越好？速度是否越快越好？为什么？
7. SPCE061A单片机的字长为几位？其最快时钟频率是多少？主要用于什么领域？
8. SPCE061A单片机片内主要由哪几部分组成？其工作电压是多少？
9. SPCE061A片内ROM、RAM容量各有多大？有几个定时器/计数器？

10. 片内 ROM 中哪些单元有其特殊作用？
11. 简述计算机的工作过程。

二、综合题

1. 将十进制 12345 分别转换为二进制、十六进制。
2. 画出单片机的最小系统。

第2章

单片机编程基础

教学目标

通过学习单片机的编程基础知识，理解指令和程序的概念；掌握基本指令的使用和程序的编制；掌握编程软件的使用和程序的仿真。

教学要求

能力目标	知识要点	权重	自测分数
理解指令和程序的相关概念	指令和程序，汇编语言与C语言	20％	
掌握基本指令的使用和程序的编制	主程序，常量和变量，算数运算，逻辑运算，程序控制指令，循环程序，选择程序、清看门狗	50％	
掌握编程软件的使用和程序的仿真	集成开发环境，程序编制，仿真调试	30％	

引例

凌阳单片机程序实例

程序 2-1 是凌阳单片机集成开发环境中所提供的一个 1～100 累加的范例。这个程序的结果大家都应该知道，那么用单片机通过执行程序来计算这个结果是什么样呢？来看一下相关程序：

```
//*************************************************************************
//名称:程序 2_1
//功能描述：计算 1～ 100 累加值
//*************************************************************************
.DEFINE P_Watchdog_Clear  0x7012
.RAM //定义预定义 RAM 段
.VAR I_Sum; //定义变量
.CODE //定义代码段
.PUBLIC   _main; //对 main 程序段声明
_main: //主函数开始
    R1 =  0x0001;//R1 等于第一个数 1
    R2 =  0x0000; // R2 用来暂存累加值
    L_SumLoop:
    R2 += R1; //累计值存到寄存器 R2
    R1 += 1; //下一个数值
    CMP R1,100; //判断是否加到 100
    JNA L_SumLoop; //如果 R1 <= 100 跳到 L_SumLoop
    [I_Sum] = R2; //在 I_Sum 中保存最终结果
?Loop0:
    R1 = 0x0001
    [P_WatchDog_Clear]= R1//清看门狗
    JMP ?Loop0
```

在此程序中，可以看到：

(1) 汇编必须有一个主函数的标号"_main"，而且必须声明此"_main"为全局型标号："．PUBLIC _main"

(2) 程序代码没有定义实际的物理地址，而是以伪指令"．CODE"声明此程序代码可以定位在任何一个程序存储区内。汇编代码在程序存储区中的定位则由 IDE 负责管理。

(3) 程序用伪指令"．RAM"在数据存储区内声明了一个变量"I_Sum"，我们无须关心"I_Sum"的实际物理地址，IDE 将负责安排和管理数据变量在数据存储区的地址安排。

(4) 变量名 I_Sum 实际上代表了变量的地址，在汇编中对变量进行读/写操作时，则需要用[I_Sum]来表示变量中的实际内容。

通过这段汇编代码，是让初学 SPCE061A 的读者对程序设计建立一个基本概念，下面将详细介绍此程序的编制和相关知识。

2.1　指令和程序

什么是指令？计算机是“聪明傻瓜”，不告诉它怎样干它什么也不会干，告诉它怎样干它会干得很好。这就要使计算机明白一个个的命令，它就会按照你的命令去做。这种给计算机的命令，又称为指令。指令由操作码和操作数构成，分别表示何种操作和存储地址，例如：指令0011111000000111的意思是，向累加器加7，前8位数字表示向累加器送数，后8位数表示所送的数是十进制数7。

程序：可以连续执行，并能够完成一定任务的一条条指令的集合。它是人与机器之间进行交流的语言。程序是人们为了告诉微处理器要做什么事而编写的微处理器(CPU)能够理解的一串指令，有时又称代码。

程序设计语言：计算机软件都是用各种计算机语言（又称程序设计语言）编写的。最低层的称为机器语言，它由一些0和1组成，可以被某种计算机直接理解，但人们就很难理解。上面一层称为汇编语言，它只能由某种计算机的汇编器软件翻译成机器语言程序，才能执行。人们能够勉强理解汇编语言。人们常用的语言是更上一层的高级语言，如C语言，Java语言，Fortran语言，BASIC语言。这些语言编写的程序一般都能在多种计算机上运行，但必须先由一个称作编译器或者是解释器的软件将高级语言程序翻译成特定的机器语言程序。

单片机编程主要使用汇编语言和C语言，C语言和汇编语言在开发单片机时各有哪些优缺点？

汇编语言是一种用文字助记符来表示机器指令的符号语言，是最接近机器码的一种语言。其主要优点是占用资源少、程序执行效率高。但是不同的CPU，汇编语言可能有所差异，所以不易移植。

C语言是一种结构化的高级语言。其优点是可读性好，移植容易，是普遍使用的一种计算机语言；缺点是占用资源较多，执行效率没有汇编语言高。

2.2　编写第一个程序

题目：计算1～100累加值。

从引例可以看出，程序中必须有一个且只有一个主函数。主函数是一个程序的主干，就像是一棵大树的树干，程序中还可有子程序和函数，相当于大树的枝叶。因此编写程序肯定要有主函数，下面就从主函数的编写来入手写程序。先来学习汇编主函数的编写。

特别提示

- 对于简单的程序，一般只需编写主函数就可以达到目标。对于功能复杂的程序来说，人们会把其中的一些功能写成子程序或者函数的形式，通过调用这些子程序或者函数来实现相应的功能。主函数和子程序可以不在同一个文件，但要做相应的声明。程序的特点，有严格的语法要求。

2.2.1 如何开始主函数

每个汇编主函数都以固定格式开始。双斜杠(//) 后面的内容为注释，即说明语句。程序注释行必须用双斜杠(//) 起始，它可与程序指令在同一行，或跟在指令后，也可在指令的前一行或后一行。

(1)CODE:定义代码段的开始，代码段，是程序的主体部分。一个文件中，不管是主函数还是子程序都要以 .CODE 开头。

(2)PUBLIC _main:对主函数的声明，必须将主函数声明成公共的或者说是全局的。以公有财产和私有财产来类比，公有财产可以共用，也可以说被别人使用，私有财产只能自己使用。由于主函数对所有的子程序来说是公共的主干，所以必须声明为公共的。这里 main 是固定的单词，不能使用别的，而且必须要小写，注意，PUBLIC 和 _main 之间有空格。

(3)_main:主函数的开始位置，这里是一个标号，标号标明程序中的某个位置。

(4)CODE:

【类别】定义类

【功能描述】切换定义预定义段 CODE

【语法格式】. CODE

【应用解释】所有程序指令和数据都可以存放在 CODE 段下。CODE 为预定义段的段名，预定义段的段名是汇编器进行汇编操作的一种地址分类标签。即通过预定义段的段名，确定相应的存储空间选在 ROM 还是 RAM。不同文件中所有与其同名的预定义段或同属性的用户定义段会被分开地定位在 ROM 地址中，而同一文件中所有与 CODE 同名或同属性的各段则会被合并在一起置入在 ROM 地址中，如图 2.1 所示，CODE 段的内容将被存入 ROM 中。

(5)PUBLIC:

【类别】定义类

【功能描述】声明将被引用在其他文件中的全局标号

【语法格式】. PUBLIC label[, label][, …]

【应用解释】本伪指令用来在文件中声明将被引用在外部文件中的全局标号。故在外部文件中用伪指令 externAL 所声明的标号必须是用 PUBLIC 伪指令声明过的。类似地，当要声明多个全局标号时，要用逗号(,) 将每一标号分开。

【举例】. PUBLIC sym1

```
//声明要引用在其他文件中的全局标号
.PUBLIC sym1, sym2
//声明多个全局标号需用逗号将每一标号分开，空格会被忽略
```

这里用到的 . CODE、. PUBLIC 称为伪指令，指令和伪指令有什么区别呢?

指令语句:每条指令语句在源程序汇编时都要产生可供计算机执行的指令代码(即目标代码)，所以这种语句又称可执行语句。每条指令语句表示计算机具有的一个基本能力，如数据传送、两数相加(+) 或相减(-)、移位等，而这种能力是在目标程序(指令代码的有序集合) 运行时完成的，是依赖于计算机内的中央处理器(CPU)、存储器、I/O 接口等硬件设备来实现的。

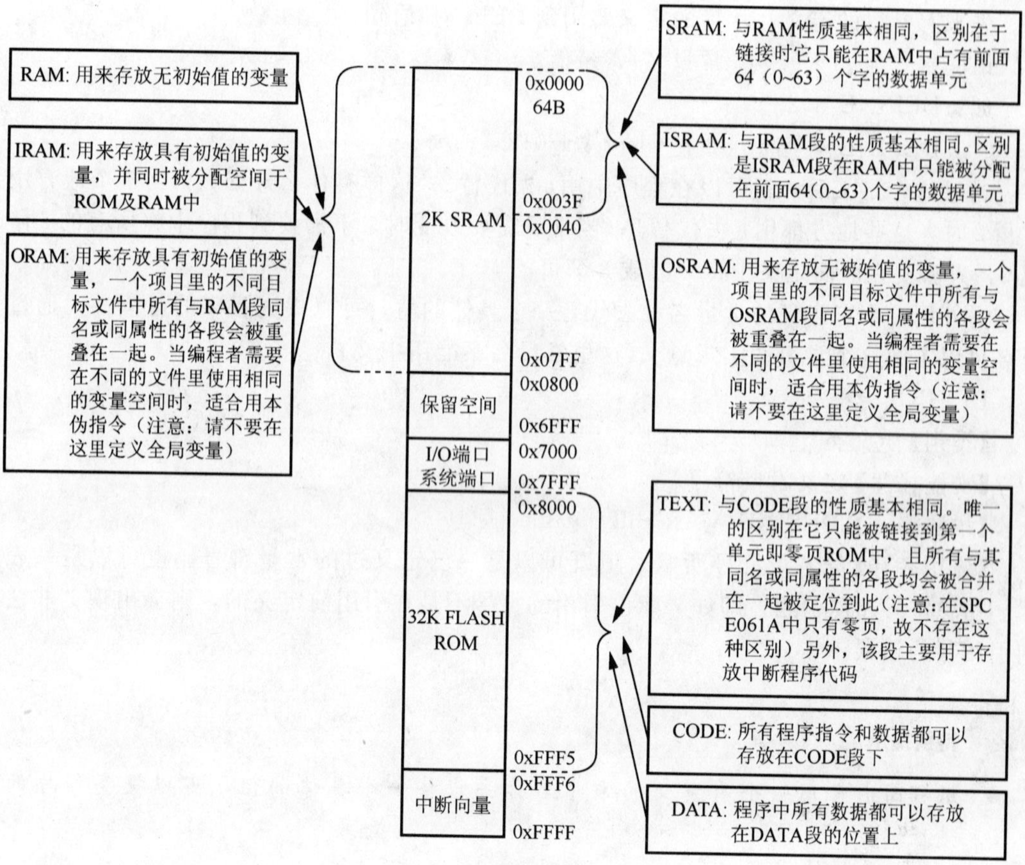

图 2.1 SPCE061A 的内存结构

伪指令语句：伪指令语句是用于指示汇编程序如何汇编源程序，所以这种语句又称命令语句。例如源程序中的伪指令语句告诉汇编程序：该源程序如何分段，有哪些逻辑段在程序段中，哪些是当前段，它们分别由哪个段寄存器指向；定义了哪些数据，存储单元是如何分配的，等等。伪指令语句除定义的具体数据要生成目标代码外，其他均没有对应的目标代码。伪指令语句的这些命令功能是由汇编程序在汇编源程序时，通过执行一段程序来完成的，而不是在运行目标程序时实现的。

特别提示

- 伪指令不必区分字母的大小写，也即书写伪指令时既可全用大写，也可全用小写，甚至可以大小写混用。但所有定义的标号包括宏名、结构名、结构变量名、段名及程序名则一律区分其字母的大小写。伪指令前面必须用一个小圆点引导，以便与汇编指令区分开。

2.2.2 变量和常量的定义

1. 常量定义

对于一个程序会用到一些变量和常量，这些变量和常量的定义，一般放在程序的开头。先来看常量的定义，常量的定义要用到 DEFINE 语句。

语法格式为 .DEFINE 常量名 常量值

如：.DEFINE a 2

.DEFINE P_Watchdog_Clear 0x7012

通过这个定义后，就可以在程序中用a去代替2；这样有什么好处呢，当多个地方用到常量2时，这些地方都用a去代替2；当常量需要改变时，不需要到程序中将所有的2修改成3，只需要在前面定义中将2改成3即可。

另外用一个有意义的常量名称去代替一个具体的值，可以提高程序的可读性，通过常量名可以了解这个常量的实际意义(这里常量名不能用中文)。

DEFINE

【类别】定义类

【功能描述】定义常量符号

【语法格式】.DEFINE VARiable [value][,…]

【应用解释】给常量符号所赋之值既可以是一已定义过的常量符号，也可以是一表达式。切忌符号超前引用，即如果赋值引用的符号不是在引用前定义的，则会出现“非法超前引用”的错误。

特别提示

- 编程时通常用一个有意义的常量名称去代替一个具体的值，可以提高程序的可读性。

2. 变量定义

前面讲过变量是存储在 RAM 区域，在程序运行的过程中变量的值是可变的。所以这里定义变量时，首先要指出变量存储的区域来。格式为

.RAM

接下来就可以定义变量了，变量定义的格式为

.VAR 变量名

如定义变量 x，y：

.RAM

.VAR x,y

说明：当定义好变量以后，需要在RAM存储区域给变量分配相应的存储空间，这个存储空间有一个地址，在这里不用管这个地址具体是多少，变量名就是和这个地址相对应的。所以要注意变量名不是和变量的值对应，而是和其地址相对应的。

RAM

【类别】定义类

【功能描述】切换定义预定义段 RAM

【语法格式】.RAM

【应用解释】RAM 段用来存放无初始值的变量。RAM 段不能跨 bank 链接，且在链接时所有与其同名或同属性的各段都会被合并在一起而被定位在 RAM 中。

【举例】.RAM

.VAR num ，max；// 定义变量 num、max

特别提示

● 注意变量名不是和变量的值对应，而是和其地址相对应的。

2.2.3　基本运算

运算时，会用到各种数据，先来看看常用的数制和数据类型。在用汇编语言编程时常用的数制有二进制、十进制、十六进制，为了区别，在相应数据前面或后面加上前缀或后缀。如十六进制数可用符号“0x”或“$”作为前缀，或用符号“H”作为后缀。例如十六进制数 FFFF，表示成 0xFFFF(注意 x 必须小写)、$FFFF、FFFFH 都可以，最常用 0xFFFF。对于其他数制的后缀如表 2.1 所示。

表 2.1　数制及后缀规定

数　制	后　缀
二进制	B
八进制	0 或 Q
十进制	D 或不写
十六进制	H
ASCII 字符串	用双引号或单引号括起，如“5”或‘5’

在做数据运算时还涉及寻址方式，寻址方式就是寻找操作数或操作数地址的方式。按寻址方式划分，可分为以下几类：

1）立即数寻址

这种寻址方式是操作数以立即数的形式出现，例如：R1 = 0x1234，是把十六进制数 0x1234 赋给寄存器 R1。

2）存储器绝对寻址

这种寻址方式是通过存储器地址来访问存储器中的数据，例如：R1 = [0x2222]，访问 0x2222 单元的数据。

3）寄存器寻址

这种寻址方式是操作数在寄存器中，例如：R1 = R2，是把寄存器 R2 中的数据赋给寄存器 R1。

4）寄存器间接寻址

这种寻址方式是操作数的地址由寄存器给出，例如：R1 = [BP]，是把由 BP 指向的内存单元的数据送寄存器 R1。

5）变址寻址

这种寻址方式下，操作数的地址由基址和偏移量共同给出，例如：R1 = [BP + 0x34]。

表 2.2 所示的符号是在指令系统叙述过程中所要用到的，在此统一进行约定。

表 2.2　符号约定

R1,R2,R3,R4,R5(BP)	通用寄存器
PC	程序计数器
CS,DS	SR 寄存器中的代码段选择字段和数据段选择字段
NZSC	SR 寄存器中的 4 个标志(请参考下面几行)
SR	段寄存器,其中 Bit15 ～ Bit10 对应 DS;Bit9 ～ Bit6 对应 NZSC 标志位,Bit5 ～ Bit0 对应 CS
IM6	6 位(Bit) 的立即数
IM16	16 位(Bit) 的立即数
A6	6 位地址码
A16	16 位地址码
Rd	目的(destination) 寄存器或存储器指针
Rs	源寄存器或存储指针
→	数据传送符号
MR	由 R4,R3 组成的 32 位结果寄存器(R4 为高字节,R3 为低字节)
&,|,^,	逻辑与记号,逻辑或记号,逻辑异或记号
0	可选项
[]	寄存器间接寻扯标志
++,--	指针单位自增量,自减量
ss,us	两个有符号数之间的操作,无符号数与有符号数之间的操作
Label	程序标号
FIR	有限冲击响应(Finitte Impulse Response),数字信号处理中的一种具有线性相位及任意幅度特性的数字滤波器算法
N	负标志,N = 0 时表示运算前最高有效位为 0,N = 1 时表示最高有效位为 1
Z	零标志,Z = 0 时表示运算结果不为 0,Z = 1 表示运算结果为 0
S	符号标志,S = 0 表示结果不为负,S = 1 表示结果为负数(2 的补数),对于有符号运算,16 位数表示的范围 - 32768 ～ 32767,若结果小于零,则 S = 1
C	进位标志,C = 0 表示运算过程中无进位或有借位产生,C = 1 表示有进位或无借位产生
//	注释符

1. 数据传送指令

进行运算时，经常要做一件事——向存储区域的一个地址写入数据和从存储区域读出数据(数据传送)。向某个内存空间写入数据时，需要知道该内存空间的地址，先将数据送到通用寄存器，再借助通用寄存器将数据写入某个地址的内存空间。

知识链接

通用寄存器的作用可以做这样一个比喻:我们在切一大堆菜时，要用到菜板和菜刀，CPU 好比菜刀，通用寄存器好比菜板。需要 CPU 处理的数据，会先放到通用寄存器中，就好比，切菜时需要把菜先放到菜板上一样。

如：要将数据 0x0001 送入地址为 0x7000 的内存空间，先将数据送到通用寄存器(这里采用 R1，当然也可以用 R2、R3、R4、R5)，再借助通用寄存器将数据写入 0x7000 的内存空间。表达式为

R1 = 0x0001

[0x7000] = R1

0x7000 是一个地址，[0x7000] 表示 0x7000 这个地址存储的数据。

从某个地址读出数据时，也是要利用通用寄存器。如读出 0x7000 这个地址存储的数据，表达式为

R1 = [0x7000]

给变量赋值时，实际就是将数据存入变量对应的存储器地址空间。如将数据 0x0001 赋给 a，就是将 0x0001 存入变量对应的存储器地址空间，表达式为

R1 = 0x0001

[a] = R1

数据传送指令是把源操作数传送到指令所指定的目标地址。数据传送操作属于复制性质，而不是剪切性质。指令执行后，源操作数不变，目的操作数为源操作数所代替。通用格式如下：

<目的操作数>=<源操作数>

源操作数可以是立即数、寄存器直接寻址、寄存器间接寻址、直接地址寻址、变址寻址等。目的操作数可以是寄存器和直接地址寻址。下面按寻址方式来介绍 SPCE061A 的数据传送指令。

1）立即数寻址

【影响标志】N，Z

【格式】Rd = IM16 //16 位的立即数送入目标寄存器 Rd

Rd = IM6 //6 位的立即数扩展成 16 位后送入目标寄存器 Rd

【举例】设传送前 N = 0,Z = 1,S = 0,C = 1

R1 = 0xF001 //R1 的值变为 0xF001,N = 1,Z = 0,S = 0,C = 1

2）寄存器寻址

【影响标志】N，Z

【格式】Rd = Rs // 将源寄存器 Rs 的数据送给目标寄存器 Rd

【举例】设传送前 N = 0,Z = 1,S = 0,C = 1

R2 = 0xF001 //R2 的值为 0xF001,N = 1,Z = 0,S = 0,C = 1

R1 = R2 // R1 的值变为 0xF001,N = 1,Z = 0,S = 0,C = 1

3）直接地址寻址

【影响标志】N，Z

【格式】[A6] = Rs // 将源寄存器 Rs 中的数据送给以 A6 为地址的存储单元

[A16] = Rs // 把 Rs 数据存储到 A16 指出的存储单元

Rd = [A6] // 把 A6 指定的存储单元数据读到 Rd 寄存器

Rd = [A16] // 把 A16 指定的存储单元数据读到 Rd 寄存器

【举例】设传送前 N = 1,Z = 1,S = 0,C = 1

R1 = 0x0011 // R1 的值为 0x0011，N = 0，Z = 0，S = 0，C = 1

[0x0010] = R1 //[0x0010] 单元的值变为 0x0011

4）变址寻址

【影响标志】N，Z

【格式】[BP + IM6] = Rs // 把 Rs 的值存储到基址指针 BP 与 6 位的立即数之和指出的存储单元

Rd = [BP +IM6] // 把基址指针 BP 与 6 位的立即数的和指定的存储单元数据读到 Rd 寄存器

【举例】假设执行前 N = 0，Z = 1，S = 0，C = 1

R1 = 0x0010

[BP + 0x0002] = R1 //N = 0，Z = 0，S = 0，C = 1

5）寄存器间接寻址

【影响标志】N，Z

【格式】[Rd] = Rs // 把 Rs 的数据存储到 Rd 的值所指的存储单元 Rd 中存放的是操作数的地址

【举例】[++ Rd] = Rs // 首先把 Rd 的值加 1，而后 Rs 的数据存储到 Rd 的值所指的存储单元间接寻址的存储单元

Rd = [Rs++] // 读取 Rs 的值所指的存储单元的值并存入 Rd，而后 Rs 的值加 1

例：将 R3 的值保存于 0x25 单元。

R3 = 0x5678 // 把 16 位立即数 0x5678 赋给 R3

方法 1：

[0x25] = R3 // 将 R3 的值存储于 0x25 存储单元，直接地址寻址 0x25 单元的内容为 0x5678

方法 2：

R2 = 0x25 // 立即数 0x25 送入 R2 中

[R2] = R3 // 将 R3 的值存储于 0x25 存储单元，寄存器间接寻址 0x25 单元的内容为 0x5678

方法 3：

BP = 0x20 // 立即数 0x20 送入 BP 中

[BP + 5] = R3 // 将 R3 的值存储于 0x25 存储单元，变址寻址 0x25 单元的内容为 0x5678

例：将 0x25，0x26，0x27 单元清空。

方法 1：

R1 = 0 // 影响标志位：Z = 1，N = 0

R2 = 0x25 // 立即数 0x25 送入 R2 中

[R2++] = R1 //R1 的值存储于 0x25 存储单元，R2 = R2 +1

[R2++] = R1 //R1 的值存储于 0x26 存储单元，R2 = R2 +1

[R2] = R1 //R1 的值存储于 0x27 存储单元

方法 2：

R1 = 0 // 影响标志位：Z = 1，N = 0

R2 = 0x27 [R2 − −] = R1 //R1 的值存储于 0x27 存储单元，R2 = R2 − 1

[R2 − −] = R1 //R1 的值存储于 0x26 存储单元，R2 = R2 − 1

[R2] = R1 //R1 的值存储于 0x25 存储单元

方法 3：

R1 = 0 // 影响标志位：Z = 1，N = 0

R2 = 0x24 // 立即数 0x24 送入 R2 中

[+ + R2] = R1 //R2 = R2 + 1，R2 = 0x25，而后 R1 的值存储于 0x25 单元

[+ + R2] = R1 //R2 = R2 + 1，R2 = 0x26，而后 R1 的值存储于 0x26 单元

[+ + R2] = R1 //R2 = R2 + 1，R2 = 0x27，而后 R1 的值存储于 0x27 单元

例：用不同方式读取存储器的值。

BP = 0x20 // 将立即数 0x20 赋给 BP

R1 = [BP + 5] //BP + 5 = 0x25，读取 0x25 单元数据到 R1 中

R1 = [0x2345] // 读取 0x2345 单元数据到 R1 中

R1 = [BP] // 读取 0x20 单元的数据到 R1 中

R1 = [BP + +] // 读取 0x20 单元的数据到 R1 中，修改 BP = 0x21

R1 = [BP − −] // 读取 0x21 单元的数据到 R1 中，修改 BP = 0x20

R1 = [+ + BP] // 修改 BP = 0x21，读取 0x21 单元的数据

下面来看如何进行基本运算，基本运算包括算术运算如加(+)、减(−)，逻辑运算与(&)、或(|)、非(～)、异或(^) 等。

2. 加法运算

加法运算影响标志位：N，Z，S，C。

1) 立即数寻址(不带进位)

【格式 1】Rd += IM6 或 Rd = Rd + IM6

【操作】Rd + IM6 → Rd

【说明】Rd 的数据与 6 位(高位扩展成 16 位) 立即数相加，结果送 Rd。

【格式 2】Rd = Rs + IM16

【操作】Rs + IM16 → Rd

【说明】Rs 的数据与 16 位的立即数相加，结果送 Rd。

【举例】假设开始时的标志位为 N = 0，Z = 1，S = 0，C = 1

R1 = 0x0099 //R1 的值为 0x0099，N = 0，Z = 0，S = 0，C = 1

R1 += 0x0001 //R1 的值变为 0x009A，N = 0，Z = 0，S = 0，C = 0

R1 += 0xFFFE //R1 的值变为 0x0098，N = 0，Z = 0，S = 0，C = 1

2) 直接地址寻址

【格式 1】Rd += [A6] 或 Rd = Rd + [A6]

【操作】Rd + [A6] → Rd

【说明】Rd 的数据与 6 位地址指定的存储单元中的数据相加，结果送 Rd。

【格式 2】Rd = Rs + [A16]

【操作】Rs + [A16] → Rd

【说明】Rs 的数据与 16 位地址指定的存储单元中数据相加，结果送 Rd。

【举例】假设开始时的标志位为 N = 0,Z = 1,S = 0,C = 1

R2 = 0x0010 //R2 的值为 0x0010,N = 0,Z = 0,S = 0,C = 1

[0x0088] = R2 // 把 0x0010 送到内存单元 0x0088 中,标志位不变

R1 = 0xF099 //R1 的值为 0xF099,N = 1,Z = 0,S = 0,C = 1

R1 += [0x0088] //R1 的值变为 0xF0A9, N = 1,Z = 0,S = 1,C = 0

3) 变址寻址

【格式】Rd += [BP + IM6] 或 Rd = Rd + [BP + IM6]

【操作】Rd + [BP + IM6] → Rd

【说明】取基址指针 BP 与 6 位的立即数的和指定的存储单元中的数据与 Rd 相加，结果送 Rd 寄存器。

【举例】假设开始时的标志位为 N = 0,Z = 1,S = 0,C = 1

BP = 0

R1 = 0x0010 //R1 的值变为 0x0010,N = 0,Z = 0,S = 0,C = 1

R2 = 0x0090 //R2 的值变为 0x0090,N = 0,Z = 0,S = 0,C = 1

[0x0015] = R2 //R2 的值送到 0x0015 内存单元,标志位不变

R1 += [BP + 0x0015] //R1 的值变为 0x00A0, N = 0,Z = 0,S = 0,C = 0

4) 寄存器寻址

【格式】Rd += Rs

【操作】Rd + Rs → Rd

【说明】Rd 与 Rs 的数据相加，结果送 Rd。

【举例】假设开始时标志位为 N = 0,Z = 1,S = 0,C = 1(注:本例为有符号数计算)

R1 =-8 //R1 的值为 -8，实际以补码的形式体现，即 0xFFF8

//N = 1,Z = 0,S = 0,C = 1

R2 = 0xFFFE //R2 的值为 0xFFFE,N = 1,Z = 0,S = 0,C = 1

R1 += R2 //R1 的值变为 0XFFF6 ,N = 1,Z = 0,S = 1,C = 1,无溢出

5) 寄存器间接寻址

【格式 1】Rd += [Rs];

【操作】Rd + [Rs] → Rd

【说明】Rd 的数据与 Rs 所指定的存储单元中的数据相加，结果送 Rd

【格式 2】Rd += [Rs++];

【操作】Rd + [Rs] → Rd, Rs + 1 → Rs

【说明】Rd 的数据与 Rs 所指定的存储单元中的数据相加，结果送 Rd,修改 Rs, Rs = Rs+1。

【格式 3】Rd += [Rs--];

【操作】Rd + [Rs] → Rd, Rs - 1 → Rs

【说明】Rd 的数据与 Rs 所指定的存储单元中数据相加，结果送 Rd, Rs = Rs - 1

【格式 4】Rd += [++Rs];

【操作】Rs + 1 → Rs, Rd + [Rs] → Rd

【说明】首先修改 Rs = Rs+1，Rd 的数据与 Rs 所指定的存储单元中的数据相加，结果送 Rd。

【举例】假设开始时的标志位为 N = 0,Z = 1,S = 0,C = 1

R1 = 0x0010 //R1 的值为 0x0010,N = 0,Z = 0,S = 0,C = 1

R2 = 0x0020 //R2 的值为 0x0020,N = 0,Z = 0,S = 0,C = 1

[0x0010] = R2 //R2 的值送到内存单元 0x0010 中，标志位不变

R2 = 0x0010 //R2 的值为 0x0010

R1 += [R2 ++] // R1 的值变为 0x0030，N = 0,Z = 0,S = 0,C = 0 同时 R2 的值变为 0x0011

注意：有符号数的溢出只判断 N 和 S 两个标志位：N! = S 时溢出，N = S 时无溢出。

3. 减法运算

同不带进位的加法运算一样，不带进位的减法运算同样可分为立即数寻址，直接地址寻址，变址寻址，寄存器寻址，寄存器间接寻址等方式。

减法运算影响标志位：N,Z,S,C。

1）立即数寻址

【格式 1】Rd − = IM6 或 Rd = Rd − IM6

【操作】Rd − IM6 → Rd

【说明】Rd 的数据减去 6 位(bit) 立即数，结果送 Rd。

【格式 2】Rd = Rs − IM16

【操作】Rs − IM16 → Rd

【说明】Rs 的数据减去 16 位(bit) 立即数，结果送 Rd。

【举例】假设开始时的标志位为 N = 0,Z = 1,S = 0,C = 1

R1 = 0x0010 //R1 的值为 0x0010，N = 0,Z = 0,S = 0,C = 1

R2 = 0x0001 // R2 的值为 0x0001，N = 0,Z = 0,S = 0,C = 1

R1 −= R2 // R1 的值为 0x000F，N = 0,Z = 0,S = 0,C = 1

2）直接地址寻址

【格式 1】Rd − = [A6] 或 Rd = Rd − [A6]

【操作】Rd − [A6] → Rd

【说明】Rd 的数据减去[A6] 存储单元中的数据，结果送 Rd。

【格式 2】Rd = Rs −[A16]

【操作】Rs − [A16] → Rd

【说明】Rs 的数据减去[A16] 存储单元中的数据，结果送 Rd。

【举例】假设开始时的标志位为 N = 0,Z = 1,S = 0,C = 1

R1 = 0x0002 //R1 的值为 0x0002,N = 0,Z = 0,S = 0,C = 1

[0x0020] = R1 // 把 R1 的值送到内存单元 0x0020 中,标志位不变

R2 = 0x0001 //R2 的值为 0x0001,N = 0,Z = 0,S = 0,C = 1

R2 −= [0x0020] // R2 的值变为 0xFFFF，'C' 为 0，运算过程产生借位，N = 1,Z = 0,S = 1

3）变址寻址

【格式】Rd − = [BP + IM6] 或 Rd = Rd − [BP + IM6]

【操作】Rd －［BP ＋ IM6］→ Rd

【说明】Rd 的值减去基址加变址指定的存储单元的值，结果送 Rd。

【举例】假设开始时的标志位为 N = 0,Z = 1,S = 0,C = 1

BP = 0

R1 = 0x8001 //R1 的值为 0x8001,N = 1,Z = 0,S = 0,C = 1

R2 = 0x0020 //R2 的值为 0x0020,N = 0,Z = 0,S = 0,C = 1

［0x0010］= R2 // 把 0x0020 送到地址单元 0x0010 中

R1 －=［BP＋0x0010］//R1 的值变为 0x7FE1,N = 0,Z = 0,S = 1,C = 1

4）寄存器寻址

【格式】Rd － = Rs

【操作】Rd － Rs → Rd

【说明】寄存器 Rd 的数据减去 Rs 的数据，结果送 Rd 寄存器。

【举例】假设开始时的标志位为 N = 0,Z = 1,S = 0,C = 1

R1 = 32767 //R1 的初值为 0x7FFF,N = 0,Z = 0,S = 0,C = 1

R2 = 32768 //R2 的初值为 0x8000，,N = 1,Z = 0,S = 0,C = 1

R1 －= R2 //R1 的值变为 0xFFFF,N = 1,Z = 0,S = 0,C = 0

5）寄存器间接寻址

【格式 1】Rd － =［Rs］

【操作】Rd －［Rs］→ Rd

【说明】Rd 的数据与 Rs 所指定的存储单元中的数据相减，结果送 Rd。

【格式 2】Rd － =［Rs++］

【操作】Rd －［Rs］→ Rd，Rs＋1 → Rs

【说明】Rd 的数据与 Rs 所指定的存储单元中的数据相减，结果送 Rd，Rs 的值加 1。

【格式 3】Rd － =［Rs－－］

【操作】Rd －［Rs］→ Rd，Rs －1 → Rs

【说明】Rd 的数据与 Rs 所指定的存储单元中的数据相减，结果送 Rd，Rs 的值减 1。

【格式 4】Rd － =［++Rs］

【操作】Rs ＋ 1 → Rs,Rd －［Rs］→ Rd

【说明】Rs 的值加 1，Rd 的数据与 Rs 所指定单元数据相减，结果送 Rd。

4. 带进位的加减运算

由于带进位的加减运算与不带进位的加减运算在寻址方式，周期数，指令长度，影响的标志位均相同，在格式上相似，故这里只给出格式，供读者参考。

带进位的加法格式如下：

Rd += IM6,Carry

Rd = Rd ＋ IM6,Carry

Rd = Rs ＋ IM16,Carry

Rd +=［BP ＋ IM6］,Carry

Rd = Rd ＋［BP ＋ IM6］,Carry

Rd +=［A6］,Carry

Rd = Rd + [A6] ,Carry
Rd = Rs + [A16] ,Carry
Rd += Rs,Carry
Rd += [Rs] ,Carry
Rd += [++Rs] ,Carry
Rd += [Rs--],Carry
Rd += [Rs++],Carry

带进位的减法格式如下：

Rd -= IM6,Carry
Rd = Rd - IM6,Carry
Rd = Rs - IM16,Carry
Rd -= [BP + IM6] ,Carry
Rd = Rd - [BP + IM6] ,Carry
Rd -= [A6] ,Carry
Rd = Rd - [A6] ,Carry
Rd = Rs - [A16] ,Carry
Rd -= Rs,Carry
Rd -= [Rs] ,Carry
Rd -= [++Rs] ,Carry
Rd -= [Rs--],Carry
Rd -= [Rs++],Carry

5. 取补运算

取一个数的补码，在计算机中表示为取其反码，再加 1，SPCE061A 也正是这样处理的。取补运算影响标志位 N,Z。

【举例】计算数 − 600 与 0x0040 单元数据的差。

R1 = − 600
R2 = 0x0001
[0x0040] = R2
BP = 0x0040 // 取该单元地址
R2 = −[BP] // 取此数的补码，−1 的补码为 0xFFFF
R1 += R2 // 相加，结果送 R1

6. 乘法指令

说明：Rd,Rs 可用 R1 ~ R5，BP；MR 由 R5、R3 构成，R5 是高位，R3 为低位

【影响标志】无

【格式 1】MR = Rd * Rs 或 MR = Rd * Rs,ss

【功能】Rd * Rs → MR

【说明】表示两个有符号数相乘，结果送 MR 寄存器。

【格式 2】MR = Rd * Rs,us

【功能】Rd * Rs → MR

【说明】表示无符号数与有符号数相乘，结果送 MR 寄存器。

【举例】计算一年(365 天)共有多少小时，结果存放 R5(高位)R3(低位)

R1 = 365 //R1 的值为 0x016D

R2 = 24 //R2 的值为 0x0018

MR = R1 * R2,us// 计算乘积,结果 R3 的值为 0x2238，R5 的值为 0x0000

7. 逻辑与

逻辑与运算影响标志位为 N,Z

1）立即数寻址

【格式 1】Rd &= IM6 或 Rd = Rd & IM6

【功能】Rd & IM6 → Rd

【说明】该指令将 Rd 的数据与 6 位立即数进行逻辑与操作，结果送 Rd 寄存器。

【格式 2】Rd = Rs & IM16

【功能】Rs & IM16 → Rd

【说明】该指令将 Rs 的数据与 16 位立即数进行逻辑与操作，结果送 Rd 寄存器。

【举例】假设开始时的标志位为 N = 0,Z = 1,S = 0,C = 1

R1 = 0x0010 //R1 的初值为 0x0010，Z = 0

R1& = 0x000F // 结果为 0，标志位 Z 由 0 变为 1

NOP

2）直接地址寻址

【格式 1】Rd &= [A6] 或 Rd = Rd & [A6]

【功能】Rd & [A6] → Rd

【说明】将 Rd 和 A6 指定存储单元数据进行逻辑与操作，结果送 Rd 寄存器。

【格式 2】Rd = Rs & [A16]

【功能】Rs & [A16] → Rd

【说明】Rs中的数据和A16指定存储单元中的数据进行逻辑与操作，结果送Rd寄存器。

【举例】假设开始时的标志位为 N = 0,Z = 1,S = 0,C = 1

R1 = 0x0010 //R1 赋值为 0x0010，Z = 0,N = 0

R2 = 0xFFFF //R2 赋值为 0xFFFF，Z = 0,N = 1

[0x000F] = R2

R1& = [0x000F] // 执行后，R1 = 0x0010，标志位 Z = 0,N = 0

3）寄存器寻址

【格式】Rd &= Rs

【功能】Rd & Rs → Rd

【说明】将 Rd 和 Rs 的数据进行逻辑与操作，结果送 Rd 寄存器。

【举例】假设开始时的标志位为 N = 0,Z = 1,S = 0,C = 1

R1 = 0x00FF //R1 的初值为 0x00FF，Z = 0,N = 0

R2 = 0xFFFF //R1 的初值为 0xFFFF，Z = 0,N = 1

R1& = R2 // 结果为 0x00FF，执行后标志位 N = 0，Z = 0

4）寄存器间接寻址

【格式1】Rd &= [Rs]

【功能】Rd & [Rs] → Rd

【说明】将Rd数据与Rs指定的存储单元数据进行逻辑与操作，结果送Rd寄存器。

【格式2】Rd &= [Rs++]

【功能】Rd & [Rs] → Rd，Rs + 1 → Rs

【说明】将Rd的数据与Rs指定的单元的数据进行逻辑与操作，结果送Rd寄存器，修改Rs的值，使Rs加1。

【格式3】Rd &= [Rs--]

【功能】Rd & [Rs] → Rd，Rs - 1 → Rs

【说明】将Rd的数据与Rs指定的单元的数据进行逻辑与操作，结果送Rd寄存器，修改Rs的值，使Rs减1。

【格式4】Rd &= [++Rs]

【功能】Rs + 1 → Rs，Rd & [Rs] → Rd

【说明】修改Rs的值，Rs加1，将Rd的数据与Rs指定的单元的数据进行逻辑与操作，结果送Rd寄存器

【举例】假设开始时的标志位为N = 0,Z = 1,S = 0,C = 1

```
R1 = 0x00FF //R1的初值为0x00FF，Z = 0,N = 0
R2 = 0xFFFF //R1的初值为0xFFFF，Z = 0,N = 1
[0x0001] = R2
R2 = 0x0001
R1& = [R2] //结果为0x00FF，执行后标志位N = 0，Z = 0
```

8. 逻辑或

逻辑或影响标志位为N,Z。

1）立即数寻址

【格式1】Rd |= IM6 或 Rd = Rd | IM6

【功能】Rd | IM6 → Rd

【说明】该指令将Rd的数据与6位立即数进行逻辑或操作，结果送Rd寄存器。

【格式2】Rd = Rs | IM16

【功能】Rs | IM16 → Rd

【说明】该指令将Rs的数据与16位立即数进行逻辑或操作，结果送Rd寄存器。

【举例】假设开始时的标志位为N = 0,Z = 1,S = 0,C = 1

```
R1 = 0x00FF //R1的初值为0x00FF，Z = 0,N = 0
R1 |= 0xF000 //R1的值变为0xF0FF，Z = 0,N = 1
```

2）直接地址寻址

【格式1】Rd |= [A6] 或 Rd = Rd | [A6]

【功能】Rd | [A6] → Rd

【说明】将Rd和A6指定单元数据进行逻辑或操作，结果送Rd寄存器。

【格式2】Rd = Rs | [A16]

【功能】Rs | [A16] → Rd

【说明】Rs 的数据和 A16 指定单元数据进行逻辑或操作，结果送 Rd 寄存器。

【举例】假设开始时的标志位为 N = 0,Z = 1,S = 0,C = 1

R1 = 0x00FF //R1 的初值为 0x00FF，Z = 0,N = 0

R1 |= [0x0009] //R1 值变为 0x00FF，Z = 0,N = 0，[0x0009] 的值默认为 0。

3）寄存器寻址

【格式】Rd |= Rs

【功能】Rd | Rs → Rd

【说明】将 Rd 和 Rs 的数据进行逻辑或操作，结果送 Rd 寄存器。

【举例】假设开始时的标志位为 N = 0,Z = 1,S = 0,C = 1

R1 = 0x0000 //R1 的初值为 0x0000,Z = 1,N = 0

R2 = 0xFFFF

R1 |= R2 //R1 的值变为 0xFFFF，Z = 0,N = 1

4）寄存器间接寻址

【格式 1】Rd |= [Rs]

【功能】Rd | [Rs] → Rd

【说明】将 Rd 的数据与 Rs 指定的单元的数据进行逻辑或操作，结果送 Rd 寄存器。

【格式 2】Rd |= [Rs++]

【功能】Rd | [Rs] → Rd，Rs + 1 → Rs

【说明】将 Rd 的数据与 Rs 指定的单元的数据进行逻辑或操作，结果送 Rd 寄存器，修改 Rs 的值，使 Rs 加 1。

【格式 3】Rd |= [Rs--]

【功能】Rd | [Rs] → Rd，Rs - 1 → Rs

【说明】将 Rd 的数据与 Rs 指定的单元的数据进行逻辑或操作，结果送 Rd 寄存器，修改 Rs 的值，使 Rs 减 1。

【格式 4】Rd |= [++Rs]

【功能】Rs + 1 → Rs，Rd | [Rs] → Rd

【说明】首先，Rs 的值将加 1，Rd 与 Rs 指定的单元的数据进行逻辑或操作，结果送 Rd 寄存器。

【举例】假设开始时的标志位为:N = 0,Z = 1,S = 0,C = 1

R1 = 0x0000 //R1 的初值为 0x0000,Z = 1,N = 0

R2 = 0xFFFF

[0x0002] = R2// 把 0xFFFF 送到地址单元[0x0002] 中

R2 = 0x0002 //R2 的值为 0x0002 ,Z = 0,N = 0

R1 |= [R2] //R1 的值变为 0xFFFF，Z = 0,N = 1

9. 逻辑异或

逻辑异或影响标志位为 N，Z。

1）立即数寻址

【格式 1】Rd ^= IM6 或 Rd = Rd ^ IM6

【功能】Rd ^ IM6 → Rd

【说明】指令将 Rd 的数据与 6 位立即数进行逻辑异或操作，结果送 Rd 寄存器。

【格式 2】Rd = Rs ^ IM16

【功能】Rs ^ IM16 → Rd

【说明】该指令将 Rs 的数据与 16 位立即数进行逻辑异或操作，结果送 Rd 寄存器。

【举例】假设开始时的标志位为 N = 0,Z = 1,S = 0,C = 1

R1 = 0x0F00 //R1 的初值为 0x0F00,Z = 0,N = 0

R1^ = 0x0FFF //R1 的值变为 0x00FF，Z = 0,N = 0

2）直接地址寻址

【格式 1】Rd ^ = [A6] 或 Rd = Rd ^ [A6]

【功能】Rd ^ [A6] → Rd

【说明】将 Rd 和 A6 指定存储单元中数据进行逻辑异或操作，结果送 Rd 寄存器。

【格式 2】Rd = Rs ^ [A16]

【功能】Rs ^ [A16] → Rd

【说明】Rs的数据和A16指定存储单元中的数据进行逻辑异或操作，结果送Rd寄存器。

【举例】假设开始时的标志位为 N = 0,Z = 1,S = 0,C = 1

R1 = 0x0F00 //R1 的初值为 0x0F00,Z = 0,N = 0

R2 = 0x0FF0

[0x0010] = R2

R1^ = [0x0010] //R1 的值变为 0x00F0，Z = 0,N = 0

3）寄存器寻址

【格式】Rd ^ = Rs

【功能】Rd ^ Rs → Rd

【说明】将 Rd 和 Rs 的数据进行逻辑异或操作，结果送 Rd 寄存器。

【举例】假设开始时的标志位为 N = 0,Z = 1,S = 0,C = 1

R1 = 0x0E01 //R1 的初值为 0x0E01,Z = 0,N = 0

R2 = 0x0FF1 // R2 的初值为 0x0FF1,Z = 0,N = 0

R1^ = R2 //R1 的值变为 0x01F0，Z = 0,N = 0

4）寄存器间接寻址

【格式 1】Rd ^ = [Rs]

【功能】Rd ^ [Rs] → Rd

【说明】将Rd的数据与Rs指定的存储单元中的数据进行逻辑异或操作，结果送Rd寄存器。

【格式 2】Rd ^ = [Rs++]

【功能】Rd ^ [Rs] → Rd，Rs + 1 → Rs

【说明】将 Rd 的数据与 Rs 指定的存储单元中的数据进行逻辑异或操作，结果送 Rd 寄存器，修改 Rs，使 Rs 加 1。

【格式 3】Rd ^ = [Rs--]

【功能】Rd ^ [Rs] → Rd，Rs - 1 → Rs

【说明】将 Rd 的数据与 Rs 指定的存储单元中的数据进行逻辑异或操作，结果送 Rd 寄存器，修改 Rs，使 Rs 减 1。

【格式 4】Rd ^ = [++Rs]

【功能】Rs + 1 → Rs ,Rd ^ [Rs] → Rd

【说明】修改Rs，使Rs加1，Rd的数据与Rs指定的存储单元中的数据进行逻辑异或操作，结果送Rd寄存器。

【举例】假设开始时的标志位为 N = 0,Z = 1,S = 0,C = 1

R1 = 0x0000 //R1 的初值为 0x0000,Z = 1，N = 0

R2 = 0xFFFF //R2 的初值为 0xFFFF，N = 1，Z = 0

[0x0002] = R2

R2 = 0x0002

R1^ = [R2] //R1 的值变为 0xFFFF，Z = 0,N = 1

2.2.4 循环和选择程序编写

下面首先来看如何编写循环程序，在一些实际应用系统中，往往同一组操作要重复许多次，这种强制CPU多次重复执行一串指令的基本程序结构称为循环程序结构。

循环程序一般由以下3个主要部分组成：

(1) 初始化:为循环程序做准备，如规定循环次数、给各个变量和地址指针预置初值。

(2) 循环体:每次都要执行的程序段，是循环程序的实体，也是循环程序的主体。

(3) 循环控制:这部分的作用是修改循环变量和控制变量，并判断循环是否结束，直到符合结束条件时跳出循环为止。

先来看循环加1的程序：

```
R1 = 0
?Loop0:
R1+ =  1// 加 1
JMP ?Loop0        // 循环
```

首先将通用寄存器R1赋值为0，为循环做准备，从0开始循环加1。其中?Loop0:为标号，格式为

标号名:

它标明的是程序中的某个位置。这里?Loop0:标明的是 R1 += 1这行指令的位置。

汇编语言程序中所有标号的定义都是区分大小写字母的。标号原则上可以由任意数量的字母和数字字符组成，但只有前32位是有效的。它可以写在文件中的任何一列上，但必须以字母字符或下画线(_)开头，且标号名后须以冒号(:)来结束。

这里循环程序是如何形成的呢? JMP为无条件跳转指令，当遇到无条件跳转指令时，程序跳转到标号标明的位置继续执行。当第一次执行完 R1 += 1后，遇到跳转指令，程序跳转到标号标明的位置，即标号后遇到的第一句程序 R1 += 1继续执行，这样循环就形成了。

另外还有有条件的跳转指令，如JE，JB等，如表2.3所示。

有条件的跳转指令是根据跳转之前的运算结果作为跳转的条件，例如：

```
R1 = 5
?Loop0:
R1- =  1          // R1 的值减 1
JNZ ?Loop0   // 不为零的时候跳转到标号标明的位置继续执行
?Exit:
        ...
```

当然当跳转条件不满足时，执行跳转语句的下一行。这里执行的结果，R1的值循环减1，直到R1的值为零。

利用标号和JMP指令实际就构成了一个循环，前一个循环是一个死循环，循环不会自动结束。后一个循环，在循环条件不满足时，会退出循环，继续往下执行。

现在来实现1～100相加：

```
R1 = 0x0001;//R1 等于第一个数 1
R2 = 0x0000; //R2 用来暂存累加值
R3 = 100// 循环次数设为 100
L_SumLoop:
R2 += R1; // 累计值存到寄存器 R2
R1 += 1; // 下一个数值
R3 -= 1; // 加一个数，相加的个数减少一个
JNZ L_SumLoop; // 相加的个数不为 0 跳转到 L_SumLoop
```

表2.3　有条件跳转指令

助 记 符	操作数类型	条　件	标志状态
JB	无符号数	小于	C = 0
JNB		不小于	C = 1
JAE		大于等于	C = 1
JNAE		小于	C = 0
JA		大于	Z = 0 and c = 1
JNA		不大于	Not(z = 0 and c = 1)
JBE		小于等于	Not(z = 0 and c = 1)
JNBE		大于	Z = 0 and c = 1
JGE	有符号数	大于等于	S = 0
JNGE		小于	S = 1
JL		小于	S = 1
JNL		大于等于	S = 0
JLE	有符号数	大于等于	Not = (z = 0 and s = o)
JNLE		大于	z = 0 and s = 0
JG		大于	z = 0 and s = 0
JNG		小于等于	Not = (z = 0 and s = o)
JVC		无溢出	N = s
JVS		溢出	N = s

续表

助　记　符	操作数类型	条　　件	标 志 状 态
JCC		进位为 0	C = 0
JCS		进位为 1	C = 1
JSC		符号位为 0	S = 0
JSS		符号位为 1	S = 1
JNE		不等于	Z = 0
JNZ		非 0	Z = 0
JZ		为负	Z = 1
JMI		为负	N = 1
JPL		为正	N = 0
JE		相等	Z = 1

下面再举几个例子来说明跳转指令实现选择程序：

无符号数的跳转指令介绍如下。

举例(JB)：

```
      R1 =  0x0001 //设初值
      R2 =  0x0006
      CMP R1,R2 //比较 R1、R2 的大小
JB loop1// R1 小于 R2，跳转到 loop1，否则继续下一条
      R1 =  0x0000
loop1:
      R1 =  0x0000
      R2 =  0x0000
      …
```

举例(JNB)：

```
      R1 =  0x0010 //设初值
      R2 =  0x0006
      CMP R1,R2 //比较 R1,R2 的大小
      JNB loop1// R1 不小于 R2，跳转到 loop1，否则继续下一条
R1 =  0x0000
loop1:
      R1 =  0x0000
      R2 =  0x0000
      …
```

有符号数的跳转指令介绍如下。

举例(JGE)：

```
      R1 =  2 //赋初值,分别为有符号数
      R2 = - 3
      CMP R1,R2 //比较 R1,R2 的值
JGE loop1 // S =  0 表明 R1 大于等于 R2，跳转到 loop1，否则继续下一条
```

```
      //指令
      R2= 0x0000
loop1:
      R1= 0x0000
      …
```

举例(JNGE)：

```
      R1=- 2 //赋初值,分别为有符号数
      R2= 3
      CMP R1,R2 //比较 R1,R2 的值
JNGE loop1
      //R1 小于 R2 时，跳转到 loop1，此时 S= 1否则继续下条指令
      R2= 0x0000
loop1:
      R1= 0x0000
```

当然还有另外一种方法来控制循环次数，当加100时，R1的值变为了100？所以只要判断出R1的值是否变为了100，就可以知道循环次数是否为100。如何知道R1的值是否变为了100，可以将R1的值和100比较，判断R1的值和100的大小关系，这里用到一个新指令——比较指令CMP，比较运算执行两数的减法操作，不存储运算结果，如CMP R1,100。

```
      R1 =0
?Loop0:
      R1+= 1
      CMP R1,100  //将 R1 的值和 100 比较
JNA  ?Loop0//这个程序同样可以判断循环次数是否到了 100
```

利用CMP指令和跳转指令配合，可以形成各种转移条件，例如比较两个数以后，可以有大于、大于等于、等于、小于、小于等于等转移条件。

比较运算执行两数的减法操作，不存储运算结果，只影响标志位N、Z、S、C，下面按寻址方式分别介绍比较运算的各条指令。

1）立即数寻址

【格式1】CMP Rd,IM6

【说明】将Rd与6位(bit)立即数相减。

【格式2】CMP Rd,IM16

【说明】将Rd与和16位立即数相减。

2）直接地址寻址

【格式1】CMP Rd，[A6]

【说明】此指令将Rd的值与A6指定地址单元的数据相减。

【格式2】CMP Rd，[A16]

【说明】此指令将Rd的值与A16指定地址单元的数据相减。

3）寄存器寻址

【格式】CMP Rd，Rs

【说明】该指令将Rd与Rs的值相减。

4）变址寻址

【格式】CMP Rd，[BP + IM6]

【说明】该指令将 Rd 与 BP + IM6 指定地址单元数据相比较。

5）寄存器间接寻址

【格式 1】CMP Rd，[Rs]

【说明】将 Rd 的值与寄存器 Rs 指定存储单元的数据相比较。

【格式 2】CMP Rd，[Rs++]

【说明】将Rd的值与寄存器Rs指定存储单元的数据相比较，并修改Rs的值使Rs的值加1。

【格式 3】CMP Rd，[Rs--]

【说明】将Rd的值与寄存器Rs指定存储单元的数据相比较，并修改Rs的值，使Rs值减1。

【格式 4】CMP Rd，[++Rs]

【说明】修改Rs的值，使Rs加1，将Rd的值与寄存器Rs指定存储单元的数据相比较，结果影响标志位。

另外常用的还有一种测试指令(TEST)，测试指令是做两个数相与的运算，将结果反映到标志位上。如：

```
R1 = 0x0E01   //R1 的初值为 0x0E01
TEST R1,0x0000 // 测试 R1 和 0x0000 相与的结果
JZ loop1   //Z 为 1 跳转到 loop1 处，此时测试结果为 0
NOP
loop1：// 标号
R1 = 0x0000
```

2.2.5 单片机中实现 1 ～ 100 相加

现在来写出 1 ～ 100 相加的程序。

```
.RAM //定义预定义 RAM 段
.VAR Sum; //定义变量
.CODE //定义代码段
.PUBLIC  _main; //对 main 程序段声明
_main: //主函数开始
R1 =  0x0001;//R1 等于第一个数 1
R2 =  0x0000; // R2 用来暂存累加值
L_SumLoop:
R2 += R1; //累计值存到寄存器 R2
R1 += 1; //下一个数值
CMP R1,100; //判断是否加到 100
JNA L_SumLoop; //如果 R1 <=  100 跳转到 L_SumLoop
[I_Sum] = R2; //在 I_Sum 中保存最终结果
```

这个程序从思路上是没有问题了，但是到单片机去运行时会出现问题。什么问题呢？当循环 100 次以后，整个程序就执行完了，单片机就没有事情可干了，这实际上是不允许的。

我们在计算机上运行一个程序时，执行完了程序可以退出，但是系统程序还在运行，

也即计算机一样是在不停地工作的。同样，单片机开始工作以后也要一直有程序执行，所以在前面的程序执行完后，还得让它一直工作下去，该怎么办呢？可以在后面加上一个死循环，在这个循环里什么也不做，如下：

```
?Loop0：
nop// 这里 nop 指令为空操作，什么都不做，但消耗时间
JMP ?Loop0
```

这样计算机就一直有事情做了，这时又会产生新问题。大家知道单片机每隔一定时间，自动重启(复位)，因为单片机中有看门狗计数器(WatchDog)。下面来认识一下这个计数器。WatchDog 是用来监视系统的正常运作的。当系统正常运行时，每隔一定的周期就必须清除 WatchDog 计数器。如果在限定的时间内，WatchDog 计数器没有被清除，CPU 就会认为系统已经无法正常工作，将会进行系统复位(reset)。

知识链接

看门狗，是一个定时器电路，一般有一个输入，叫“喂狗”；一个输出到单片机的 RST 端。单片机正常工作时，每隔一端时间输出一个信号到“喂狗”端，给 WDT 清零，如果超过规定的时间不“喂狗”(一般在程序跑飞时)，WDT 定时超过，就会给出一个复位信号到单片机，使单片机复位，从而防止单片机死机。

SPCE061A 分成两种版本：有 WatchDog 功能和无 WatchDog 功能的版本。对于有 WatchDog 的版本，WatchDog 功能在上电时自动启动，不能被关闭，因此用户使用时，注意要在 0.75s 内，进行清除 WatchDog 的操作。

由于程序的最后有一个死循环，当循环一段时间以后，系统会自动复位，这样程序会重新从头开始执行。这实际是人们不希望的，因为第一次计算后已经得到了想要的结果。怎么防止自动复位呢？这时需要“喂狗”。

下面来看如何“喂狗”(也称为清看门狗)：

要清除 WatchDog，只需要将“0x0001“写入一个特定的地址单元(0x7012)，这个地址单元与 RAM 中普通的数据地址单元不同，写入数据时有特定的功能。将“0x0001”写入一个特定的地址单元(0x7012)时就是在做清看门狗的工作，在后面还会遇到很多这样的情况。这些具有特定功能的地址，称为功能寄存器。功能寄存器的地址集中在 0x7000～0x7FFF。具体清看门狗程序为

```
R1 = 0x0001
[0x7012] = R1;
```

地址单元(0x7012) 写入数据时，就有了特殊的意义。我们给 0x7012 起个名字：P_WatchDog_Clear，这是使用 DEFINE 语句。

```
.DEFINE P_Watchdog_Clear 0x7012
```

在程序的开头对给 0x7012 起名字以后，程序中就可以用名称代替 0x7012，上面的程序变为

```
R1 = 0x0001
[P_WatchDog_Clear] = R1
```

特别提示

- 清看门狗的程序在什么地方出现呢？通常在循环时间较长的地方(执行时间有可能超过

0.75s) 都需要加清看门狗的程序。在最后的循环中，由于是死循环，循环时间会超过 0.75s，需要清看门狗。如果前面的循环加 1 的次数比较多时，也应该考虑清看门狗。

加上清看门狗的程序以后，就得到一个完整的单片机程序：

```
.DEFINE P_Watchdog_Clear 0x7012
.RAM //定义预定义 RAM 段
.VAR Sum; //定义变量
.CODE //定义代码段
.PUBLIC  _main; //对 main 程序段声明
_main: //主函数开始
R1 =  0x0001;//R1 等于第一个数 1
R2 =  0x0000; // R2 用来暂存累加值
L_SumLoop:
R2 += R1; //累计值存到寄存器 R2
R1 += 1; //下一个数值
CMP R1,100; //判断是否加到 100
JNA L_SumLoop; //如果 R1 <=  100 跳到 L_SumLoop
[I_Sum] =  R2; //在 I_Sum 中保存最终结果
?Loop0:
R1 = 0x0001
[P_WatchDog_Clear] = R1
JMP ?Loop0
```

下面回过头来看一下这个程序的解决思路(算法)，采用程序流程图，程序流程图是人们对解决问题的方法、思路或算法的一种描述。

初始化寄存器 R2 作为累加器，初始值为 0；寄存器 R1 为加数，初始值为 1。初始化操作完成后即进入累加循环；在累加循环当中，累加器的数值加上加数，并保存在累加器当中，加数自加 1；当加数加到了 100，退出累加循环，把 R2 累加的结果送到[Sum]单元中。程序流程图如图 2.2 所示。

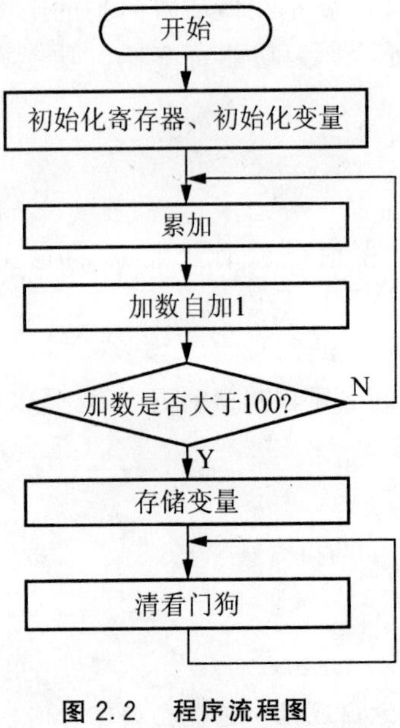

图 2.2　程序流程图

2.3 程序的编制调试

鉴于本实例为本书的第一个实例，所以在此介绍一些有关 unSP IDE 操作的步骤，在之后的内容中，将不再重述。

步骤如下：

(1) 安装 IDE：双击安装软件图标，如图 2.3 所示，开始安装 IDE 集成开发环境，按照默认选项安装好 IDE。

图 2.3 安装软件图标

两点说明：

① 安装好 IDE 后，在 C 盘的 Program Files 文件夹中会出现一个名为 Sunplus 文件夹，打开 Sunplus 文件夹将会出现图 2.4 所示的文件。

② 打开 unSP IDE Common 文件夹，它包含 3 个文件夹，如图 2.5 所示。本书所有的范例程序、驱动程序、语音资源等用户常用资源都包含在 Example 文件夹里的 SPCE061A 文件夹中，如图 2.6 所示。

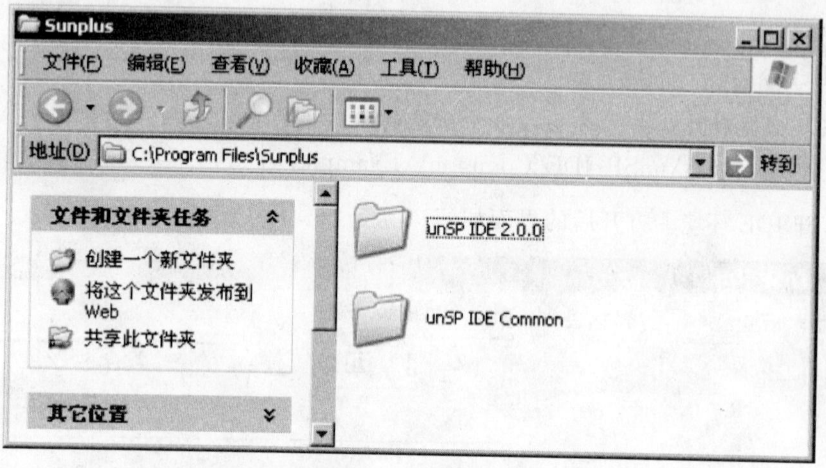

图 2.4 安装好 IDE 后出现在 Sunplus 中的文件夹

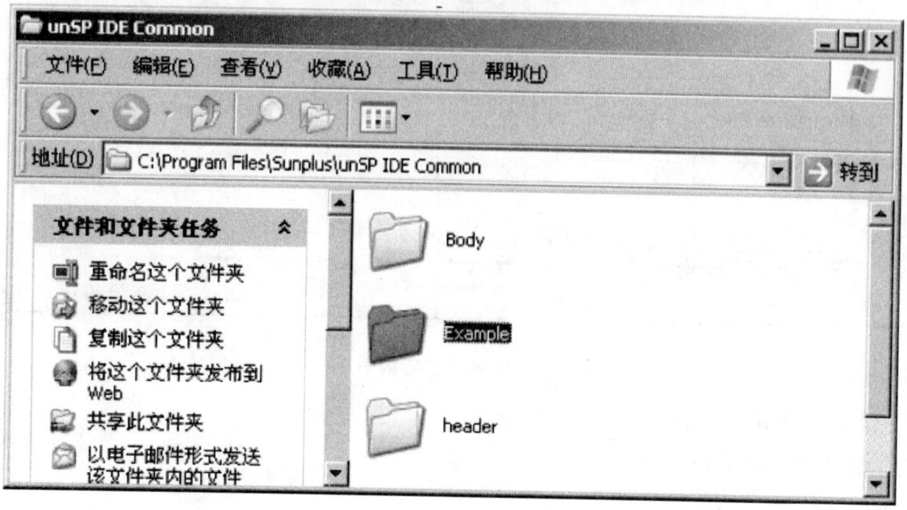

图 2.5 打开 unSP IDE Common 文件夹

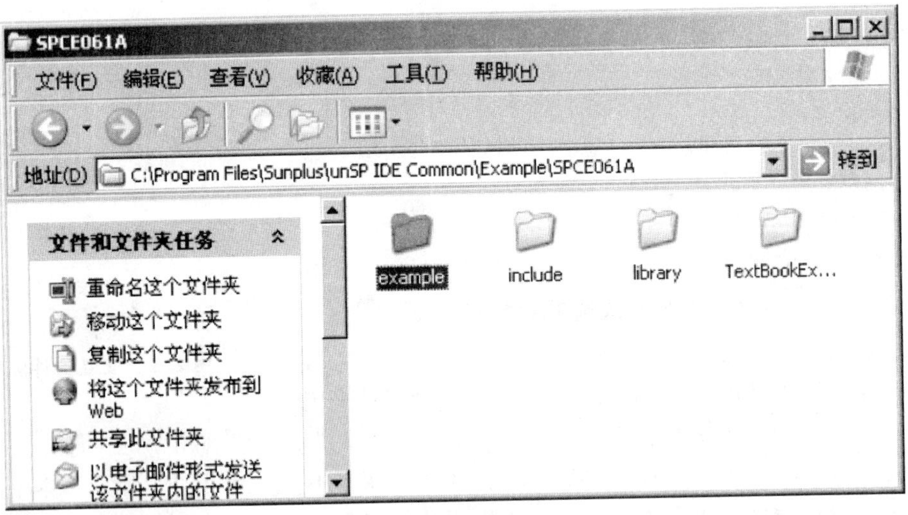

图 2.6　SPCE061A 包含的文件夹

特别提示

- 如果按照这种默认安装方法，书中所有的“IDE 的安装路径”指的是 C:\\Program Files\\Sunplus\\unSP IDE Common\\Example。

(2) 打开 IDE 环境。打开后的界面如图 2.7 所示。

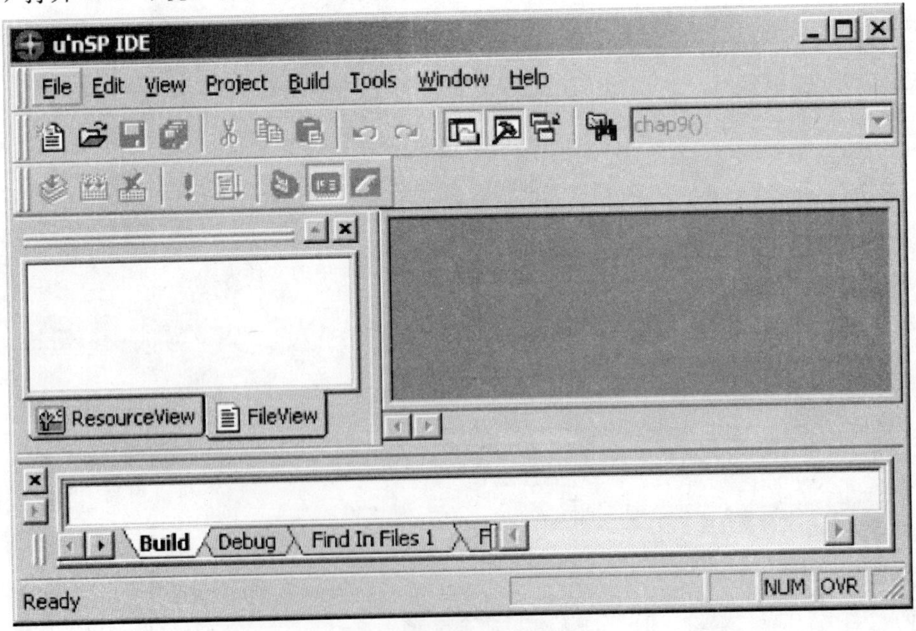

图 2.7　打开 IDE 后的界面

(3) 建立一个新的工程。

按前面步骤打开 IDE 环境后，建立一个新的工程，工程名为:ex01_asm_ADD1－100。建立方法如下在 File 下拉菜单里选择 New 命令，如图 2.8 所示。

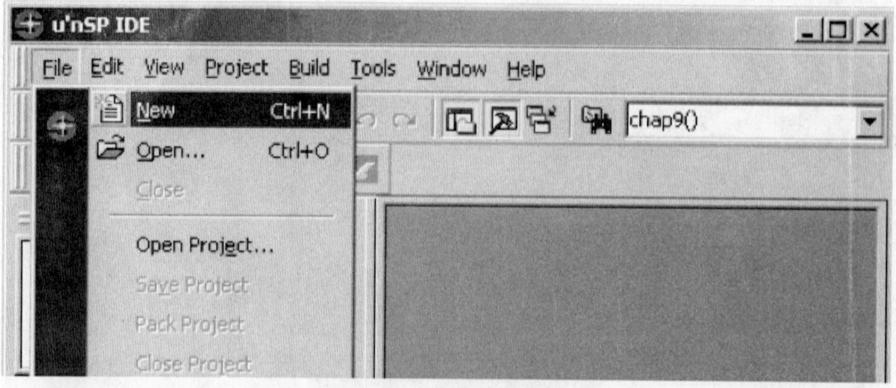

图 2.8　新建工程或者文件

单击 New 命令后会出现一个对话框，在对话框的 File 文本框内输入工程名称 ex01_asm_ADD1-100，在 Iocation 文本框选择工程存储路径，如图 2.9 所示。

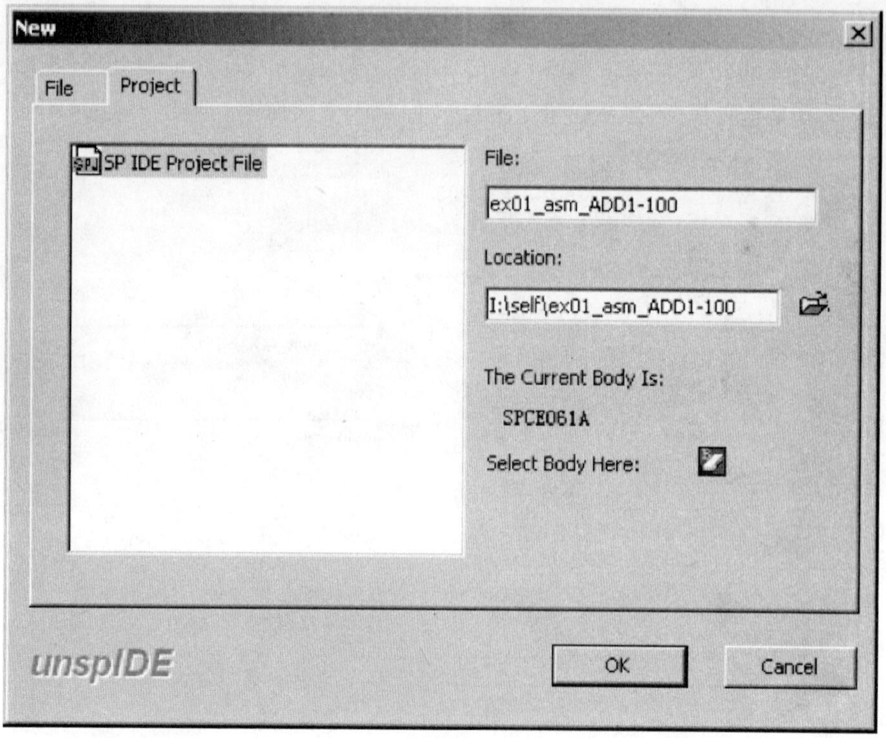

图 2.9　新建工程对话框

单击 OK 按钮，就会出现图 2.10 所示的界面，该界面为创建新工程后的界面。

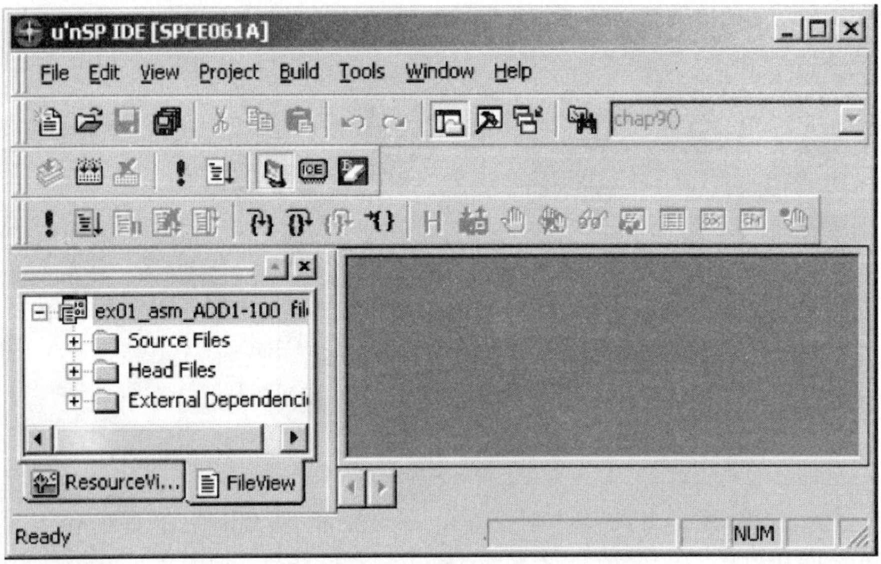

图 2.10　新工程界面

(4) 在该工程的源文件夹(Source Files)下建立一个新的汇编语言文件(扩展名为.asm)。按照图 2.8 所示 的方法打开建立新文件对话框，如图 2.11 所示。

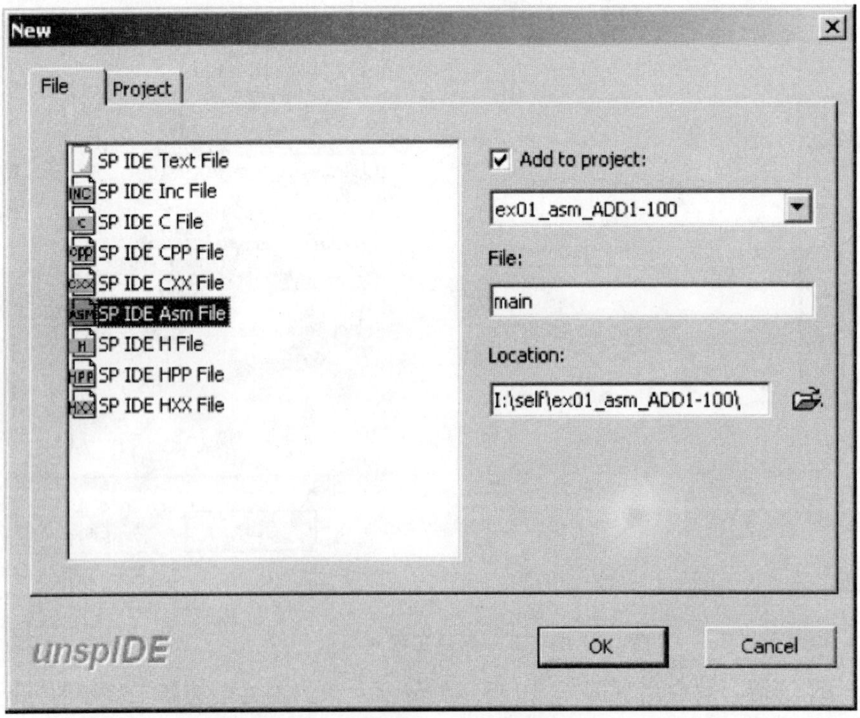

图 2.11　建立新文件对话框

文件类型选择为 SP IDE Asm File，即汇编文件；在 File 文本框内输入新建文件名，这里命名为 main，单击 OK 按钮，完成新建 main.asm 文件操作。建立好 main.asm 文件后，用户可以在 File View 选项卡中双击 main.asm 选项，以打开该文件。打开后可以看到

图 2.12 所示界面。

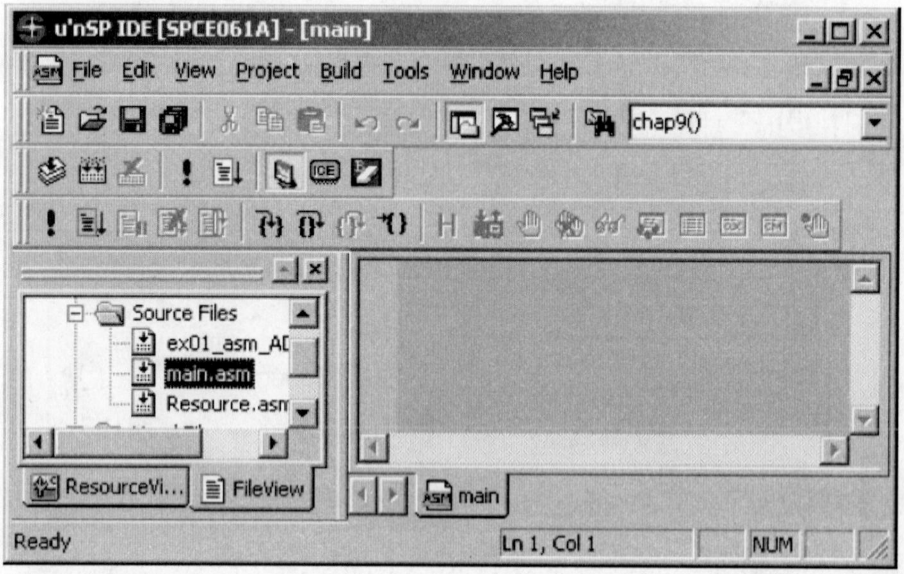

图 2.12　新文件界面

(5) 在图 2.12 所示的 main.asm 文件中按照程序流程图编写汇编代码。

(6) 编写完代码后，选择菜单栏的 Project → Select Body 命令，或者直接单击图标，打开 Select Body 对话框，按图 2.13 所示选择 Body。在 Body Name 下接列表框中选择 SPCE060A_061A 选项(以后的全部实验中都这样选择)。

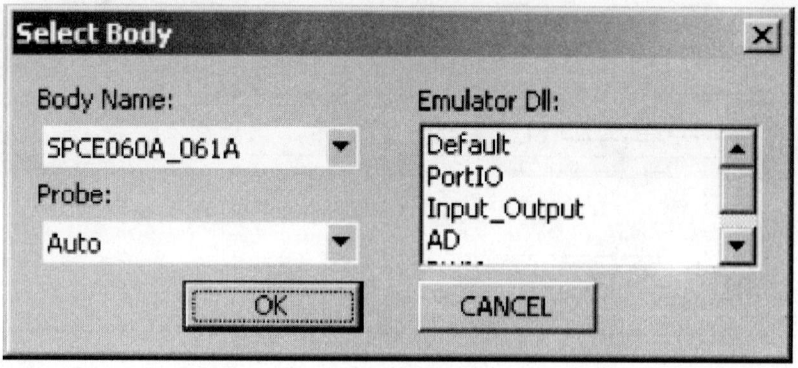

图 2.13　在线仿真 Body 选择

(7) 在 IDE 环境中按图 2.14 所示选择 Build → Rebuild All 命令，按图 2.15 椭圆框所示单击在线调试图标。

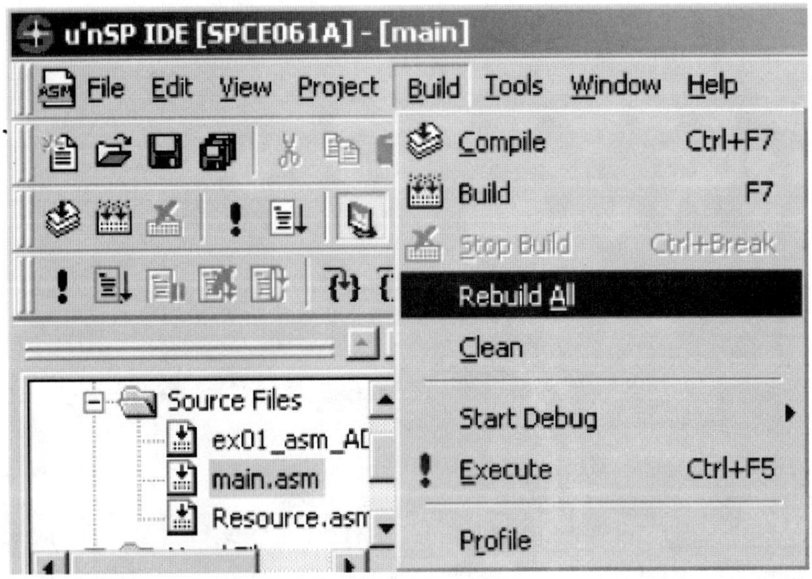

图 2.14　Rebuild All

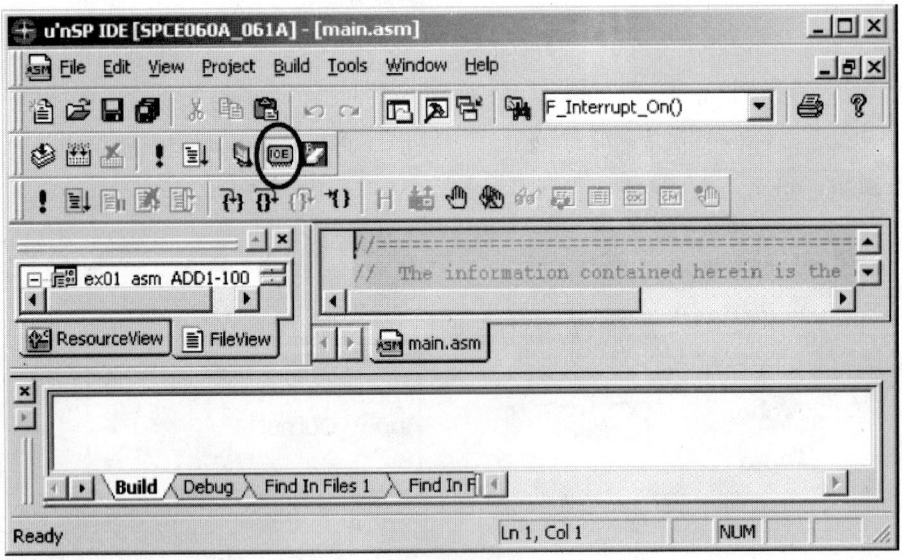

图 2.15　选择在线调试图标

(8) 如图 2.16 所示，把实验箱 ① 区的 S19 选择开关中 ICE 拨到 ON 位置，使实验箱当中的 SPCE061A 处于在线调试、在线下载状态，以便将实验程序下载到芯片当中，其他都拨到 OFF 位置。② 区中 J10 接 Probe，打开 ③ 区电源开关 POWER。

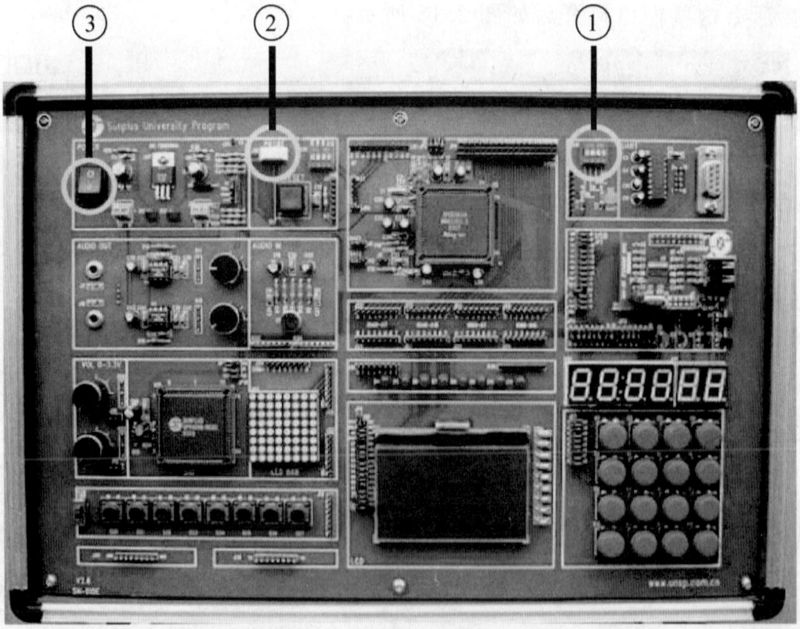

图 2.16　实验箱设置及连接

(9) 下载(单击图标或者按 F8 键)，这时 PC 运行指针指向 main 函数的第一条语句，如图 2.17 所示。

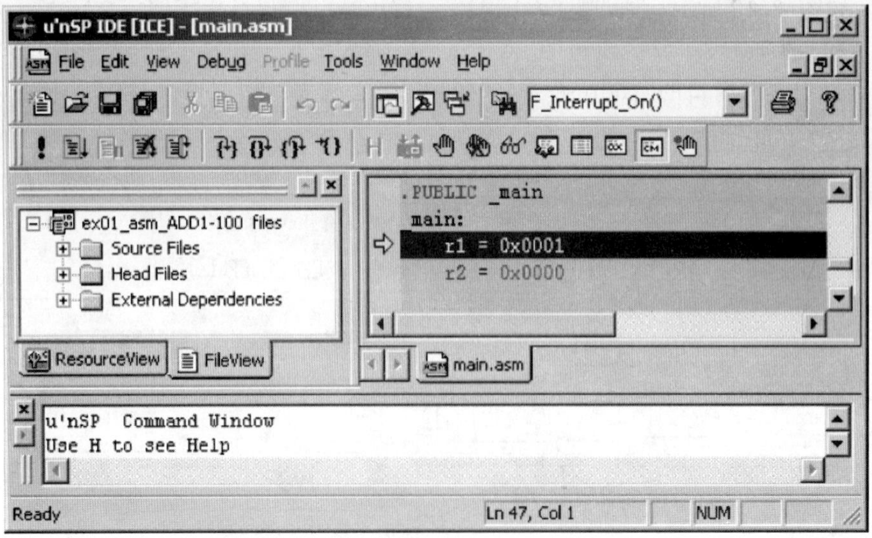

图 2.17　程序下载后的 IDE 集成开发环境

(10) 单击图标(或者按 Alt＋C 组合键)打开“变量观察”窗口；单击图标(或者按 Alt＋3 组合键)打开“寄存器观察”窗口；单击图标(或者按 Alt＋D 组合键)打开 Toggle Disassembly 窗口；单击图标(或者按 Alt＋2 组合键)打开“Memory

观察”窗口。所有这些窗口打开后如图 2.18 所示。

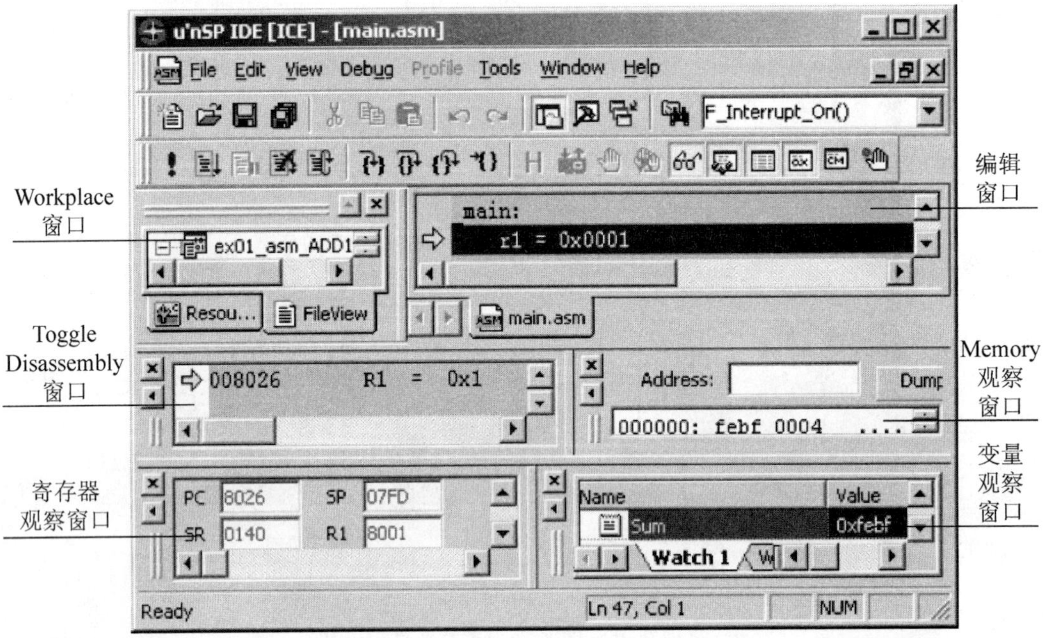

图 2.18　打开各个观察窗口

(11) 在“变量观察”窗口的 Name 项输入变量 Sum；单步运行(单击 图标或者按 F11 键)，如图 2.19 所示；通过 Toggle Disassembly 窗口观察程序的运行情况，通过“变量观察”窗口的 Value 项观察 Sum 的值，通过“寄存器观察”窗口观察寄存器的变化情况；另外，“变量观察”窗口的 Address 项显示的是分配给变量的地址空间。

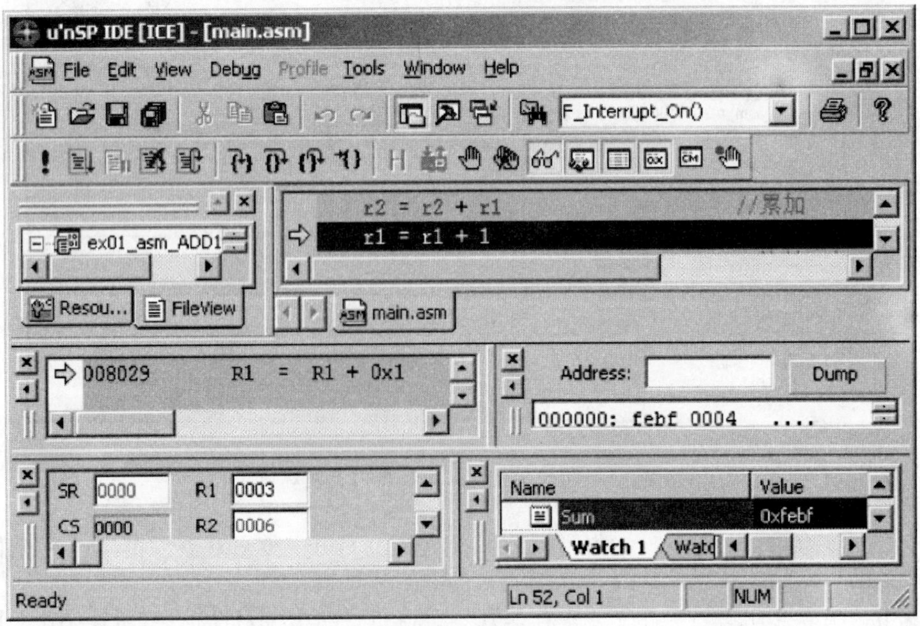

图 2.19　单步运行

(12) 累加结束时，检查通过“变量观察”窗口的 Value 项观察到 Sum 的值是否为 5050(十六进制表示为 0x13BA)，如图 2.20 所示。

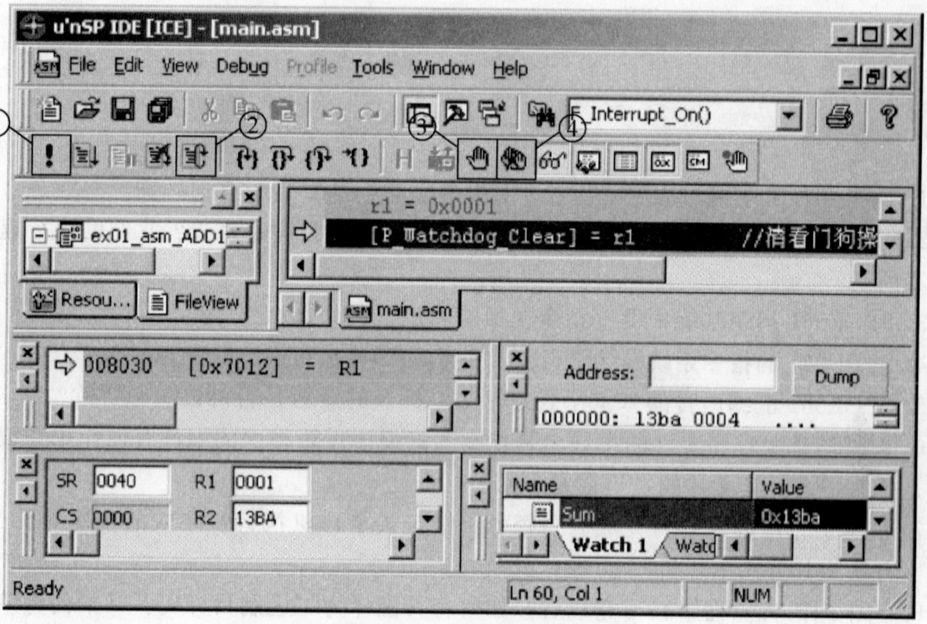

图 2.20　程序累加结束后界面

特别提示

- (1) 如果全速运行，单击图 2.20 中图标 ① 或者按 F5 键。
- (2) 运行过程中如果没有看清楚，需要重新运行，单击图标 ② 或者按 Ctrl+Shift+F5 键。
- (3) 如果需要在程序中添加断点，可以先选中想添加断点的语句，然后单击图标 ③ 或者按 F9 键。相反，如果需要去掉断点可以单击图标 ④ 或者按 Shift +F9 键。

小　　结

本章所讲的内容是单片机最基本的编程知识和技巧，文中以一个简单实例的程序编制，对用到的指令及其作用，程序的基本结构进行了详细的讲解。另外还讲解了凌阳单片机集成开发环境用户界面的组成及工具栏、菜单栏、状态栏的基本使用方法，介绍了命令的启动方法等。为便于以后的学习，要求熟悉工程和文件的新建，程序的编辑、编译、链接、下载、调试等操作。

在编写程序过程中，必须有一个且只有一个主函数。每个汇编主函数都以固定格式开始：

.CODE// 定义代码段的开始。

.PUBLIC　_main// 对主函数公共声明

_main:// 主函数的开始位置。

编程时，经常会用到各种数据，需要注意使用数据的数制和数据类型。对于数据的处理要用到数据运算指令，对于数据运算指令，使用时应注意相应的寻址方式。

习　题

一、问答题

1. 伪指令有何作用？常用的伪指令有哪些？它们和真指令有何区别？

2. SPCE061的指令系统有多少条指令？它们的字节长度是多少？它们的执行速度是多少机器周期？

3. SPCE061指令系统中哪些指令执行时间最长？为什么？

4. SPCE061的指令系统分为哪几类？它们中哪些执行后会影响标志位？

5. SPCE061汇编语言的基本格式是什么？标号的命名是否可以随心所欲？

6. 汇编语言源程序文件的扩展名是什么？汇编语言源程序的编译有何作用？编译后的程序是什么格式？其文件的扩展名是什么？

7. 汇编语言源程序编写完成后是否可直接装入单片机执行？装入的程序是什么格式？用什么方法将其装入单片机？

8. 当汇编语言源程序编写完成后，如何将其翻译为二进制目标码？又如何将该目标码写入SPCE061A芯片中？

9. 流程图有何作用？何时要用流程图？

10. 常见的汇编语言程序的错误有哪些类型？是否编译通过了就没有错误了？编译通不过时的错误称为什么错误？

二、上机练习

1. 编写程序实现1＋3＋5＋7＋9＋…＋99，并上机调试。

2. 编写程序实现以下目的：RAM 0030H开始的单元中有10个字的数据，请编程求它们之和(和＜65535)。

第3章

并行输入/输出接口的使用

教学目标

通过学习单片机的输入/输出接口知识，掌握输入/输出接口的结构和作用，掌握输入/输出接口相关寄存器的设置及基本使用，掌握输入/输出接口的几种应用。

教学要求

能力目标	知识要点	权重	自测分数
掌握输入/输出接口的结构和作用	输入/输出接口的结构和作用	10%	
掌握输入/输出接口相关寄存器的设置及基本使用	输入/输出接口的功能寄存器，输入/输出方式	40%	
掌握输入/输出接口的几种实际应用	跑马灯、按键采集，数码管显示；应用程序的编写	50%	

引例

跑马灯程序运行调试实验。

下面先来打开一个现成的例子。例子所处的路径位于：IDE的安装路径\\SPCE061A\\example\\BaseExa\\ex03_asm_IOA_OUT。

如果选择了默认安装路径的话，例子的路径位于C：\\Program Files\\Sunplus\\unSP IDE Common\\Example\\SPCE061A\\example\\BaseExa\\ ex03_asm_IOA_OUT。以后本书中的IDE的安装路径指C：\\Program Files\\Sunplus\\unSP IDE Common\\Example。

为了便于操作，下面具体说明例子的打开操作，在后面的例子中类似，不再重复！

首先启动编程软件，找到打开文件的图标，如图3.1所示。

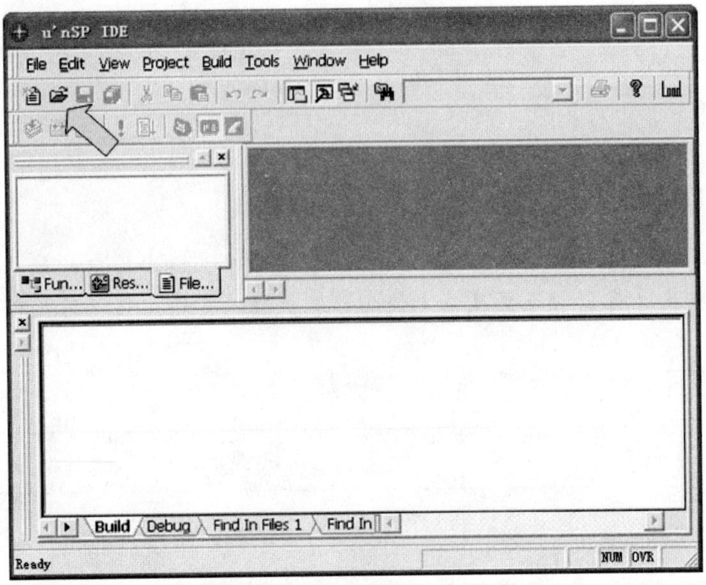

图3.1　启动编程软件

单击“打开”图标后，在查找范围找到例子所处路径，如图3.2所示。

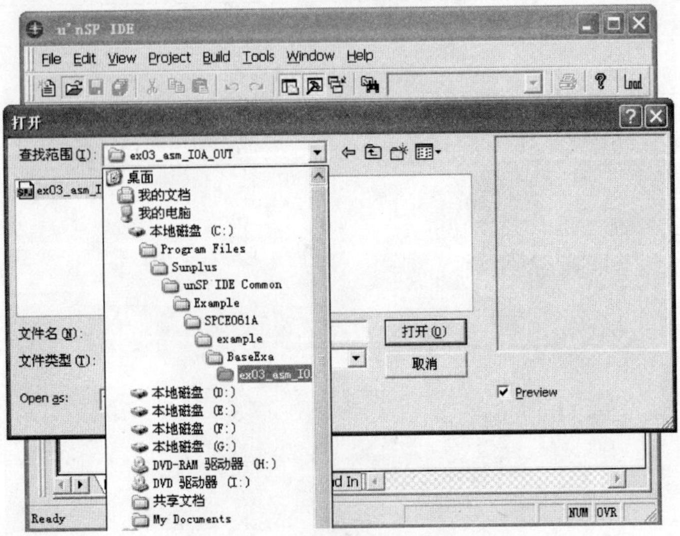

图3.2　查到例子所处路径

注意，文件类型选择 *.spj，即以工程的形式打开，如图 3.3 所示，这样能将工程中所有的文件都装入。

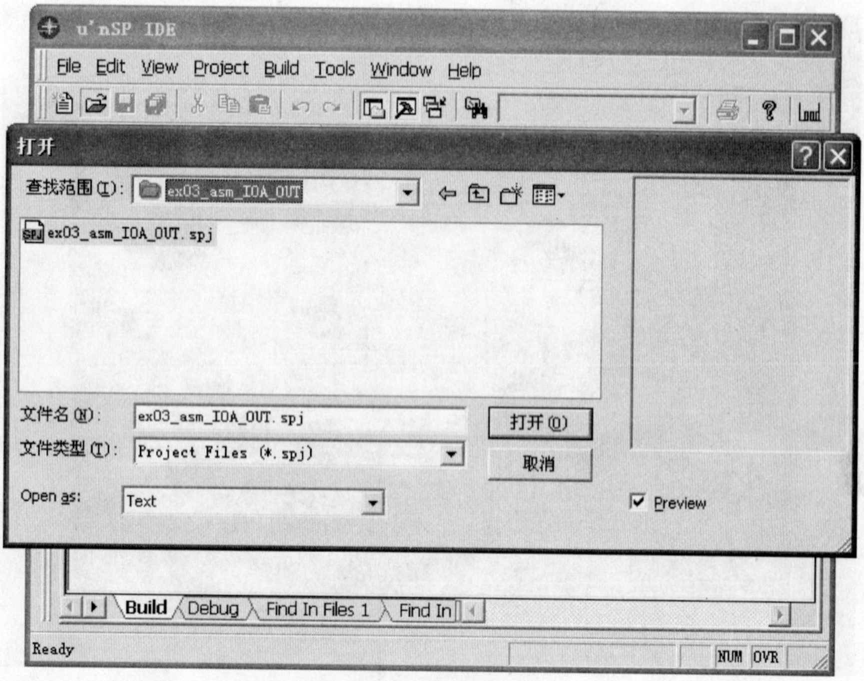

图 3.3　选择打开文件类型

工程打开后，在 IDE 环境中选择 Build→Rebuild All 命令，进行调试，如图 3.4 所示，没有出现编译错误。单击在线调试图标。

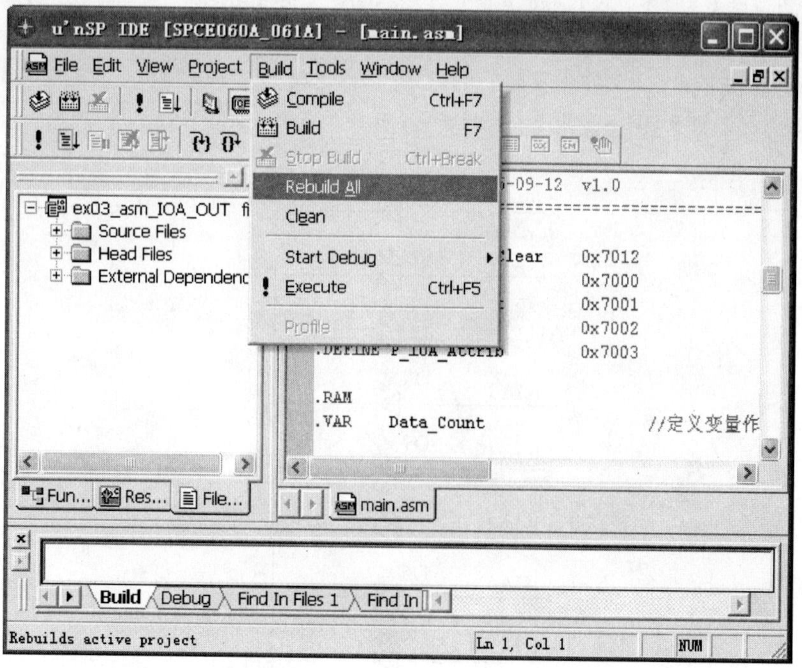

图 3.4　Rebuild All

如图 3.5 所示，① 区的 S19 选择开关中将 ICE 拨到 ON 位置，其他都拨到 OFF 位置。② 区和 ③ 区中 JP4 和 JP7 的跳线全部断开，⑤ 区 J16 和 J26 按照图 1－22 所示利用 8 引脚(8pin) 排线连接，即把 IOA0 ～ IOA7 依次连接 8 个发光二极管 D11 ～ D4，⑦ 区中 J10 接 Probe。把所有排线、跳线和开关都连接好之后，打开 ⑥ 区电源开关 POWER。

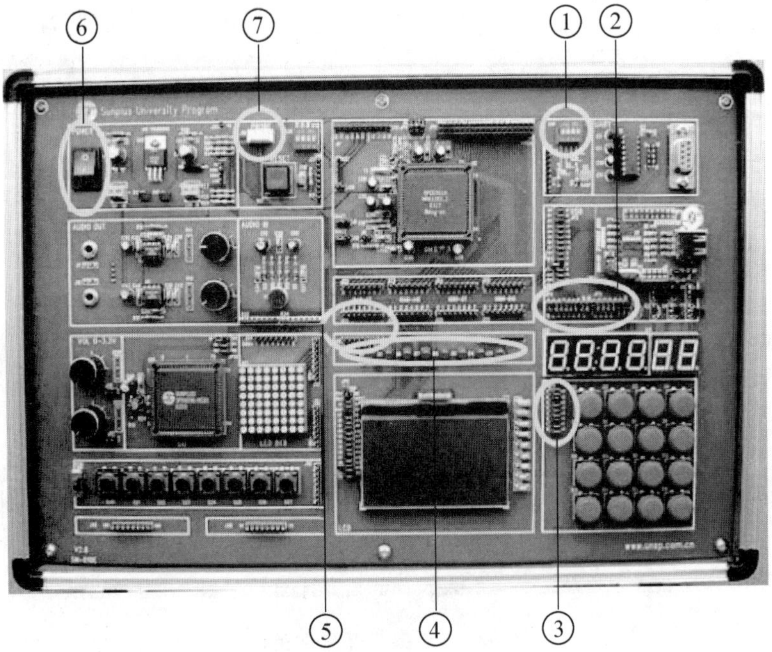

图 3.5 实验箱硬件连接和其他设置

硬件连接图如图 3.6 所示，IOA 的低 8 位 IOA0 ～ IOA7 分别依次接 8 个发光二极管 D11 ～ D4，即用 8 引脚(8pin) 排线连接实验箱的 J26 和 J16，注意这里的连接顺序为 J26 的第 0 号引脚连接 J16 的第 7 号引脚，不要接反了。(在以后的描述中如果出现类似“IOA0 ～ IOA7 分别依次接 8 个发光二极管 D11 ～ D4”，就说明 IOA0 接发光二极管 D11；如果没有特别说明，就是正常的连接方式，即 J26 的第 0 号引脚接 J16 的第 0 号引脚。

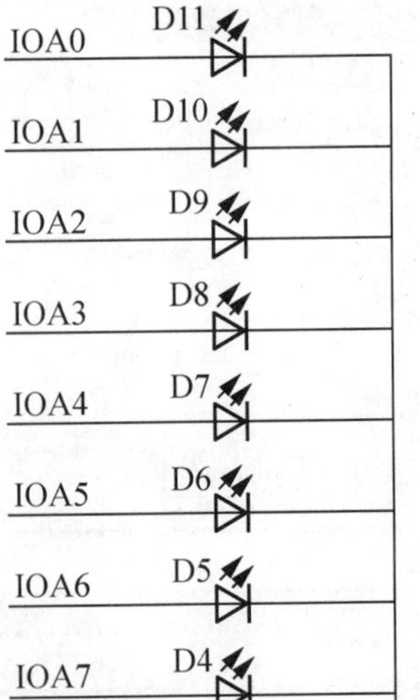

图 3.6 硬件连接图

下载、运行，观察图3.5④区发光二极管D4～D11的变化。在程序正常运行的情况下可以看到如下现象：8个发光二极管动态点亮和熄灭，并且循环显示，点亮与熄灭状态顺序如表3.1所示。其中，"●"表示二极管是点亮状态，"○"表示二极管是熄灭状态。表中D4～D11为实验箱上发光二极管电路模块中从左到右的8个发光二极管。

表3.1 8个发光二极管状态

序号	D4	D5	D6	D7	D8	D9	D10	D11
0	○	○	○	○	○	○	○	○
1	○	○	○	○	○	○	○	●
2	○	○	○	○	○	○	●	○
3	○	○	○	○	○	○	●	●
4	○	○	○	○	○	●	○	○
5	○	○	○	○	○	●	○	●
6	○	○	○	○	○	●	●	○
7	○	○	○	○	○	●	●	●
8	○	○	○	○	●	○	○	○
9	○	○	○	○	●	○	○	●
⋮	⋮	⋮	⋮	⋮	⋮	⋮	⋮	⋮
254	●	●	●	●	●	●	●	○
255	●	●	●	●	●	●	●	●
256	○	○	○	○	○	○	○	○
257	○	○	○	○	○	○	○	●
⋮	⋮	⋮	⋮	⋮	⋮	⋮	⋮	⋮

再来看一个单片机输入的例子，如同前面的方法。

(1) 打开IDE的安装路径\\SPCE061A\\example\\BaseExa\\ex05_asm_IOA_IN_IOB_OUT的例子。

(2) Rebuild All。

(3) 硬件连接和设置如下：

如图3.7所示，①区的S19选择开关中ICE拨到ON位置，其他都拨到OFF位置；②、③、④、⑥区JP3、JP4、JP5、JP7、JP6跳线中与IOA0～IOA7及IOB0～IOB7有关的全部断开；按照图3.6所示硬件连接图用排线连接⑦区J26与J18和⑤区中J28与J16接口电路，高低电平发生按键左边的S28开关拨向上方(标H的一端)，即让键盘的公共端接到高电平(VCC)；⑨区J10连接Probe；打开⑧区电源开关POWER。

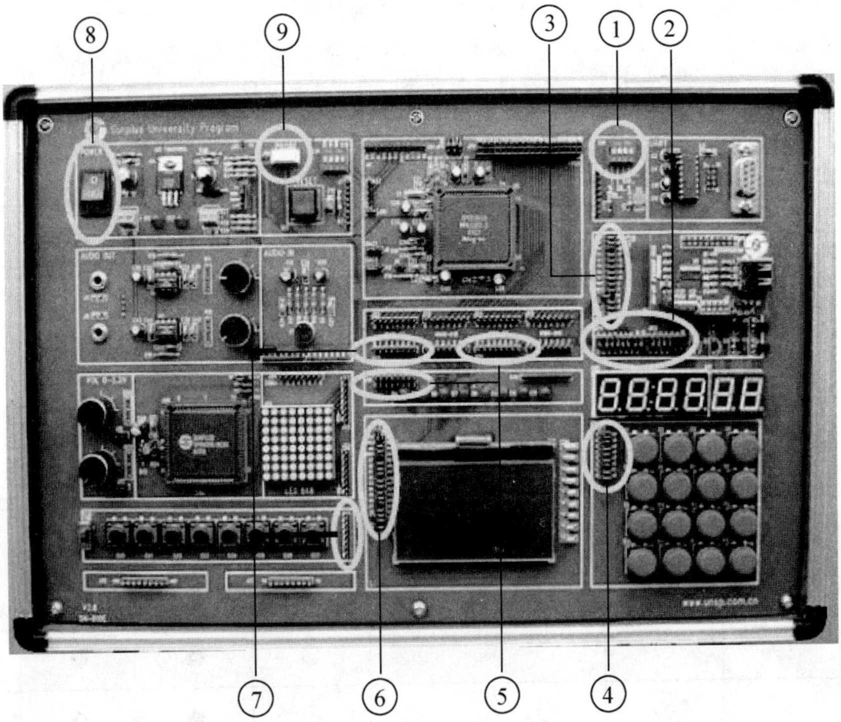

图 3.7　实验箱硬件设置

(4) 在 IDE 集成开发环境中选择在线调试图标，下载，运行。

(5) 按任意一个按键，观察发光二极管。程序正常执行的情况下，可以看到按下任意一个按键，对应的一个发光二极管点亮。

这是一个单片机输入的简单例子，发光二极管的原理前面已介绍，来看一下高低电平发生按键电路工作原理，实验箱高低电平发生按键电路的原理图如图 3.8 所示。当键按下时，在 I/O 端口可检测到高电平；不按时，I/O 端口就保持低电平。当某个 I/O 端口检测到高电平时，通过单片机控制一个发光二极管点亮。

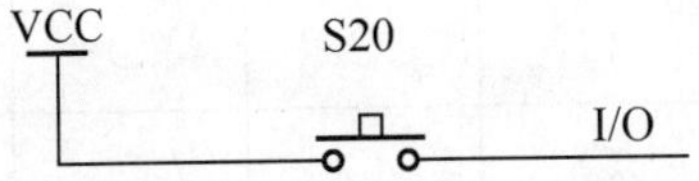

图 3.8　高低电平发生按键电路的原理图

3.1　I/O 端口结构

I/O 接口(又称 I/O 端口)是单片机与外设交换信息的通道，如图 3.9 所示。输入端口负责从外界接收检测信号、键盘信号等各种开关量信号。输出端口负责向外界传送由内部电路产生的处理结果、显示信息、控制命令、驱动信号等。μ'nSP™ 内有并行和串行两种方式的 I/O 端口。并行端口线路成本较高，但是传输速率也较高；与并行端口相比，串行端口的传输速率较低但可以节省大量的线路成本。SPCE061A 有两个 16 位的通用并行 I/O 端口：A 端口和 B 端口。这两个端口的每一位都可通过编程单独定义成输入或输出端口。

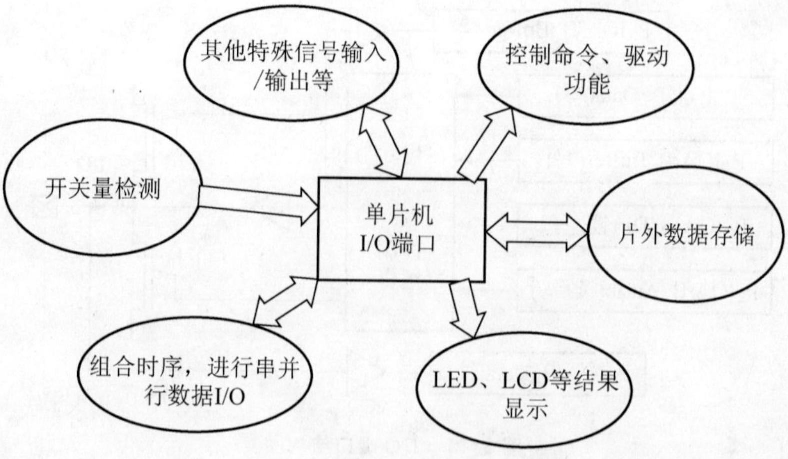

图 3.9 I/O 端口是单片机与外设交换信息的通道

SPCE061A 提供了位控制结构的 I/O 端口，每一位都可以单独用于数据输入或输出。凌阳单片机中总共有 32 个 I/O 端口，分为 2 组，每组 16 个，编号分别为 IOA0～IOA15，IOB0～IOB15。每个对应状态下的 I/O 端口性质电路都是内置的，在实际的电路中不需要再外接。例：设 A 端口为带下拉电阻的输入端口，在连接硬件时不用再外接下拉电路。

每个独立的位可通过以下 3 种控制向量来作设定：

(1) 数据向量 Data；

(2) 属性向量 Attribution；

(3) 方向控制向量 Direction。

每 3 个对应的控制向量组合在一起，形成一个控制字，用来定义相对应 I/O 端口位的输入 / 输出状态和方式。例如，假设需要 IOA0 是下拉输入引脚，则相对应的 Data、Attribution 和 Direction 的值均被设为“0”；如果需要 IOA1 是带唤醒功能的悬浮式输入引脚，则 Data、Attribution 和 Direction 的值被设为“010”。A 端口和 B 端口的 Data、Attribution 和 Direction 的设定值均在不同的寄存器里，用户在进行 I/O 端口设置时要特别注意这一点。I/O 端口的组合控制设置如表 3.2 所示，I/O 结构图如图 3.10 所示。

表 3.2 I/O 端口的组合控制设置

Dir	Attrib	Data	唤 醒	功能描述
0	0	0	能	带下拉电阻的输入
0	0	1	能	带上拉电阻的输入
0	1	0	能	悬浮式输入
0	1	1	不能	悬浮式输入
1	1	*	不能	带数据缓存器的输出 (当向数据位写入“0”时输出“0”，当向数据位写入“1”时输出“1”)
1	0	*	不能	带数据反相器的输出 (当向数据位写入“0”时输出“1”，当向数据位写入“1”时输出“0”)

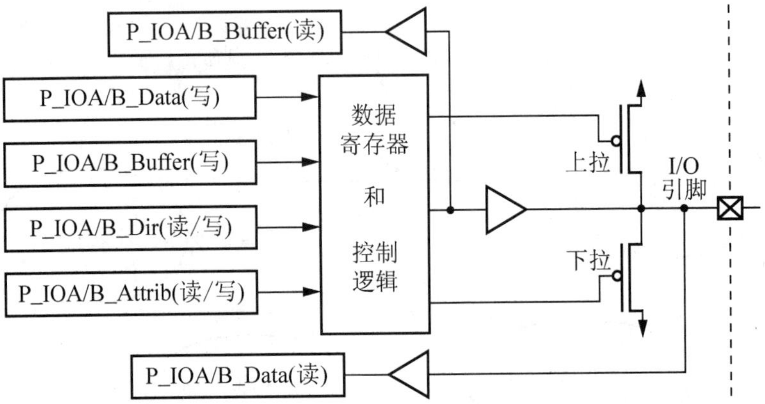

图 3.10 I/O 端口结构图

1. P_IOA_Data(读 / 写)(7000H)

A 端口的数据寄存器，用于向 A 端口写入或从 A 端口读出数据。当 A 端口处于输入状态时，读出是读 A 端口引脚电平状态；写入是将数据写入 A 端口的数据寄存器。当 A 端口处于输出状态时，写入输出数据到 A 端口的数据寄存器。

2. P_IOA_Buffer(读 / 写)(7001H)

A 端口的数据向量寄存器，用于向数据向量寄存器写入或从该寄存器读出数据。当 A 端口处于输入状态时，写入是将 A 端口的数据向量写入 A 端口的数据寄存器；读出则是从 A 端口数据寄存器内读其数值。当 A 端口处于输出状态时，写入输出数据到 A 端口的数据寄存器。

对输出而言，P_IOA_Data 与 P_IOA_Buffer 是一样的，但对输入而言，P_IOA_Data 读的是 IO 的值，P_IOA_Buffer 读的是 buffer 内的值。假设 IOA[0] 作为输出，并去接 LED 阳极(LED 阴极接地)，若 P_IOA_Data 的 IOA[0] 为 1，对某些需要较大驱动能力的 LED 而言，LED 会亮，但 IOA[0] 会被拉到一个很低的值。此时从 P_IOA_Data 读回为 0，但 P_IOA_Buffer 则为 1。读回的意义是方便做其他的 I/O 运算。

3. P_IOA_Dir(读 / 写)(7002H)

A 端口的方向向量寄存器，用于用来设置 A 端口是输入还是输出，该方向控制向量寄存器可以写入或从该寄存器内读出方向控制向量。Dir 位决定了端口位的输入 / 输出方向：即“0”为输入，“1”为输出。

4. P_IOA_Attrib(读 / 写)(7003H)

A 端口的属性向量寄存器，用于 A 端口属性向量的设置。

5. P_IOB_Data(读 / 写)(7005H)

B 端口的数据寄存器，用于向 B 端口写入或从 B 端口读出数据。当 B 端口处于输入状态时，读出是读 B 端口引脚电平状态；写入是将数据写入 B 端口的数据寄存器。当 B 端口处于输出状态时，写入输出数据到 B 端口的数据寄存器。

6. P_IOB_Buffer(读 / 写)(7006H)

B 端口的数据向量寄存器，用于向数据寄存器写入或从该寄存器内读出数据。当 B 端口处于输入状态时，写入是将数据写入B端口的数据寄存器；读出则是从B端口数据寄存器里读其数值。当B端口处于输出状态时，写入数据到B端口的数据寄存器。

7. P_IOB_Dir(读 / 写)(7007H)

B端口的方向向量寄存器，用于设置IOB口的状态："0"为输入，"1"为输出。

8. P_IOB_Attrib(读 / 写)(7008H)

B端口的属性向量寄存器，用于设置IOB端口的属性。

方向向量_Dir、属性向量_Attrib和数据向量_Data分别代表3个控制口。这3个端口中每个对应的字节合在一起，形成一个控制字，来定义相对应I/O端口位的输入 / 输出状态和方式。表3.2具体表示了如何通过对I/O口的_Dir、_Attrib以及_Data进行编程，来设定端口位的输入 / 输出状态和方式。

由表3.2可以得出以下一些结论：

(1) _Dir位决定了端口位的输入 / 输出方向，即"0"为输入，"1"为输出。

(2) _Attrib位决定了在端口位的输入状态下是为悬浮式输入还是非悬浮式输入，即"0"为带上拉或下拉电阻式输入，而"1"为悬浮式输入。在端口位的输出状态下决定其输出是反相的还是同相的："0"为反相输出，"1"为同相输出。

(3) _Data位在端口位的输入状态下被写入时，与_Attrib字节合在一起形成输入方式的控制字"00"、"01"、"10"、"11"，以决定输入端口是带唤醒功能的上拉电阻式、下拉电阻式或悬浮式以及不带唤醒功能的悬浮式输入。_Data位在端口位的输出状态下被写入的是输出数据，不过，数据是经过反相器输出还是经过同相寄存器输出要由_Attrib位来决定的。

例如，假设要把A口的B0定义成下拉电阻式的输入口，则A端口_Dir、_Attrib和_Data这3个向量对应的B0组合应设为"000"；如果想把A端口的B1定义成具有唤醒功能的悬浮式输入口，只需将_Dir、_Attrib和_Data向量对应的B1组合设置为"010"即可。

3.2 输入 / 输出接口的使用

本节介绍输入 / 输出口的使用，以IOA口为例。

IOA口有5个相关寄存器，每一个寄存器对应一个特殊的地址。每一个寄存器有16个数据位，每一位对应了IOA口的一位。如最低位b0对应IOA0，b1对应IOA1…… 以此类推。如下：

b15	b14	b13	b12	b11	b10	b9	b8	b7	b6	b5	b4	b3	b2	b1	b0
A15	A14	A13	A12	A11	A10	A9	A8	A7	A6	A5	A4	A3	A2	A1	A0

P_IOA_Dir(7002H)，IOA口的方向控制寄存器，写入时用于设置A口是输入(0)还是输出(1)(输出时对应位写1，输入时对应位写0)。

例：将IOA5、IOA6、IOA7设置为输出口，即是向7002H的b5、b6、b7位写入1，其他位保持0。所以将0000 0000 1110 0000 = 0x00E0写入P_IOA_Dir(7002H)即可设置IOA5、IOA6、IOA7设置为输出口，如下：

```
R1 = 0x00E0
[P_IOA_Dir] = R1
```

P_IOA_Attrib(7003H)，当 IOA 处于输入状态时，写入时用于设置输入方式(悬浮输入对应位写 1，带拉电阻输入对应位写 0)。当 IOA 处于输出状态时，用于设置输出方式(同相输出对应位写 1，反相输出对应位写 0)。

例：将 IOA8 设置为同相输出口，可利用 P_IOA_Dir(7002H) 将方向设置为输出，并利用 P_IOA_Attrib(7003H) 设置为同相输出。注意书写程序时，先设置属性，再设置方向。程序如下：

```
R1 = 0x0100
[P_IOA_Attrib] = R1
R1 = 0x0100
[P_IOA_Dir] = R1
```

将 IOA15 设置为悬浮输入口，先利用 P_IOA_Attrib(7003H) 设置为悬浮输入，然后利用 P_IOA_Dir(7002H) 将方向设置为输入。

```
R1 = 0x8000
[P_IOA_Attrib] = R1
R1 = 0x0000
[P_IOA_Dir] = R1
```

将 IOA13 设置为带拉电阻输入口，先利用 P_IOA_Attrib(7003H) 设置为带拉电阻输入，然后利用 P_IOA_Dir(7002H) 将方向设置为输入。

```
R1 = 0x0000
[P_IOA_Attrib] = R1
R1 = 0x0000
[P_IOA_Dir] = R1
```

P_IOA_Data(7000H)，IOA 口的数据寄存器。写入数据的情况下：同相输出，写入 1，输出的数据也为 1(高电平)，写入 0，输出也为 0(低电平)；反相输出，写入 1，输出的数据为 0(低电平)，写入 0，输出为 1(高电平)。在 IO 口作为带拉电阻的输入时，写入数据时，用以设置带上拉电阻输入还是带下拉电阻输入。

例：

(1) 将 IOA 都设置为同相输出口：

```
R1 = 0xFFFF
[P_IOA_Attrib] = R1
R1 = 0xFFFF
[P_IOA_Dir] = R1
R1 = 0x00FF
[P_IOA_Data] = R1                //IOA15 ~ IOA8 输出低电平,IOA7 ~ IOA0 输出高电平
```

(2) 将 IOA 都设置为反相输出口：

```
R1 = 0x0000
[P_IOA_Attrib] = R1
R1 = 0xFFFF
[P_IOA_Dir] = R1
R1 = 0x00FF
[P_IOA_Data] = R1                //IOA15 ~ IOA8 输出高电平,IOA7 ~ IOA0 输出低电平
```

(3) 将 IOA 都设置为带下拉电阻输入：

```
R1 = 0x0000
[P_IOA_Attrib] = R1
R1 = 0x0000
[P_IOA_Dir] = R1
R1 = 0x0000
[P_IOA_Data] = R1                //IOA 口为带下拉电阻输入
```

(4) 将 IOA 都设置为带上拉电阻输入：

```
R1 = 0x0000
[P_IOA_Attrib] = R1
R1 = 0x0000
[P_IOA_Dir] = R1
R1 = 0xFFFF
[P_IOA_Data] = R1                //IOA 口为带上拉电阻输入
```

带拉电阻的输入与悬浮输入的区别：

悬浮输入：无上拉、下拉电阻输出，接其他 IC 的输出，如此不会影响速度。

下拉输入：大部分的状态为低，有效电平为高。

上拉输入：大部分的状态为高，有效电平为低。

例：设置 IO 口。

设置 IOA[3 ~ 0] 为带下拉电阻的输入口，IOA[7 ~ 4] 为带上拉电阻的输入口，IOA[11 ~ 8] 为带数据寄存器的高电平输出口，IOA[15 ~ 12]] 为带数据寄存器的低电平输出口。

```
R1 = 0x0FF00;     //设置 IOA[15-8] 为带数据寄存器的输出口,IOA[7-0] 为带拉电阻的输入口
[P_IOA_Attrib] = R1;     //
R1 = 0xFF00;     //设置 IOA[15-8] 为输出口,IOA[7-0] 为输入口
[P_IOA_Dir] = R1;     //
R1 = 0xFF0;     //IOA[3~0] 为带下拉电阻的输入口,IOA[7~4] 为带上拉电阻的输入口
[P_IOA_Data] = R1;     //IOA[11~8] 输出高电平,IOA[15~12] 输出低电平
```

3.3　输入 / 输出接口的使用实例一

如何书写设置 IOA0 输出高电平点亮 LED 的程序？

思考：如果给你一个 LED 灯(如果不熟悉 LED，想一个灯泡也行)，如何控制其点亮，熄灭？

按照硬件电路设计，如图 3.11 所示 IOA 口输出高电平，这样通过限流电阻，可以点亮 LED，IOA 口输出低电平，熄灭 LED。

在此程序中，需要向 IO 口的相关寄存器写入数据，用到 0x7000 ~ 0x7003 和 0x7012 这些地址。直接用地址不太直观，必须让使用者熟悉才能了解其作用，如果可以用一个便于理解的名称(助记符) 来代替地址值将大大有助于程序的阅读和书写。

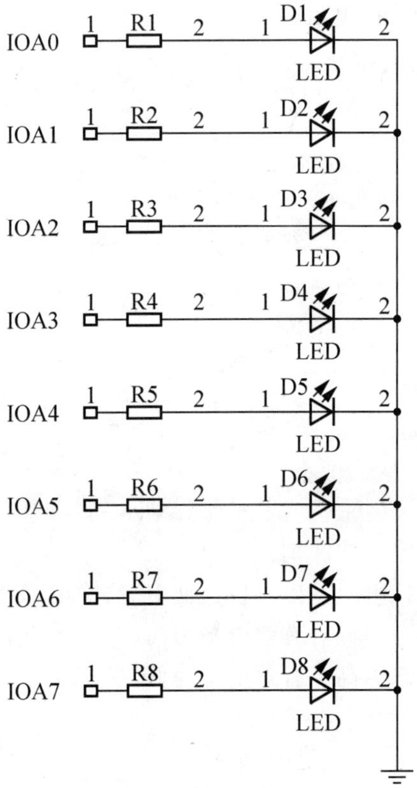

图 3.11 IOA 口外接发光二极管原理图

首先利用定义常量的指令为这些地址取名，用一个便于理解的名称(助记符)来代替地址值。写单片机程序时要清楚用到哪些资源，将相关的端口地址进行定义。由于不同的功能寄存器有不同的地址，因此这些功能寄存器地址一定不能混淆。

```
.DEFINE  P_IOA_Data 0x7000
.DEFINE  P_IOA_Buffer 0x7001
.DEFINE  P_IOA_Dir 0x7002
.DEFINE  P_IOA_Attrib 0x7003
.DEFINE  P_Watchdog_Clear  0x7012
```

在这个程序中没有用到变量，所以不用定义变量。接下来就可以开始写主程序了，还记得主程序是怎么开始的吗?

定义主程序的开始，_main 一定要小写：

```
.CODE
.PUBLIC  _main
_main:
```

现在要点亮LED，单片机应该输出高电平。可以将IO口设置为同相输出口，然后输出数据1，就可以输出高电平。这里是在对用到的资源进行工作方式的设置(初始化)，注意给某个地址赋值时的格式。在一个程序里重复出现的常量名、变量名上下一定要完全一致，包括拼写、大小写。所有的功能寄存器在没有进行初始化之前，其值都是0x0000。

```
R1 = 0x0001                          //设置 IOA0 为同相输出口
[P_IOA_Attrib] = R1
R1 = 0x0001
[P_IOA_Dir] = R1

R1 = 0x0001                          //IOA0 输出高电平
[P_IOA_Data] = R1
```

Data 和 Buffer 在写入时是一样的，可以相互替换，因此这里也可以写为

```
R1 = 0x0001                          //IOA0 输出高电平
[P_IOA_Buffer] = R1
```

最后还要做一件事，要单片机通电后一直有事情做，没有任务时，可以执行不影响控制任务的指令：

```
?Loop:
```

在循环时间比较长时，清看门狗程序不能少：

```
R1 = 0x0001
[P_Watchdog_Clear] = R1        //清看门狗
JMP ?Loop
```

从这个例子可以看出：单片机的各个功能模块都有对应的功能寄存器，如 P_Watchdog_Clear、P_IOA_Dir，等等。

特别提示

- 实际控制单片机的功能模块，就是通过软件去读、写这些控制寄存器来实现的，而后面介绍的硬件功能模块的应用也基本如此。

下面给出完整的程序：

```
.DEFINE P_Watchdog_Clear                 0x7012
.DEFINE P_IOA_Data                       0x7000
.DEFINE P_IOA_Buffer                     0x7001
.DEFINE P_IOA_Dir                        0x7002
.DEFINE P_IOA_Attrib                     0x7003
.CODE
.PUBLIC  _main
_main:
    R1 = 0x0001                          //设置 IOA0 输出高电平
    [P_IOA_Attrib] = R1
    [P_IOA_Dir] = R1
    [P_IOA_Data] = R1
?Loop:
    R1 = 0x0001
    [P_Watchdog_Clear] = R1              //清看门狗
    JMP ?Loop
```

下面再通过一个程序来说明一下 Data 与 Buffer 区别，这里使用 IOB 口。

P_IOB_Data 与 P_IOB_Buffer 区别如下：

读取 I/O 口：从端口读取数据的两种方式，从 P_IOB_Data 读取数据相当于读取端口引脚的信号；然而，从 P_IOB_Buffer 读取数据相当于从数据寄存器中读取数据。

```
R1 = [P_IOB_Buffer]          //从 B 端口数据寄存器中读取数据
R1 = [P_IOB_Data]            //从 B 端口引脚读取数据,读取的数据反应 I/O 口的实际高低电
                             //平状态,读出数据为 1 时,说明 I/O 口处在高电平状态,读出
                             //数据为 0 时,说明 I/O 口处在低电平状态
```

写入 I/O 口：这里有两种写入 IOB 的数据方法，向 P_IOB_Data 写入数据等同于向 P_IOB_Buffer 写入数据。

```
    R1 = 0x0000;
    [P_IOB_Data] = R1;                      //写数据到 P_IOB_Data
    [P_IOB_Buffer] = R1;                    //写数据到 P_IOB_Buffer
```

例：

```
.DEFINE P_IOB_Data                  0x7005
.DEFINE P_IOB_Dir                   0x7007
.DEFINE P_IOB_Attrib                0x7008
.DEFINE P_IOB_Buffer                0x7006
.CODE
.PUBLIC  _main                      //主程序
_main:
    R1 = 0xFFFF                     //设置 B 口为带反相器的高电平输出
    [P_IOB_Dir] = R1                //设置 3 个属性向量
    R1 = 0x0000
    R1 = 0x0000                     //向寄存器写入 0x0000
    [P_IOB_Data] = R1
//****************************** 此时检测 B 口的电平为高****************************** //
    R3 = [P_IOB_Buffer]             //回读 Buffer 的值为 0x0000
    R3 = [P_IOB_Data]               //回读 Data 的值为 0xFFFF
LOOP:
    R1 = 0x0001
    [P_Watchdog_Clear] = R1         //清看门狗
JMP LOOP// 主程序循环
```

3.4 输入/输出接口的使用实例二

前面利用单片机输出高电平点亮 LED，下面利用按键对 LED 的点亮加以控制。对于按键的闭合和断开两种状态可以通过电路表示成高低电平状态，按键如图 3.12 连接时，按键的一段接在高电平上，按键没有按下时另一端为低电平，按键按下时另一端变为高电平。

将按键的另一端接到单片机的 I/O 口上，并将这种高低电平输入到单片机(为什么是输入?这时是单片机获取其外部的高低电平状态，而不是由单片机向外提供 —— 即输出高低电平)，就可以通过读取 I/O 口实际状态，判断是否按下按键。这时如果读取 I/O 口的实

际状态为1时(对应高电平)，说明有按键按下，为0时(对应低电平)说明按键没有按下。如果将I/O口设置为同相输出口，输出1(实际输出高电平)，就可点亮LED，输出0(对应低电平)，LED熄灭。因此可以将按键接在IOA口，LED接在IOB口，前面从IOA读出的数据(反应I/O口实际的高低电平状态，高低电平状态反应按键是否按下)，从IOB口输出的话，这时LED的点亮实际就是受按键的控制的(反应按键按下的状态)。按下按键，对应的LED点亮，不按按键时对应的LED熄灭。

硬件原理如图3.12所示。

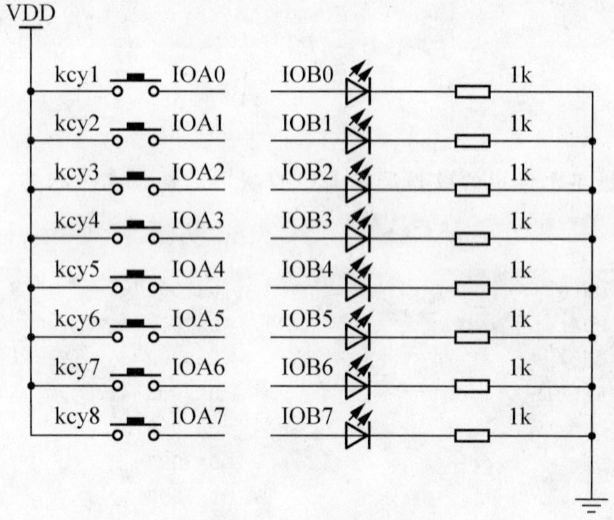

图3.12　硬件原理图

这里IOA口作为带下拉电阻的输入口用，IOB口作为同相输出口用，并且开始都输出低电平，LED都熄灭。

```
R1 = 0x0000                    //初始化 IOA 口为带下拉电阻的输入口
[P_IOA_Dir] = R1
R1 = 0x0000
[P_IOA_Attrib] = R1
R1 = 0x0000
[P_IOA_Data] = R1
R1 = 0xFFFF                    //初始化 IOB 口为同相低电平输出口
[P_IOB_Dir] = R1
R1 = 0xFFFF
[P_IOB_Attrib] = R1
R1 = 0x0000
[P_IOB_Data] = R1
```

从IOA读出的数据(反应I/O口实际的高低电平状态，高低电平状态反映按键是否按下)，并从IOB口输出。

```
R1 = [P_IOA_Data]      //读取 I/O 口的状态,实际也就是采集按键的按下情况
[P_IOB_Data] = R1      //将按键按下的状况直接由 IOB 输出,用 LED 灯的点亮情况来反映
```

这里要反复获取按键的状态，需要采用循环。如果不循环，是获取不到按键状态的，为什么呢？因为程序的执行速度很快，执行这两行程序只需要零点几微秒，如果在这么短

的时间里没有按键按下，后面就没有程序是用来获取按键状态的了，当然也就获取不到按键状态了。

```
?Loop:                                   //按键的情况需要循环采集
R1 = [P_IOA_Data]                        //读取 I/O 口的状态
    R1 = R1&0x00FF                       //仅取低 8 位的输入值
    [P_IOB_Data] = R1
    R1 = 0x0001
    [P_Watchdog_Clear] = R1              //在遇到大循环时,应该要清看门狗
JMP ?Loop
```

特别提示

- 从 I/O 口数据单元读出的数据反映 I/O 口实际的高低电平状态。

完整的程序：

```
.DEFINE P_IOA_Data                       0x7000
.DEFINE P_IOA_Buffer                     0x7001
.DEFINE P_IOA_Dir                        0x7002
.DEFINE P_IOA_Attrib                     0x7003
.DEFINE P_IOB_Data                       0x7005
.DEFINE P_IOB_Dir                        0x7007
.DEFINE P_IOB_Attrib                     0x7008
.DEFINE P_Watchdog_Clear                 0x7012
.CODE
.PUBLIC  _main
_main:
    R1 = 0x0000
    [P_IOA_Attrib] = R1
    R1 = 0x0000                          //初始化 IOA 口为带下拉电阻的输入口
    [P_IOA_Dir] = R1
    R1 = 0x0000
    [P_IOA_Data] = R1
    R1 = 0x00FF                          //初始化 IOB 口为同相低电平输出口
    [P_IOB_Dir] = R1
    R1 = 0x00FF
    [P_IOB_Attrib] = R1
    R1 = 0x0000
    [P_IOB_Data] = R1
?Loop:                                   //按键的情况需要循环采集
    R1 = [P_IOA_Data]                    //读取 I/O 口的状态
    R1 = R1&0x00FF                       //仅取低 8 位的输入值
    [P_IOB_Data] = R1
    R3 = 0x0001
[P_Watchdog_Clear] = R3                  //在遇到大循环时,应该要清看门狗
JMP ?Loop
```

A 端口低 8 位的属性设置及对应的端口位状态如表 3.3 所示。(不考虑高 8 位)

表 3.3 A 端口低 8 位的属性设置及对应的端口位状态

地址	—	b15	b14	b13	b12	b11	b10	b9	b8	b7	b6	b5	b4	b3	b2	b1	b0
7002H	Dir	—	—	—	—	—	—	—	—	0	0	0	0	0	0	0	0
7003H	Attrib	—	—	—	—	—	—	—	—	0	0	0	0	0	0	0	0
7000H	Data	—	—	—	—	—	—	—	—	0	0	0	0	0	0	0	0
—	状态	—								带下拉电阻的输入							

B 端口低 8 位的属性设置及对应的端口位状态如表 3.4 所示。(不考虑高 8 位)

表 3.4 B 端口低 8 位的属性设置及对应的端口位状态

地址	—	b15	b14	b13	b12	b11	b10	b9	b8	b7	b6	b5	b4	b3	b2	b1	b0
7007H	Dir	—	—	—	—	—	—	—	—	1	1	1	1	1	1	1	1
7008H	Attrib	—	—	—	—	—	—	—	—	1	1	1	1	1	1	1	1
7005H	Data	—	—	—	—	—	—	—	—	0	0	0	0	0	0	0	0
—	状态	—								带数据缓存器的低电平输出							

3.5 输入/输出接口的使用实例三

现在我们已经会点亮 LED 了，如何让它闪烁呢？方法比较简单，一会儿输出高电平，一会儿输出低电平就可以了。我们还是将 I/O 口设置为同相输出口，然后再循环输出高低电平。

```
.DEFINE P_Watchdog_Clear          0x7012
.DEFINE P_IOA_Data                0x7000
.DEFINE P_IOA_Buffer              0x7001
.DEFINE P_IOA_Dir                 0x7002
.DEFINE P_IOA_Attrib              0x7003
.CODE
.PUBLIC  _main
_main:
    R1 = 0x0001                   //设置 IOA0 为同相输出
    [P_IOA_Attrib] = R1
    [P_IOA_Dir] = R1
?Loop:
    R1 = 0x0001
    [P_IOA_Data] = R1
    R1 = 0x0000
    [P_IOA_Data] = R1
    R1 = 0x0001
    [P_Watchdog_Clear] = R1       //清看门狗
JMP ?Loop
```

这样好像就可以让 LED 闪烁了，但是忽略了一点，亮和灭之间的时间如果过短的话会出现什么问题。实际由于眼睛的视觉延时，我们是看不到闪烁的。怎么样才能看到闪烁呢？需要让亮和灭之间有一定的时间间隔。

```
?Loop:
    R1 = 0x0001
    [P_IOA_Data] = R1
    延时
    R1 = 0x0000
    [P_IOA_Data] = R1
    延时
    R1 = 0x0001
    [P_Watchdog_Clear] = R1                //清看门狗
JMP ?Loop
```

在程序里如果能完成两段延时，就可以达到目的了。怎么延时呢？我们明白一个道理，执行程序需要消耗时间，执行每一条指令都会经过一段时间(虽然这个时间很短)，并且执行指令条数越多消耗的时间就越长。可以写一段数数的程序来消耗掉一段时间，实际这就是延时，称为软件延时(听到这里，大家会想：有软件延时就有硬件延时吧，的确在后面就要用到定时器来做硬件的定时)。实际上我们已经写过数数的程序了。

```
R3 = 0x2FFF
?Loop1:
    R5 = 0x0001
    [P_Watchdog_Clear] = R5                //清看门狗
    R3 -= 1
    JZ ?Exit
    JMP ?Loop1
?Exit:
```

这里写出了有条件的循环，将0x2FFF循环减1，直到为0时跳出循环。

这里由于要产生两次延时，可以将上面这段程序使用两次，并且要修改这段程序时也需要修改两次。如果需要更多次的延时，这段程序出现的次数也会随之增加，这样看起来程序会很长，有什么办法可以让程序简洁一点吗？当然有。可以将这段程序写成函数的形式，在需要使用时调用。在上面程序的开始和结尾加上一些语句，就可以将它变为函数。

特别提示

- 程序中需要多次出现的地方，可将这部分改写为函数形式。

```
.PUBLIC F_Delay                 //函数的声明,要被别的程序调用,需要用.PUBLIC声明为
                                //公共的(或者说是全局的),F_Delay为函数名。
F_Delay:                        //函数的开始,这里使用的是标号,标明函数的开始,标号
                                //名要与函数名相同。

    R3 = 0x2FFF
?Loop1:
    R5 = 0x0001
    [P_Watchdog_Clear] = R5     //清看门狗
```

```
    R3 -= 1
    JZ ?Exit
    JMP ?Loop1
?Exit:
    RETF                    //函数结束,返回
```

如何调用函数呢？可以用下列格式：

CALL 函数名

例如：调用延时函数

```
?Loop:
    R1 = 0x0001 //IOA0输出高电平
    [P_IOA_Data] = R1
    CALL F_Delay //调用延时函数
    R1 = 0x0000 //IOA0输出低电平
    [P_IOA_Data] = R1
    CALL F_Delay
    R1 = 0x0001
    [P_Watchdog_Clear] = R1                  //清看门狗
    JMP ?Loop
```

对于I/O口除了前面介绍的输入/输出高低电平(实际是代表数字信号的1和0)，它们还有一些特殊功能，这将在后续的内容中学习。

完整程序：

```
.DEFINE P_Watchdog_Clear          0x7012
.DEFINE P_IOA_Data                0x7000
.DEFINE P_IOA_Buffer              0x7001
.DEFINE P_IOA_Dir                 0x7002
.DEFINE P_IOA_Attrib              0x7003
.CODE
.PUBLIC _main
_main:
    R1 = 0x0001                   //设置IOA0同相输出
    [P_IOA_Dir] = R1
    [P_IOA_Attrib] = R1
?Loop:
    R1 = 0x0001                   //IOA0输出高电平
    [P_IOA_Data] = R1
    CALL F_Delay                  //调用延时函数
    R1 = 0x0000                   //IOA0输出低电平
    [P_IOA_Data] = R1
    CALL F_Delay
    R1 = 0x0001
    [P_Watchdog_Clear] = R1       //清看门狗
    JMP ?Loop
    .PUBLIC F_Delay               //函数的声明,要被别的程序调用,需要用.PUBLIC声明
                                  //为公共的(或者说是全局的),F_Delay为函数名。
F_Delay:                          //函数的开始,这里使用的是标号,标明函数的开始,标
```

```
                                      //号名要与函数名相同。
    R3 = 0x2fff
?Loop1:
    R5 = 0x0001
    [P_Watchdog_Clear] = R5           //清看门狗
    R3 -= 1
    JZ ?Exit
    JMP ?Loop1
?Exit:
    RETF                              //函数结束,返回
```

在让LED闪烁时，采取了这样一种方式：输出高电平LED点亮，延时，输出低电平，LED熄灭。对于输出高低电平的转换还可以采取另一种方式：由于现在输出只有两种状态，1和0，可以将1取反变为0，将0取反变为1。

如何取反——与1异或即可实现取反：1与1异或(运算符号为^)为0，0与1异或为1。

实现步骤：读取I/O口当前的状态，高电平读出数据为1，低电平读出数据为0。然后对读出数据进行取反，将取反后的数据从I/O口输出，同样可以实现高低电平的转换。程序如下：

```
R1 = [P_IOA_Data]                     //读取当前I/O口的状态
R1 = R1^0x0001                        //对当前I/O口的状态取反
[P_IOA_Data] = R1                     //输出
对应的完整程序为
.DEFINE P_Watchdog_Clear              0x7012
.DEFINE P_IOA_Data                    0x7000
.DEFINE P_IOA_Buffer                  0x7001
.DEFINE P_IOA_Dir                     0x7002
.DEFINE P_IOA_Attrib                  0x7003
.CODE
.PUBLIC _main
_main:
    R1 = 0x0001//设置IOA0输出高电平
    [P_IOA_Dir] = R1
    [P_IOA_Attrib] = R1
?Loop:
    CALL F_Delay
    R1 = [P_IOA_Data]                 //读取当前I/O口的状态
    R1 = R1^0x0001                    //对当前I/O口的状态取反
    [P_IOA_Data] = R1                 //输出
    R1 = 0x0001
    [P_Watchdog_Clear] = R1           //清看门狗
    JMP ?Loop
    .PUBLIC F_Delay                   //函数的声明
F_Delay:                              //函数的开始
R3 = 0x2FFF
```

```
?Loop1:
    R5 = 0x0001
    [P_Watchdog_Clear] = R5                    //清看门狗
    R3 -= 1
    JZ ?Exit
    JMP ?Loop1
?Exit:
    RETF                                       //函数结束,返回
```

从前面的几个程序可发现，在每个程序的开头都有一些常量的声明(实际是在为常量起名)，这些常量代表一些具体的地址或是一个常数，特别是一些功能寄存器的地址，可能会在以后的编程中多次出现，每次都写一遍比较麻烦，可不可以做一件一劳永逸的事呢？答案是可以的。这时需要编写一种文件，称为头文件，扩展名为.inc(汇编语言用)或者.h(C语言用)。在每次编写程序时，如果需要用到这些定义，在程序的开头将头文件包含进来就可以了(当然这里要求头文件与程序文件在同以目录下)。

例如：编写一个头文件 spce061a.inc，文件的内容如下：

```
.DEFINE P_Watchdog_Clear          0x7012
.DEFINE P_IOA_Data                0x7000
.DEFINE P_IOA_Buffer              0x7001
.DEFINE P_IOA_Dir                 0x7002
.DEFINE P_IOA_Attrib              0x7003
```

在程序文件的开头(所以称为头文件)，采用include语句，将头文件包含进来，相当于将文件的内容放在程序文件开头是一样的。格式如下：

.INCLUDE spce061a.inc

特别提示

- 每个单一模块的编程，基本的程序结构是：
  (1) 初始状态的设置；
  (2) 主循环中检测状态和进行分析；
  (3) 清看门狗。

3.6　输入/输出接口的使用实例四

按键信号是有抖动的，如图3.13所示。对按键采集程序应进行改进(消抖)，即按键的消抖，为什么要进行按键的消抖？因为按键的闭合和断开产生的开关信号，某些场合是作为一种重要的信号在使用，如按键控制设备的启动。在实际使用过程中会由于抖动使按键瞬间动作(闭合或断开)，这时就会造成设备的误启动，有可能会造成很严重的后果。因此应该尽量避免这种情况发生。怎么进行消抖呢？基本思路如下：先通过读取I/O口的状态来判断是否有按键按下，如果有的话，延时一段时间，再读取I/O口的状态来判断是否有相同的按键按下，前后两次按键相同才认为是有效的按键按下。

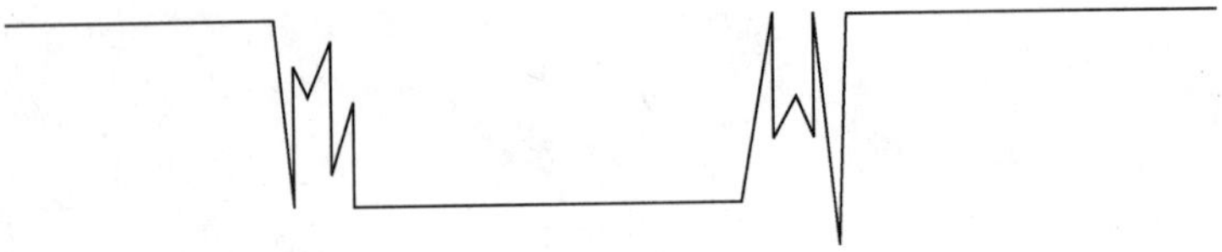

图 3.13　按键的抖动

下面将按键采集的程序写成子程序的形式。

子程序名为 F_KeyScan，还记得子程序是怎么开始的吗？声明子程序是公共的(这样可以被调用)，以子程序名作为标号标明子程序的开始。

```
.PUBLIC F_KeyScan
F_KeyScan:
    R1 = [P_IOA_Data]
    R1 = R1&0x00FF                    //仅取低 8 位的输入值
    JZ ?Return                        //为零则代表没有按键按下,返回
    CALL F_Delay                      //延时,消抖
    R2 = [P_IOA_Data]
    R2 = R2&0x00FF                    //仅取低 8 位的输入值
    CMP R1, R2                        //比较延时前后两次输入值读取的是否相等
    JE ?Return                        //相等则返回,R1 当中保存有键值
    R1 = 0x0000                       //返回 0
?Return:
    [Key] = R1                        //否则返回键值
    RETF
```

完整的程序如下：

```
.DEFINE P_IOA_Data                    0x7000
.DEFINE P_IOA_Buffer                  0x7001
.DEFINE P_IOA_Dir                     0x7002
.DEFINE P_IOA_Attrib                  0x7003
.DEFINE P_IOB_Data                    0x7005
.DEFINE P_IOB_Dir                     0x7007
.DEFINE P_IOB_Attrib                  0x7008
.DEFINE P_Watchdog_Clear              0x7012
.RAM
.VAR Key                              //定义变量保存键值
.CODE
//============================================================
//   汇编格式:_main
//   C 格式:int main(void);
//   实现功能:通过点亮不同发光二极管来显示 IOA 口输入的键盘值
//============================================================
.PUBLIC  _main
_main:
    R1 = 0x0000                          //初始化 IOA 口为带下拉电阻的输入口
    [P_IOA_Dir] = R1
    R1 = 0x0000
```

```
    [P_IOA_Attrib] = R1
    R1 = 0x0000
    [P_IOA_Data] = R1
    R1 = 0xFFFF                              //初始化 IOB 口为同相低电平输出口
    [P_IOB_Dir] = R1
    R1 = 0xFFFF
    [P_IOB_Attrib] = R1
    R1 = 0x0000
    [P_IOB_Data] = R1
?Loop:
    CALL F_KeyScan
    R1 = [Key]
    CMP R1, 0x0000                           //是否有按键按下
    JE ?Loop_1                               //若无则继续扫描键盘,不刷新显示
    [P_IOB_Data] = R1                        //输出键值,控制相应的发光二极管显示
    ?Loop_1:
    R1 = 0x0001
    [P_Watchdog_Clear] = R1
    JMP ?Loop
//==========================================================
//   汇编格式:F_KeyScan
//   实现功能:进行扫键操作,返回键盘值
//==========================================================
.PUBLIC F_KeyScan
F_KeyScan:
    R1 = [P_IOA_Data]
    R1 = R1&0x00FF                           //仅取低 8 位的输入值
    JZ ?Return                               //为零则代表没有按键按下,返回
    CALL F_Delay                             //延时,消抖
    R2 = [P_IOA_Data]
    R2 = R2&0x00FF                           //仅取低 8 位的输入值
    CMP R1, R2                               //比较延时前后两次输入值读取的是否相等?
    JE ?Return                               //相等则返回,R1 当中保存有键值
    R1 = 0x0000                              //返回 0
?Return:
    [Key] = R1                           //返回键值
    RETF
//==========================================================
//   汇编格式:F_Delay
//   实现功能:延时
//==========================================================
.PUBLIC F_Delay
F_Delay:
    R3 = 0x2FFF
?Loop1:
    R5 = 0x0001
    [P_Watchdog_Clear] = R5              //清看门狗
```

```
    R3 -= 1
    JZ ?Exit
    JMP ?Loop1
?Exit:
    RETF
```

前面介绍的程序中经常出现选择分支结构，在这里再将分支结构巩固一下，如图 3.14 所示。

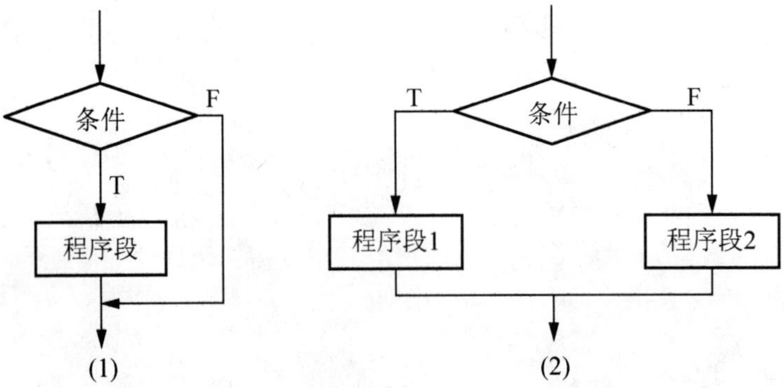

图 3.14　分支结构示意图

在第一次读取 I/O 口的状态来判断是否有按键按下时，有两种情况，有键按下和无键按下。这两种情况作了分别的处理：无键按下时，直接将 Key = 0；有键按下时，延时一段时间后，再读取 I/O 口的状态来判断是否有相同按键按下。这里就形成一个分支，分支程序的实现也是采用了调转指令。双分支结构的汇编语言基本实现如图 3.15 所示。

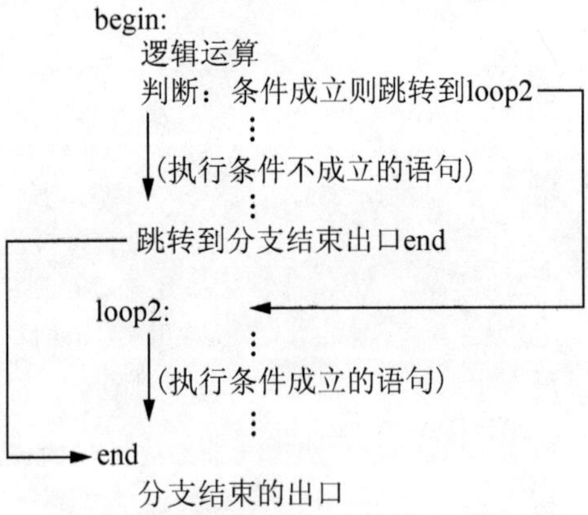

图 3.15　双分支结构的汇编语言实现

下面用相应的例子来详细地说明分支结构。

程序：阶跃函数。

说明：这是一个典型的双分支结构，输入值大于等于 0 时返回 1，输入值小于 0 时返回 0，程序流程图如图 3.16 所示。

入口参数：R1(有符号数)

出口参数：R1

子程序名：F_Step

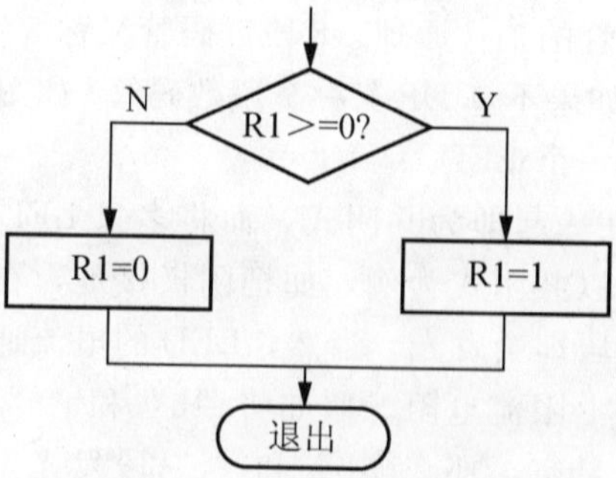

图 3.16　程序流程图

程序的代码如下：

```
.PUBLIC F_Step;
.CODE
F_Step:.proc
    CMP R1, 0;                    //与0比较
    JGE ?negtive;                 //大于等于0则跳转到非负数处理
    R1 = 0;                       //小于0则返回0
JMP ?Step_end;                    //跳转到程序结束处
?negtive:
    R1 = 1;                       //大于0,则返回1
?Step_end:
    RETF;
```

3.7　输入/输出接口的使用实例五

数码管在工程中的应用极其广泛，尤其在仪器仪表中的应用，例如数字万用表、转速表等。数码管在仪器仪表中主要是显示单片机的输出数据、状态等，因而，作为外围典型器件，数码管显示是反映系统输出和操作输入的有效器件。数码管具备数字接口，可以很方便地和单片机系统连接；数码管的体积小、质量轻，并且功耗低，是一种理想的显示单片机数据输出内容的器件，在单片机系统中有着重要的作用。

数码管也是单片机输入/输出接口主要的输出显示部件。在这一小节中，我们来介绍用 SPCE061A 控制数码管输出显示的实现。图 3.17 所示为采用数码显示的设备实物图。

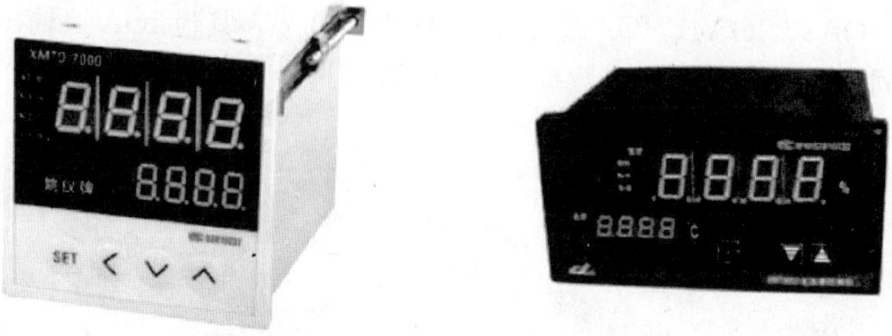

图 3.17　数码显示设备实物图

下面讲解 8 段数码管的工作原理。8 段数码管又称 8 字形数码管，分为 8 段：A、B、C、D、E、F、G、DP(如果不算 DP 又称 7 段数码管）如图 3.18 所示。其中，DP 为小数点。数码管的每一段都是一个 LED。

将多只 LED 的阴极连在一起即为共阴式，而将多只 LED 的阳极连在一起即为共阳式。以共阴式为例，如把阴极接地，在相应段的阳极接上正电源，该段即会发光。当然，LED 的电流通常较小，一般均需在回路中接上限流电阻。假如将“b”和“c”段接上正电源，其他端接地或悬空，那么“b”和“c”段发光，此时，数码管将显示数字“1”。而将“a”、“b”、“d”、“e”和“g”段都接上正电源，其他引脚悬空，此时数码管将显示“2”。其他字符的显示原理类同。

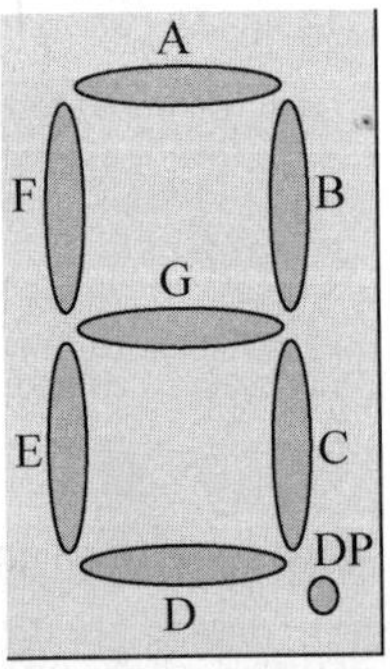

图 3.18　数码管示意图

上面提到数码管的工作原理就是点亮相应的点划来显示出 0～9 的数字。我们称数码管的点划“a”～“g”为其段选，用应用的 I/O 端口与段选信号连接，编程时只需给 I/O 端口附上相应的值便可以控制其显示数字。

例：利用单片机控制数码管显示 2。

要显示数字 2，需要将“a”、“b”、“d”、“e”和“g”段点亮。可以利用前面学习过的单片机输出高电平点亮 LED 的程序。图 3.19 所示为一位数码管的电路原理图。

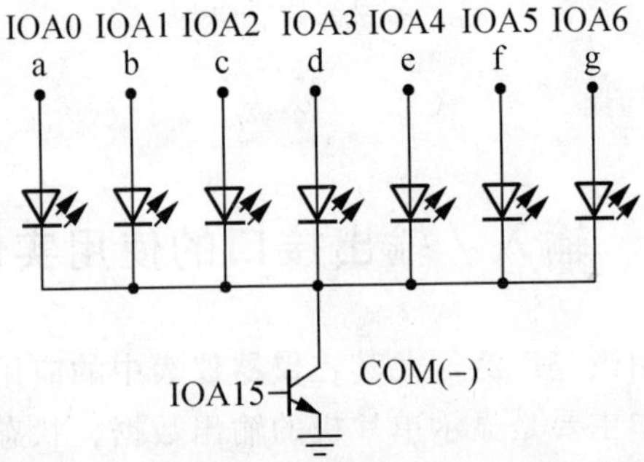

图 3.19　数码管的电路原理图

在实际中使用的数码管通常是多位的，对于每一位有一个选通晶体管，称为位选。这个晶体管作开关管，当开关管导通(还记得如何让晶体管导通吗，IOA15 输出高电平，基极加高电平)，并在与“a”、“b”、“d”、“e”和“g”段相连的 IO 口(即 IOA0、IOA1、IOA3、IOA4、IOA6）输出高电平，这时数码管即可显示数字 2。因此要显示 2，需要在 IOA0、IOA1、IOA3、IOA4、IOA6、IOA15 输出高电平，其他 IOA 口输出低电平。可将 IOA 口设置为同相输出口，再输出数据 1000 0000 0101 1011B = 0x805B。

对应的程序为

```
.DEFINE P_IOA_Data              0x7000
.DEFINE P_IOA_Buffer            0x7001
.DEFINE P_IOA_Dir               0x7002
.DEFINE P_IOA_Attrib            0x7003
.DEFINE P_Watchdog_Clear        0x7012
.CODE
```

```
// ===============================================================
//  实现功能:数码管显示
// ===============================================================
.PUBLIC  _main
_main:
    R1 = 0xFFFF                      //设置 IOA 口为同相输出口
    [P_IOA_Dir] = R1
    [P_IOA_Attrib] = R1
    R1 = 0x805B                      //输出数据让数码管显示数字 2
    [P_IOA_Data] = R1
?Loop:
    R1 = 0x0001
    [P_Watchdog_Clear] = R1          //清看门狗
    JMP ?Loop
```

再看看多位数码管同时显示。图 3.20 所示为多位数码管的电路图。

这是一个 4 位的集成数码管，从图中可以看到集成数码管有 a ～ g(对应数码管的 7 段)，dp 的段选端(对应小数点)，还有 d1，d2 的段选端(对应冒号的两点同时点亮)。另外有 4 个位选端(对应 4 位数码管的选通)G1 ～ G4，加一个冒号的位选 G5(冒号的选通)。对于各位数码管的 a ～ g 及 dp 段是共用段选端的。

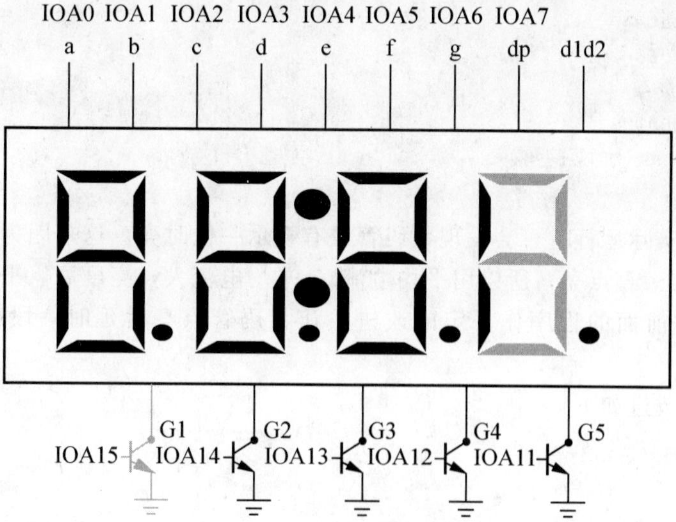

图 3.20 多位数码管的电路图

如果要最左边这一位显示 3 的话，先要将 G1 选通，然后将 a、b、c、d、g 段点亮。输出数据为 1000 0000 0100 1111B = 0x104F

如果要显示 1234 该怎么办？同时将 G1 ～ G4 选通行不行呢？不行，由于各位数码管的 a ～ g 及 dp 段是共用段选端的，所以在同一时刻，同时选通 4 位数码管，只能显示同 1 个数。因此，要显示 1234 只能将 4 位数码管依次选通。利用视觉延时，快速循环选通数码管，各个数码管分别显示一位数，即可实现多位数的显示。

依次输出：

0001 0000 0000 0110B = 0x1006，

0010 0000 0101 1011B = 0x205B，

0100 0000 0100 1111B = 0x404F，

1000 0000 0100 1111B = 0x8066。

对应数码管显示程序为

```
.INCLUDE spce061a.inc
.CODE
.PUBLIC  _main
_main:
    R3 = 0xFFFF
    [P_IOA_Dir] = R3
    R3 = 0xFFFF
    [P_IOA_Attrib] = R3
    R3 = 0x0000
    [P_IOA_Data] = R3
?loop:
    R1 = 0x1006
    [P_IOA_Data] = R1
    R1 = 0x205B
[P_IOA_Data] = R1
    R1 = 0x404F
    [P_IOA_Data] = R1
    R1 = 0x8066
    [P_IOA_Data] = R1
    R1 = 0x0001
    [P_Watchdog_Clear] = R1
JMP ?loop
```

这个程序在实际运行时，会发现数码管没有显示一位时亮。这是因为，亮度和平均电流大小有关(没有一直点亮，所以用平均电流)，平均电流大，亮度高。平均电流小，亮度低。我们可以对前面的程序作一定的改进，让数码管点亮后延时一段时间后再点亮下一位。

数码管程序改进如下：

```
.INCLUDE spce061a.inc
.CODE
.PUBLIC  _main
_main:
    R3 = 0xFFFF                              //IO设置为同相输出口
    [P_IOA_Dir] = R3
    R3 = 0xFFFF
    [P_IOA_Attrib] = R3
R3 = 0x0000
    [P_IOA_Data] = R3
?loop:
    R1 = 0x1006
    [P_IOA_Data] = R1
```

```
CALL F_Delay                            //调用延时程序
      R1 = 0x205B
      [P_IOA_Data] = R1
CALL F_Delay                            //调用延时程序
      R1 = 0x404F
      [P_IOA_Data] = R1
CALL F_Delay                            //调用延时程序
      R1 = 0x8066
      [P_IOA_Data] = R1
CALL F_Delay                            //调用延时程序
      R1 = 0x0001
      [P_Watchdog_Clear] = R1
      JMP ?loop
.PUBLIC F_Delay
.PUBLIC _Delay
F_Delay:
_Delay:
    PUSH R1, R2 to [sp]
    R2 = 0x00FF
?Loop1:
    R1 = 0x0001
    [P_Watchdog_Clear] = R1             //清看门狗
    R2 = R2 - 1
    JNZ ?Loop1
    POP R1, R2 from [sp]
    RETF
```

附注：正如前面提到的，B口除了具有常规的输入/输出端口功能外，还有一些特殊的功能，如表3.5所示。

表3.5 IOB口的特殊功能

口位	特殊功能	功能描述	备注
IOB0	SCK	串行接口SIO的时钟信号	参见串行接口SIO的功能设置内容
IOB1	SDA	串行接口SIO的数据传送信号	参见串行接口SIO的功能设置内容
IOB2	EXT1	外部中断源(下降沿触发)	IOB2设为输入状态
	Feedback_Output2	与IOB4组成一个RC反馈电路，以获得一个振荡信号，作为外部中断源EXT1	设置IOB2为反相输出方式，见图3.21所示的框图及P FeedBack(写)(7009H)单元的描述
IOB3	EXT2	外部中断源(下降沿触发)	IOB3设为输入状态
	Feedback_Output2	与IOB5组成一个RC反馈电路，以获得一个振荡信号，作为外部中断源EXT2	设置IOB3为反相输出方式，见图3.21所示的框图及P FeedBack(写)(7009H)单元的描述
IOB4	Feedback_Input1	—	见图3.21所示
IOB5	Feedback_Input2	—	见图3.21所示

续表

口位	特殊功能	功能描述	备　注
IOB6	—	—	—
IOB7	Rx	UART 通用异步串行数据接收端口	参见 UART 通用异步串行接口部分
IOB8	APWMO	Timer A PWM 脉宽调制输出	参见定时器/计数器部分，P Feedback(写)(7009H)单元部分
IOB9	BPWMO	Timer B PWM 脉宽调制输出	参见定时器/计数器部分
IOB10	Tx	UART 通用异步串行数据发送端口	参见 UART 通用异步串行接口部分

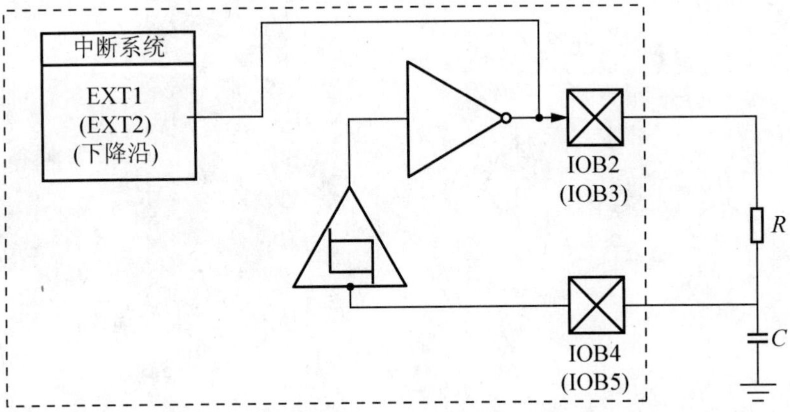

图 3.21　RC 反馈电路示意图

3.8　单片机的 C 语言编程

前面我们学习过 IO 口输出高电平的汇编语言程序，下面是程序的具体内容：

```
.DEFINE P_IOA_Data                          0x7000
.DEFINE P_IOA_Dir                           0x7002
.DEFINE P_IOA_Attrib                        0x7003
.DEFINE P_Watchdog_Clear                    0x7012// 对所用到的功能寄存器的地址定义
.CODE
.PUBLIC  _main
_main
    R1 = 0xFFFF
    [P_IOA_Attrib] = R1
    R1 = 0xFFFF//IOA 口输出高电平
    [P_IOA_Dir] = R1
    R1 = 0xFFFF
    [P_IOA_Data] = R1
?Loop:
    R1 = 0x0001
    [P_Watchdog_Clear] = R1// 清看门狗
    JMP ?Loop
```

这个程序如果采用C语言，该如何来编写呢?

下面对照汇编语言程序，编写C语言的程序：

```
.DEFINE P_IOA_Data                    0x7000
.DEFINE P_IOA_Dir                     0x7002
.DEFINE P_IOA_Attrib                  0x7003
.DEFINE P_Watchdog_Clear              0x7012
```

程序的开头对所用到的功能寄存器的地址作定义，也就是为这些地址起一个名字，在程序中用名字代替地址。

在C语言程序的开头，也有这样的定义：

```
# define P_IOA_Data (volatile unsigned int* )           0x7000
# define P_IOA_Dir (volatile unsigned int* )            0x7002
# define P_IOA_Attrib (volatile unsigned int* )         0x7003
# define P_Watchdog_Clear (volatile unsigned int* )     0x7012
```

在这里定义指针来指向功能寄存器的地址，unsigned int 表示数据类型地址中存储的数据类型是无符号整型。

指针变量的类型说明，指针定义的一般形式为：

类型说明符 * 指针名；

其中，* 表示这是一个指针变量，变量名即为定义的指针变量名，类型说明符表示本指针变量所指向的变量的数据类型。

例如：int * p1；表示 p1 是一个指针变量，它的值是某个整型变量的地址，或者说 p1 指向一个整型变量。至于 p1 究竟指向哪一个整型变量，应由向 p1 赋予的地址来决定。

前面学习每个功能模块(指 IO 口、定时器、A/D、UART 这些具有一定功能的硬件模块)都对应介绍了控制寄存器，如 P_Watchdog_Clear、P_IOA_Dir 等。实际控制单片机的功能模块，就是通过软件去读、写这些控制寄存器来实现的。

在汇编中如何进行读写的呢?

```
    R1 = 0xFFFF
    [P_IOA_Data] = R1                 //向 IOA 口的数据寄存器写入
```

这是在向 IOA 口的数据寄存器写入数据。

```
    R1 = [P_IOA_Data]                 //读取 IOA 口的数据寄存器
```

这是在读取 IOA 口的数据寄存器。

在C语言中如何进行读、写? 前面定义了指针指向某个地址，怎么表示这个地址中存储的值呢? 在指针名的前面加星号 *。

```
    * P_IOA_Data = 0xFFFF             //向 IOA 口的数据寄存器写入
    a = * P_IOA_Data                  //读取 IOA 口的数据寄存器
```

在汇编语言中，IOA 口输出高电平的程序如下：

```
    [P_IOA_Dir] = R1
    R1 = 0xFFFF
    [P_IOA_Attrib] = R1
    R1 = 0xFFFF
    [P_IOA_Data] = R1
```

改写成C语言如下：

```
* P_IOA_Dir = 0xFFFF;
* P_IOA_Attrib = 0xFFFF;
* P_IOA_Data = 0xFFFF;
```

清看门狗的汇编程序：

```
R1 = 0x0001
[P_Watchdog_Clear] = R1
```

改写成C语言如下：

```
* P_Watchdog_Clear = 0x0001;
```

主程序(主函数)的开始，汇编中人们以3行程序来开始主程序：

```
.CODE
.PUBLIC  _main
_main:
```

C语言中如何开始主函数呢？以一个主函数的定义来开始：

int main(void)

这里用了函数的标准定义格式。

函数的定义形式：

返回值类型说明函数名(参数列表)

举个例子来说明一下：

```
int add (int x, int y)
{
    z = x+ y;
    return z;
}
```

这里定义了一个函数，这个函数的作用是实现两个数相加的，函数中x，y是参数，需要在调用函数的时候给出具体值。譬如要计算3＋5，可以调用下面这个函数：

A = add(3，5)

在调用函数时要给出函数名add()，并且给出相加的具体数值3和5。要得到相加的结果并赋值给变量A，需要函数产生一个返回值，函数中的z即是返回值。

通过这个例子可以看出：在定义函数时，要给出3部分内容，返回值的类型、函数名、参数及类型说明。

int add (int x，int y)，这个例子里第1个int是返回值的类型说明，add为函数名，int x，int y是参数及其类型说明。

在一些情况下，可能没有返回值或者没有参数，或者二者都没有，这时应该用void代替。上面的函数add( )，如果没有返回值但有参数时，应该定义为void add(int x，int y)；如果没有参数但有返回值时，应该定义为int add(void)。如果既没有返回值，又没有参数，就应该定义为void add(viod)。

在汇编程序中还有一个循环程序，C语言中循环程序怎么写呢？

可以采用while语句，由于这里是一个死循环，循环条件始终满足，可以采用while(1)。这样可以将汇编的循环程序：

```
?Loop:
    R1 = 0x0001
    [P_Watchdog_Clear] = R1                          //清看门狗
    JMP ?Loop
```

改写为C语言程序：

```
while(1)
{
    * P_Watchdog_Clear = 0x0001;
}
```

现在可以写出完整的C语言程序了，如下：

```
# define P_IOA_Data (volatile unsigned int* ) 0x7000
# define P_IOA_Dir (volatile unsigned int* ) 0x7002
# define P_IOA_Attrib (volatile unsigned int* ) 0x7003
# define P_Watchdog_Clear (volatile unsigned int* ) 0x7012
int main(void)
{
    * P_IOA_Dir = 0xFFFF;
    * P_IOA_Attrib = 0xFFFF;
    * P_IOA_Data = 0xFFFF;
while(1)
{
    * P_Watchdog_Clear = 0x0001;
}
}
```

在单片机编程时，经常会用到C语言和汇编语言两种编程语言一起来实现一个题目。通常会采用C语言来编写主函数，实现题目的主干，题目中的一些功能利用汇编函数去实现，特别是直接和单片机的硬件模块打交道的地方。这里就涉及到一些问题；C语言如何调用汇编函数？调用时如何传递参数？运行结果如何返回？

下面一一来解决这些问题，以单片机输出高电平的例子来解决第一个问题。

先来写出汇编的函数：

```
.PUBLIC _IOA_Initial                    //被C语言调用的汇编函数必需以下画线(_)开头
_IOA_Initial:
    PUSH R1 to[sp]
    R1 = 0xFFFF                         //IOA输出高电平
    [P_IOA_Dir] = R1
    R1 = 0xFFFF
    [P_IOA_Attrib] = R1
    R1 = 0xFFFF
    [P_IOA_Data] = R1
    POP R1 from[sp]
    RETF
```

函数中首先利用PUBLIC对函数声明为公共的，表明可以被调用。PUBLIC后面接函数名，这里注意被C语言调用的汇编函数必须以下画线(_)开头，然后用一个与函数名相同的标号来标明函数的开始。函数中对用到的通用寄存器的值作一下保护，与中断中保护现场类似。将通用寄存器压入堆栈，等到利用 RETF 指令实现函数返回前再出栈，还原通用寄存器的值。在这个函数中实现 IOA 口输出高电平。

这个汇编的函数在 C 语言程序中怎么调用呢？首要要对函数作声明，利用 extern 指令将函数声明成外部函数，格式如下：

extern void IOA_Initial(void)；

这是因为 C 语言程序和汇编程序肯定要在不同的文件中编写，这样被调用的汇编函数对于调用的 C 语言程序来说就是外部函数（就是不在同一文件中，但是在同一个工程下面）。在 extern 指令后给出函数的定义，现在编写的这个函数没有返回值，也没有参数。

下面先建立一个工程，然后在工程下新建一个 C 语言程序 main.c，编写 C 语言主函数。主函数如下：

```
#include"spce061a.h"
extern void IOA_Initial(void);
int main(void)
{
    IOA_Initial();
while(1)
{
    * P_Watchdog_Clear = 0x0001;
}
}
```

接下来还需要在工程下新建一个汇编的文件，在这里命名为 system.asm。在这个文件中编写汇编的函数，当然还要加上一些必要的定义：

```
.INCLUDE spce061a.inc
.CODE
.PUBLIC _IOA_Initial                    //被 C 语言调用的汇编函数必需以下画线开头
_IOA_Initial:
    PUSH R1 to[sp]
    R1 = 0xFFFF                         //IOA 输出高电平
    [P_IOA_Dir] = R1
    R1 = 0xFFFF
    [P_IOA_Attrib] = R1
    R1 = 0xFFFF
    [P_IOA_Data] = R1
    POP R1 from[sp]
    RETF
```

小　　结

本章主要讲解单片机的输入/输出接口知识，输入/输出接口（又称 I/O 端口）是单片机与外设交换信息的通道。输入端口负责从外界接收检测信号、键盘信号等各种开关量信号。输出端口负责向外界传送由内部电路产生的处理结果、显示信息、控制命令、驱动信号等。SPCE061A 提供了位控制结构的 I/O 端口，每一位都可以单独用于数据输入或输出。凌阳单片机中总共有32个输入/输出口，分为两组，每组16个，编号分别为IOA0～IOA15，IOB0～IOB15。

I/O口各位可以单独具有同相输出、反相输出、带拉电阻输入、悬浮输入4种状态之一，每个独立的IO口位可通过以下3种控制向量来作设定：

(1) 数据向量 Data；

(2) 属性向量 Attribution；

(3) 方向控制向量 Direction。

习　　题

一、问答题

1. 并行输入/输出接口主要的作用有哪些？
2. I/O口相关的功能寄存器有哪些？分别有什么作用？
3. 读取I/O口的数据单元(如P_IOA_Data)有何作用？
4. IOB0～3设置为带下拉电阻输入口，将IOB4～7设置为悬浮输入口。
5. IOA0～3设置为反相输出口，将IOA4～7设置为同相输出口。
6. 为什么要对I/O口相关的功能寄存器地址作定义？
7. 程序中用到的变量名、常量名有什么要求？
8. 如何实现按键的消抖？
9. 如何编写延时函数？
10. 试描述数码管的结构和工作原理。

二、上机练习

1. 编写程序实现I/O口控制一位数码管循环显示数字0～9。
2. 编写按键控制发光二极管点亮的C语言程序。

第 4 章

SPCE061A 的定时器/计数器的使用

教学目标

通过学习单片机的定时器/计数器和中断知识，掌握 SPCE061A 中定时器/计数器的结构和工作原理；掌握定时器/计数器的功能寄存器的设置及基本使用；掌握中断的概念，中断的功能寄存器及其使用。

教学要求

能力目标	知识要点	权重	自测分数
掌握 SPCE061A 中定时器/计数器的结构和工作原理	定时器/计数器的作用、工作原理、电路结构	10%	
掌握定时器/计数器的功能寄存器的设置及基本使用	功能寄存器设置，计数频率的选择，计数初值的设置，定时器/计数器使用的基础	30%	
掌握中断的概念，中断的功能寄存器及其使用	什么是中断，中断的作用，中断的功能寄存器设置及使用	30%	
掌握定时器中断，时基中断的使用	定时器中断，时基中断；几种应用实例	30%	

引例

精确控制发光二极管闪烁时间。

如同前面的方法：

(1) 打开 IDE 的安装路径 \\SPCE061A\\example\\BaseExa\\ex11_asm_IRQ4 的例子。

(2) Rebuild All。

(3) 硬件连接和设置：① 区的 S19 选择开关中 ICE 拨到 ON 位置，其他都拨到 OFF 位置。② 区和 ③ 区中 JP4 和 JP7 的跳线全部断开，⑤ 区 J16 和 J26 按照图 4.1 所示利用 8 引脚(8pin) 排线连接，即把 IOA0 ～ 7 依次连接 8 个发光二极管 D11 ～ D4，⑦ 区中 J10 接 Probe。把所有排线、跳线和开关都连接好之后，打开 ⑥ 区电源开关 POWER。

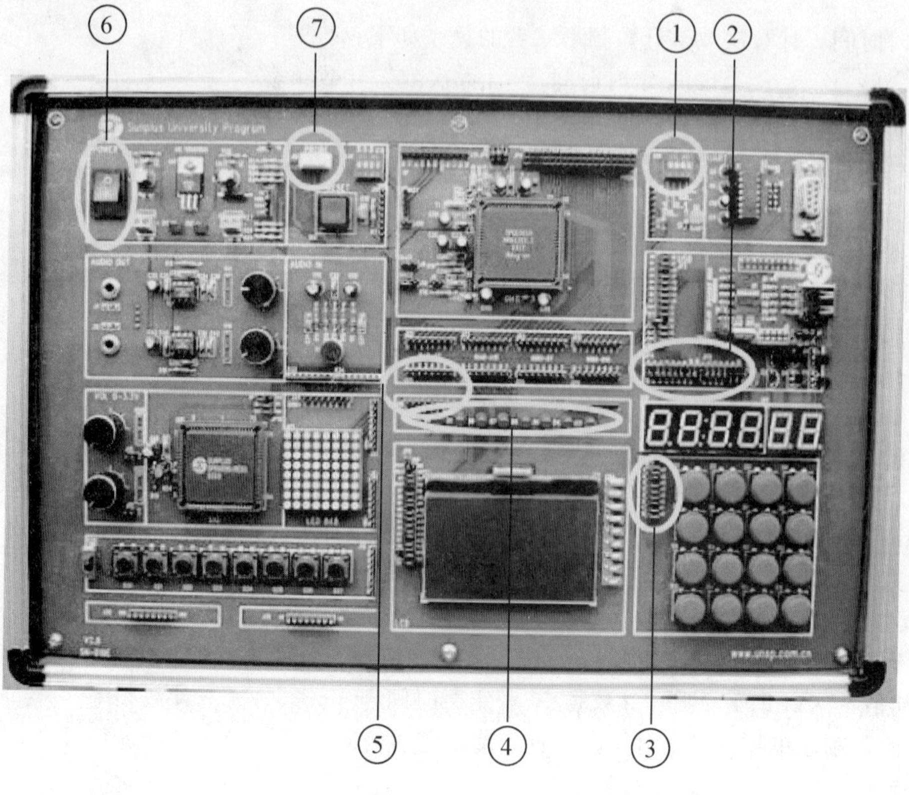

图 4.1　实验箱硬件连接和其他设置

(4) 下载程序，运行。

(5) 观察发光二极管的点亮与熄灭状态。当程序正常运行时可以观察到 D4 和 D5 的亮灭周期为 2s，D6 和 D7 的亮灭周期为 1s，D8 ～ D11 的亮灭周期为 0.5s，这里实现了精确的定时。

在学习I/O的时候，我们举了一个例子，通过I/O口交替地输出高低电平，实现LED的闪烁。这时闪烁的时间长短和延时的时间有关系，这个时间与单片机执行指令消耗的时间有关，要计算比较麻烦，这里暂不讨论。如果要准确地控制闪烁的时间，有没有比较直接的方法呢？当然有，就是采用硬件定时 —— 定时器 / 计数器。

定时器 / 计数器作用：

(1) 用来精确地确定某一时间间隔(定时器)。

(2) 用来累计外部输入脉冲个数，即可计算出所定时间的长度等(计数器)。

定时器 / 计数器实际上都是同一个模块，其共同的特点是都有一个计数脉冲输入端，每输入一个脉冲，计数器就进行加1或减1计数。若计数器件的计数脉冲的频率固定，则可利用计数实现定时，这就是定时器；若计数器件的作用是累加输入脉冲的多少或测量外部输入脉冲的参数，则为计数器。

4.1 定时器原理

定时的基本原理：定时通过计数实现，计数电路以固定的频率(即计数一次的时间固定)来计数，计一定次数时，即可实现定时。如以1024Hz的频率计数器，计数1024次所需时间为1s。因此要定时1s，如果采用1024Hz的计数频率，计数1024次，即实现了定时1s。

定时时间、计数次数、计数频率三者的关系如下：

定时时间 = 计数次数 / 计数频率

在使用单片机的定时器定时功能时，应该首先确定定时时间，然后选择一种计数频率，计算出计数次数：

计数次数 = 定时时间 × 计数频率

下面要清楚这样一个问题：单片机在通过计数来实现定时时，不是从0开始计数，而是有一个固定计数的最大值(这样有什么好处呢？计数到设定的次数，即定时时间到时，都是达到计数的最大值，这时会自动通过产生某种信号——溢出，告诉单片机定时时间到)。

这个最大值是多少呢？前面介绍存储器时知道，一个地址空间是16位，16位二进制能表示的最大值为65535。当用一个存储空间来存储计数值时，能计数的最大值也就是65535，再多计一次就会产生溢出。

0xFFFF = 65535，每次计数从一个计数初值开始计数，到最大值后再计数一次即产生溢出结束。因此，

计数次数 = 0xFFFF(最大值65535) − 计数初值 + 1。

将计数次数带入公式可得到：

计数初值 = 0xFFFF + 1 − 计数频率 * 定时时间 = 65535 + 1 − 计数频率 * 定时时间

因此，利用单片机来定时，应该首先确定定时时间，然后选择一种计数频率，最后给出计数初值。

单片机如何知道定时时间到？定时器 / 计数器数据功能寄存器(用来存储计数值)的值等于最大值为0xFFFF时，再计一次，产生溢出，定时时间到。

特别提示

- 单片机在通过计数来实现定时时，不是从0开始计数，而是有一个固定计数的最大值。

下面以定时器A为例说明如何使用定时器，其电路原理图如图4.2所示。

选择计数频率，需要利用相关功能寄存器。每一种资源都有相关的功能寄存器对其工作方式和工作状态进行设定。

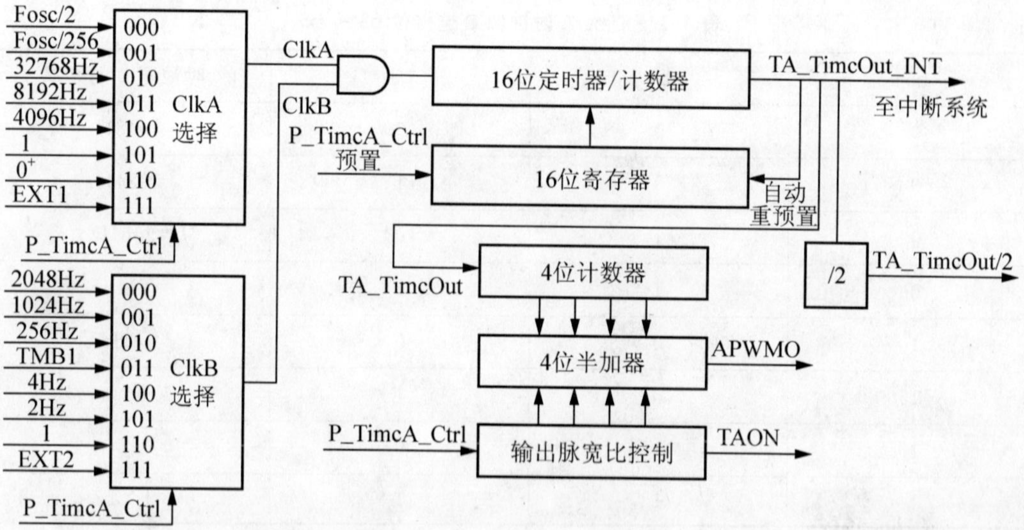

图 4.2　定时器 A 的电路原理图

1. P_TimerA_Ctrl(写)(700BH)

TimerA 的控制功能寄存器，用于选择计数频率(时钟源 A 和 B 为提供计数频率的电路)，可以在时钟源 A 和 B 中任选一种计数频率，且只能选一种。当选择了时钟源 A 中一种计数频率时，时钟源B中频率选为1；反之，当选择了时钟源B中一种计数频率时，时钟源 A 中频率选为 1。TimerA 的控制单元如表 4.1 所示。用户可以通过设置该单元的第 0 ~ 5 位来选择 TimerA 的时钟源－即计数频率(时钟源 A、B)。设置第 6 ~ 9 位，TimerA 将输出不同频率的脉宽调制信号，即对脉宽占空比输出 APWMO 进行控制。

表 4.1　TimerA 的控制功能寄存器

b15 ~ b10	b9	b8	b7	b6	b5	b4	b3	b2	b1	b0
—	占空比的设置(表 4.4)				时钟源 B 选择位(表 4.3)			时钟源 A 选择位(具体见表 4.2)		

表 4.2　TimerA 时钟源 A 选择位 b0 ~ b2

b2	b1	b0	时钟源 A 的频率
0	0	0	Fosc/2
0	0	1	Fosc/256
0	1	0	32768Hz
0	1	1	8192Hz
1	0	0	4096Hz
1	0	1	1
1	1	0	0
1	1	1	EXT1

表 4.3　TimerA 时钟源 B 选择位 b3 ~ b5

b5	b4	b3	时钟源 B 的频率
0	0	0	2048Hz
0	0	1	1024Hz
0	1	0	256Hz
0	1	1	TMB1
1	0	0	4Hz
1	0	1	2Hz
1	1	0	1
1	1	1	EXT2

表 4.4　TimerA 占空比选择位 b6 ~ b9

b9	b8	b7	b6	脉宽占空比(APWMO)	TAON[1]
0	0	0	0	关断	0
0	0	0	1	1/16	1
0	0	1	0	2/16	1
0	0	1	1	3/16	1
0	1	0	0	4/16	1
0	1	0	1	5/16	1
0	1	1	0	6/16	1
0	1	1	1	7/16	1
1	0	0	0	8/16	1
1	0	0	1	9/16	1
1	0	1	0	10/16	1
1	0	1	1	11/16	1
1	1	0	0	12/16	1
1	1	0	1	13/16	1
1	1	1	0	14/16	1
1	1	1	1	TAOUT[2] 触发信号	1

注：

[1] TAON 是 TimerA(APWMO) 的脉宽调制信号输出启用位，默认值为"0"，当 TimerA 的第 6 ~ 9 位不全为零时 TAON = 1；

[2] TAOUT 是 TimerA 的溢出信号，当 TimerA 的计数从 N 达到 0xFFFF 后(用户通过设置 P_TimerA_Data(写)(700AH) 单元指定 N 值)，发生计数溢出。产生的溢出信号可以作为 TimerA 的中断信号被送至中断控制系统；同时 N 值将被重新加载预设寄存器，使定时器重新开始计数。TAOUT 触发信号(TAOUT/2) 的占空比为 50%，频率为 FTAOUT/2，其他输入信号的频率为 FTAOUT/16。请参考 TimerA 结构图。

例：定时时间为 1s，可以从两种时钟源中任选一种计数频率，如果选择 1024Hz(1s 计数 1024 次)，计数次数就应为 1024 次。

计数频率 1024Hz 属于时钟源 B，时钟源 A 中频率就应选为 1。P_TimerA_Ctrl(写)(700BH)b5 ～ b3 位为 001，b2 ～ b0 位为 101。

例：如果现在计时 1s，即输出脉冲信号周期为 16s，采用 1024Hz 的计数频率，程序如下：

```
R1 = 0000 00000000 1101 = 0x000D
[P_TimerA_Ctrl] = R1
```

选择了计数频率，还需设定计数初值，如何计算计数初值？

由 $t = (65535 - N + 1)/f \quad (s)$

可得 $N = 65535 + 1 - t * f$

例：采用 1024Hz 的时钟源，计时 1s，计数初值是多少？

$N = 65536 - 1024 \times 1 = 64512 = 0xFC00$

2. P_TimerA_Data(读 / 写)(700AH)

TimerA 的数据单元，写入数据时用于设置计数初值，如从其中读取数据表示读取当前的计数值(后面要用到)。

```
R1 = 0xFC00
[P_TimerA_Data] = R1
```

定时器 A 计数初值设置为 0xFC00。

P_TimerA_Data 在写入数值以后，计数器便会在所选择的频率下进行加 1 计数，直至计数到 0xFFFF。然后 P_TimerA_Data 中的值将会被重置为计数初值，再继续加 1 计数，如此循环。P_TimerA_Data 在写入数值以后，计数器便会在所选择的频率下进行加 1 计数，直至计数到 0xFFFF 产生溢出。溢出后 P_TimerA_Data 中的值将会被重置，再以置入的值继续加 1 计数。

对于定时器 B 来说，其使用和定时器 A 相同。

3. P_TimerB_Ctrl(写)(700DH)

TimerB 的控制单元如表 4.5 所示。用户可以通过设置该单元的第 0 ～ 2 位来选择 TimerB 的时钟源。TimerB 只有一个时钟源 A 给其提供定时计数频率，仅有高频计数频率供选择。其设置方法与 TiemrA 的设置方法相同。而 TimerA 与 TimerB 共用时钟源 A 作输入时，并不冲突。设置第 6 ～ 9 位，TimerB 将输出不同频率的脉宽调制信号，即对脉宽占空比输出 BPWMO 进行控制。

表 4.5　TimerB 的控制功能寄存器

b15 ～ b10	b9	b8	b7	b6	b5	b4	b3	b2	b1	b0
—	Output_pulse_ctrl				—			时钟源 A 选择位(具体见表 4.6)		

表 4.6　TimerB 时钟源 A 选择位 b0 ~ b2

b2	b1	b0	时钟源 A 的频率
0	0	0	Fosc/2
0	0	1	Fosc/256
0	1	0	32768Hz
0	1	1	8192Hz
1	0	0	4096Hz
1	0	1	1
1	1	0	0
1	1	1	EXT1

表 4.7　TimerB 占空比选择位 b6 ~ b9

b9	b8	b7	b6	脉宽占空比(BPWMO)	TBON[1]
0	0	0	0	关断	0
0	0	0	1	1/16	1
0	0	1	0	2/16	1
0	0	1	1	3/16	1
0	1	0	0	4/16	1
0	1	0	1	5/16	1
0	1	1	0	6/16	1
0	1	1	1	7/16	1
1	0	0	0	8/16	1
1	0	0	1	9/16	1
1	0	1	0	10/16	1
1	0	1	1	11/16	1
1	1	0	0	12/16	1
1	1	0	1	13/16	1
1	1	1	0	14/16	1
1	1	1	1	TBOUT[2] 触发信号	1

注：

[1] TBON 是 TimerB(BPWMO) 的脉宽调制信号输出启用位，默认值为'0'；

[2] TBOUT 是 TimerB 的溢出信号，当 TimerB 的计数从 N 达到 0xFFFF 后(用户通过设置 P_TimerB_Data(写)(700CH)单元指定 N 值)，发生计数溢出。产生的溢出信号可以作为 TimerB 的中断信号被送至中断控制系统；同时 N 值将被重新加载预设寄存器，使定时器重新开始计数。TBOUT 触发信号(TBOUT/2) 的占空比为 50%，频率为 FTBOUT/2，其他输入信号的频率为 FTBOUT/16。

4. P_TimerB_Data(读 / 写)(700CH)

TimerB 的数据单元，用于向 16 位预设寄存器写入数据(预设计数初值)或从其中读取数据。写入数据后，计数器就会以设定的数值往上累加直至溢出。计数初值的计算方法和 TimerA 相同。

特别提示

- 定时器使用时，应该确定定时时间，然后选择一种计数频率，最后计算计数初值。

4.2　定时器的应用

从 I/O 口输出脉宽调制信号(IOB 口的特殊功能) 如表 4.8 所示，其输出脉冲信号占空比可通过定时器设置进行调整(占空比指一次脉冲中高电平的持续时间和整个脉冲持续时间之比)，脉冲信号的周期为定时时间的 16 倍。即定时时间为 1s，脉冲信号的周期为 16s，如占空比为 2/16，高电平持续时间为 2s。如不需输出脉冲信号则 b9 ～ b6 都设置为 0。

对于定时器 TimerA 的控制寄存器 P_TimerA_Ctrl(写)(700BH) 的 b9 ～ b6 可以设置输出脉冲信号的占空比。

对于定时器 TimerB 的控制寄存器 P_TimerB_Ctrl(写)(700BH) 的 b9 ～ b6 可以设置输出脉冲信号的占空比。

表 4.8　IOB 口的部分特殊功能

IOB8	APWMO	TimerA 脉宽调制输出
IOB9	BPWMO	TimerB 脉宽调制输出

知识链接

关于脉冲信号的说明：这是一个电子信息学概念，脉就是脉动，冲就是冲击，脉冲信号就是脉动冲击信号，简称脉冲信号。广义上说，所有除了直流信号和正弦信号之外的周期性变化的信号都可称为脉冲信号，因为它总是每隔一段时间出现相同情况，就像生物的脉搏一样，周期性变化，因此称为脉冲信号。狭义上说，只有矩形波信号才称为脉冲信号。脉冲信号有 3 种基本属性：幅度、宽度、密度。使脉冲信号至少一种属性随我们希望的规律变化而变化的过程称为调制。调制后得到的信号就称为脉冲调制信号。常见的调制方式有：PAM(脉幅调制)，PWM(脉宽调制)，PDM(脉密调制)。因为信号幅度很容易受到外界干扰，因此常用的是后两种调制方式。

另外，利用定时器 A 输出脉冲信号，固定从 IOB8 输出，因此利用定时器输出脉冲信号时，应将 IOB8 设置为输出口，采用同相输出。利用定时器 B 输出脉冲信号，固定从 IOB9 输出，因此利用定时器输出脉冲信号时，应将 IOB9 设置为输出口，采用同相输出。

例：使用定时器 A 输出脉冲信号。

首先要将 IOB8 设置为同相输出口，程序如下：

```
R1 = 0x0100                          //设置 IOB8 为同相输出口
[P_IOB_Attrib] = R1
R1 = 0x0100
[P_IOB_Dir] = R1
R1 = 0x0000                          //初始化 IOB8 的输出为低电平
[P_IOB_Data] = R1
```

这里还需利用定时器来对脉冲信号的周期进行定时，因此需要进行定时器的设置：包括定时时间的设置和占空比的选择。

例：如果现在输出脉冲信号周期为 16s，输出的脉冲占空比为 2/16，则定时时间为 1s(脉冲信号的周期为定时时间的 16 倍)，利用 b0 ～ b5 选用 1024Hz 的计数频率，并利用 b6 ～ b9 选择占空比。

```
R1 = 0000 0000 1000 1101 = 0x008D
[P_TimerA_Ctrl] = R1
```

采用 1024Hz 的时钟源，计时 1s，计数初值是 $N = 65536 - 1024 = 64512 = 0xFC00$，将计数初值写入定时器的数据寄存器，定时器 A 计数初值设置为 0xFC00。

```
R1 = 0xFC00
[P_TimerA_Data] = R1
```

将 IO 口和定时器设置好，就可以输出 PWM 信号了，如 IOB8 接某个 LED，可以看见 LED 产生闪烁，调整占空比或定时时间可以改变闪烁的频率。

参考程序如下：(定时器的第一种应用，利用定时器输出脉冲信号)(IOB8 接某个 LED)

```
.DEFINE P_IOB_Data                  0x7005
.DEFINE P_IOB_Dir                   0x7007
.DEFINE P_IOB_Attrib                0x7008

.DEFINE P_Watchdog_Clear            0x7012
.DEFINE P_TimerA_Data               0x700A
.DEFINE P_TimerA_Ctrl               0x700B
.CODE
.PUBLIC _main
_main:
    R1 = 0x0100                     //设置 IOB8 为同相输出口
    [P_IOB_Dir] = R1
    R1 = 0x0100
    [P_IOB_Attrib] = R1

    R1 = 0x0000                     //初始化 IOB8 的输出为低电平
    [P_IOB_Data] = R1
    R1 = 0x008D                     //选择定时器计数频率 1024Hz 和占空比 2/16
    [P_TimerA_Ctrl] = R1
    R1 = 0xFC00                     //设置计数初值
    [P_TimerA_Data] = R1
?Loop:
    R1 = 0x0001
    [P_Watchdog_Clear] = R1         //清看门狗
JMP ?Loop
```

特别提示

- 利用定时器 A 输出脉冲信号，固定从 IOB8 输出，因此利用定时器输出脉冲信号时，应将IOB8设置为输出口，采用同相输出。利用定时器B输出脉冲信号，固定从IOB9输出，因此利用定时器输出脉冲信号时，应将IOB9设置为输出口，采用同相输出。

输出脉冲信号的周期固定为定时时间的16倍。

4.3　定时中断

当TimerA的计数从 N 达到0xFFFF后[用户通过设置P_TimerA_Data(写)(700AH)单元指定 N 值]，发生计数溢出。产生的溢出信号可以作为TimerA的中断信号被送至中断控制系统，形成中断源；同时 N 值将被重新加载预设寄存器，使定时器重新开始计数。

4.3.1　中断相关概念

这里涉及到中断的相关概念，先来了解中断的知识。中断是计算机中的一个十分重要的概念，在现代计算机中毫无例外地都要采用中断技术。什么是中断呢？可以举一个日常生活中的例子来说明：假如你正在给朋友写信，电话铃响了；这时，你放下手中的笔，去接电话。通话完毕，再继续写信。这个例子就表现了中断及其处理过程：电话铃声使你暂时中止当前的工作，而去处理更为急需处理的事情(接电话)，把急需处理的事情处理完毕之后，再回头来继续原来的事情。在这个例子中，电话铃声称为“中断请求”，你暂停写信去接电话称为“中断响应”，接电话的过程就是“中断处理”。相应地，在计算机执行程序的过程中，由于出现某个特殊情况(或称为“事件”)，使得暂时中止现行程序，而转去执行处理这一事件的处理程序，处理完毕之后再回到原来程序的中断点继续向下执行，这个过程就是中断。

计算机为什么要采用中断？

为了说明这个问题，再举一例子。假设你的一个朋友来拜访你，但是由于不知道何时到达，你只能在大门口等待，于是什么事情也干不了。如果在门口装一个门铃，你就不必在门口等待，可以去做其他的工作，朋友来了按门铃通知你，你这时才中断你的工作去开门，这样就避免等待和浪费时间。计算机也是一样，例如打印输出，CPU传送数据的速度高，而打印机打印的速度低，如果不采用中断技术，CPU将经常处于等待状态，效率极低。而采用了中断方式，CPU可以进行其他的工作，只在打印机缓冲区中的当前内容打印完毕发出中断请求之后，才予以响应，暂时中断当前工作转去执行向缓冲区传送数据，传送完成后又返回执行原来的程序。这样就大大提高了计算机系统的效率。

什么是中断的优先级？

仍然可以举例说明中断优先级的概念。在上面的例子中，如果在电话铃响的同时，门铃也响了，那么你将在“接电话”和“开门”这两个中断请求中选择，先响应哪一个请求。这就有一个谁优先的问题。如果“开门”比“接电话”重要(或者说“开门”比“接电话”的优先级高)，那么就应该先开门，然后再接电话，接完电话后再回来继续写信。这就是说，当同时有多个中断请求时，应该先响应优先级较高的中断请求。

此外，如果在响应一个中断，执行中断处理的过程中，又有新的中断事件发生而发出了中断请求，应该如何处理也取决于中断事件的优先级。当新发生的中断事件的优先级高于正在处理的中断事件时，又将中止当前的中断处理程序，转去处理新发生的中断事件，处理完毕才返回原来的中断处理。在上面的例子中，假设“开门”比“接电话”的优先级高。在你写信时，电话铃响了，你去接电话，在通话的过程中，门铃又响了。因为“开门”的优先级高，你只能让通话的对方稍等，放下电话去开门。开门之后再回头继续接电话，通话完毕再回去继续写信。而如果“开门”比“接电话”的优先级低，那么在通话的过程中门铃响了也可以不予理睬，通话结束再去开门。当然，在日常生活中，谁也不会为“开门”和“接电话”规定一个优先级别的高低。但是在计算机中，各种中断事件很多，其优先级都有规定，否则就会乱套。在计算机中，中断事件的优先级是根据事件的实时性、重要性和软件处理的方便性来安排的。

中断是指计算机在执行某一程序的过程中，由于计算机系统内、外的某种原因(中断源)，而必须终止原程序的执行(中断)，转去执行相应的处理程序(中断服务程序)，待处理结束之后，再回来继续执行被中止的原程序的过程(中断响应)。单片机中的控制核心是CPU，但是还有其他的一些部件可以和CPU同时工作，这些部件的工作是需要CPU来干预，如定时器定时到，就需要CPU来干预，所以CPU需要知道这些部件的工作状态。这有两种方法：一种是CPU不断去查询，这会消耗掉CPU大量的宝贵时间，工作效率下降；另一种是其他部件需要CPU干预时告诉CPU。中断技术能实现CPU与外部设备的并行工作，提高CPU的利用率。

中断的响应过程。还是举例来说明，你在看书时有电话打进来，现在你要中断看书去接电话。进入中断之前必须先记住现在看到书的第几页了，或拿一个书签放在当前页的位置，然后去处理事情(因为处理完了，还要回来继续看书)。另外，当电话铃响我们要到放电话的地方去，当门铃响我们要到门那边去，也说是不同的“中断”，要在不同的地点处理，而这个地点通常是固定的。计算机中也采用的这种方法，每个中断产生后都到一个固定的地址去找处理这个中断的程序，处理这个中断的程序称为中断服务程序，这个固定的地址称为中断向量。中断向量中存放的是中断服务程序的入口地址，也就是中断服务程序的第一行。当然在去之前首先要保存当前将执行的指令的地址，以便处理完中断后回到原来的地方继续往下执行程序。

特别提示

- 中断是指计算机在执行某一程序的过程中，由于计算机系统内、外的某种原因(中断源)，而必须终止原程序的执行(中断)，转去执行相应的处理程序(中断服务程序)，待处理结束之后，再回来继续执行被中止的原程序的过程(中断响应)。中断技术能实现CPU与外部设备的并行工作，提高CPU的利用率。

4.3.2 定时器中断

定时器中断是单片机中最常用的一种中断，下面来学习定时器中断的使用。

1. 开中断

前面讲过当中断发生时，中断源会向CPU提出中断请求(由单片机自动完成)。对于定时器中断，就是定时器定时时间到时，会向CPU提出中断请求，但有中断请求CPU不一定响应。要想响应中断请求，要打开对中断的响应，即开中断。

如何开中断？

第一步，利用P_int_Ctrl(读/写)(7010H)中断控制功能寄存器(见表4.9)打开对某些中断的响应。

表4.9 中断控制功能寄存器

b7	b6	b5	b4	b3	b2	b1	b0
IRQ3_KEY	IRQ4_4kHz	IRQ4_2kHz	IRQ4_1kHz	IRQ5_4Hz	IRQ5_2Hz	IRQ6_TMB1	IRQ6_TMB2
b15	**b14**	**b13**	**b12**	**b11**	**b10**	**b9**	**b8**
FIQ_Fosc/1024	IRQ0_Fosc/1024	FIQ_TMA	IRQ1_TMA	FIQ_TMB	IRQ2_TMB	IRQ3_EXT2	IRQ3_EXT1

如需打开对某种中断的响应，往寄存器中该中断对应的位写1(打开该中断)，如果不需要对某种中断进行响应，往寄存器中该中断对应的位写0(屏蔽该中断)。当写中断控制单元中的某位为1时，即允许该位所代表的中断被打开。此时当有该中断请求时，CPU会响应。否则如果该位被置0，则禁止该位所代表的中断，即使有中断请求，CPU也不会响应。

第二步，打开总中断。总中断分为FIQ(快速中断请求)和IRQ(中断请求)两种，如表4.10所示。

表4.10 开总中断指令

格式	指令长度	运行周期	说明
FIQ ON FIQ OFF	1	3	这两条指令用来控制FIQ中断的开通和禁止
IRQ ON IRQ OFF	1	3	这两条指令用来控制IRQ中断的开通和禁止
int FIQ	1	3	允许FIQ中断，关IRQ中断
int IRQ			允许IRQ中断，关FIQ中断
int FIQ，IRQ			允许FIQ，IRQ中断
int OFF			禁止FIQ，IRQ中断

下面学习使用定时器中断(中断源一种)，打开定时器中断。

例：开TimerA FIQ中断。

```
R1 = 0x2000 = 0010 0000 0000 0000B      //将定时器A FIQ(FIQ_TMA)中断对应位写1
[P_int_Ctrl] = R1                       //打开TimerA FIQ中断
int FIQ                                 //打开FIQ总中断
```

例：开TimerA IRQ1中断。

```
R1 = 0x1000                             //将定时器A IRQ1(IRQ1_TMA)中断对应位写1
[P_int_Ctrl] = R1                       //打开TimerA IRQ1中断
int IRQ                                 //打开IRQ总中断
```

当然要使用定时器中断(每隔一段时间中断一次)，必须先将定时器设定好，也就是确定定时时间后，设置一种计数频率，并给出计数初值，然后再开中断。

```
R1 = 0x008D                    //选择定时器计数频率 1024Hz 和占空比 2/16
[P_TimerA_Ctrl]= R1
R1= 0xFC00                     //设置计数初值
[P_TimerA_Data]= R1
R1= 0x1000                     //将定时器 A IRQ1 中断对应位写 1
[P_int_Ctrl]= R1               //打开 TimerA IRQ1 中断
int IRQ
```

特别提示

- 使用中断时，首先要有中断源，如定时时间到产生中断源；其次，响应中断需要打开对中断的响应，即开中断，开总中断。

中断源提出中断请求，而该中断又是打开响应的，这时CPU会到该中断对应的中断向量取出中断服务程序的入口地址，然后转入中断服务程序执行。当然这个过程是单片机自动完成的，下面主要介绍中断服务程序的编写。

2. 中断服务程序

1) 开始中断服务程序

```
.TEXT                          //中断服务程序开始
.PUBLIC _IRQ1                  //具体中断服务程序(对应 IRQ1 中断,IRQ 必须大写)的公共申明
_IRQ1:                         //具体中断服务程序的开始,以下是具体中断服务程序
    PUSH R1,R5 TO [SP]         //保护现场,具体内容参看后面说明根据具体的控制目标编写具
                               //体中断服务程序
    R1 = [P_IOA_Data]
    R1^= 0x000F                //IOA 口低 4 位电平翻转
    [P_IOA_Data]= R1           //输出
    R1= 0x1000
    [P_int_Clear]= R1          //清 IRQ1 中断
    POP R1,R5 FROM [SP]        //恢复现场
    RETI                       //中断处理结束之后,返回原程序继续执行
```

特别提示

- 中断服务程序对应的关键字(如 IRQ1，FIQ 等) 必须大写。

2) 进行现场保护

中断请求会中断相应原程序的执行，转去执行中断服务程序，但处理结束之后，还需要继续执行被中止的程序。原程序在什么地方被中止，由单片机记录，中断返回时自动从中止的地方继续执行。

如果在执行中断服务程序时将一些原程序要用到的数据改变，当处理结束之后，继续执行被中止的原程序时，就会造成错误。什么数据容易被改变？通用寄存器里的值。因此现场保护主要是保护通用寄存器里的值。如何进行现场保护？将要保护的数据送到堆栈

(压栈)。

先来认识一下堆栈。堆栈是内存区专门开辟出来为保护数据用的存储空间。顾名思义，数据在堆栈中的存储就是一个一个堆上去的，就是说后放的数据存在最上面(栈顶)，所以从堆栈中取出数据时它最先被取出(后进先出)。

设想有一个直径不大、一端开口一端封闭的竹筒，有若干个写有编号的小球，小球的直径比竹筒的直径略小。现在把不同编号的小球放到竹筒里面，可以发现一种规律：先放进去的小球只能后拿出来，反之，后放进去的小球能够先拿出来。所以“先进后出”就是这种结构的特点。堆栈就是这样一种结构。它是内存中开辟的一个存储区域，数据一个一个顺序地存入(也就是“压入——PUSH”)这个区域之中。有一个地址指针总指向最后一个压入堆栈的数据所在的数据单元，存放这个地址指针的寄存器称为堆栈指针(SP)。开始放入数据的单元称为“栈底”。数据一个一个地存入，这个过程称为“压栈”。在压栈的过程中，每有一个数据压入堆栈，就放在和前一个单元相连的后面一个单元中，堆栈指示器中的地址自动加1。读取这些数据时，按照堆栈指示器中的地址读取数据，堆栈指示器中的地址数自动减1。这个过程称为“弹出——POP”。如此就实现了“后进先出”的原则。堆栈是计算机中最常用的一种数据结构，如函数的调用在计算机中就是用堆栈实现的。

SPCE061A中SP初始化为0x07FF，SP生长方向为从高位地址到低位地址，在POP(数据弹出栈堆)指令操作前，会先对SP进行加1操作，而在PUSH(数据压入栈堆)指令操作后，系统会对SP进行减1操作，如图4.3所示。

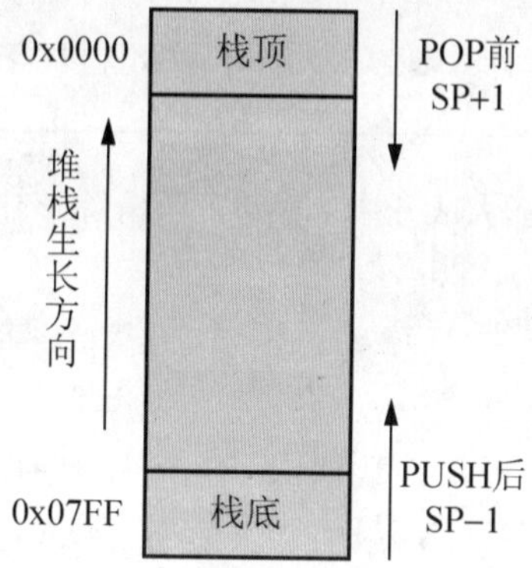

图4.3　堆栈结构示意图

来看前面的问题，如何进行现场保护？将要保护的数据——通用寄存器里的值送到堆栈(压栈PUSH)。

```
PUSH R1, R5 TO [SP]                          //将通用寄存器R1～ R5压栈
```

将多个寄存器同时压栈时，总是序号最高的寄存器先入栈，然后依次压入序号较低的寄存器，直到序号最低的寄存器最后入栈。所以，执行指令PUSH R1, R5 TO [SP]与指令PUSH R5, R1 TO [SP]是等效的。

【格式】PUSH Rx, Ry TO [SP]

　　　　POP Rx, Ry FROM [SP]

【说明】Rx, Ry可以是R1～R5, BP, SP, PC中的任意2个或1个，执行后将Rx～Ry的序列寄存器压栈，或将堆栈中的数据弹入Rx～Ry序列寄存器中。

【举例】PUSH R1, R5 TO [SP]　　//将R5, R4, R3, R2, R1压栈
PUSH R2, R2 TO [SP]　　//将R2压栈
PUSH R3 TO [SP]　　//将R3压栈
POP R3 FROM [SP]　　//R3出栈
POP R2, R2 FROM [SP]　　//R2出栈
POP R1, R5 FROM [SP]　　//R1, R2, R3, R4, R5出栈

3）清中断请求标志位

为什么需要清中断？当某种中断允许响应(该中断被打开)时，若有该中断请求，必须响应。单片机如何知道该中断请求有没有响应？实际上就是设计者利用清中断请求标志位通知单片机该中断已被响应。如果不清中断请求标志位则认为该中断没被响应。

如何清中断请求标志位？需要利用P_int_Clear(写)(7011H)，清中断功能寄存器。P_int_Clear(写)(7011H) 用于清除中断请求标志位，如表4.11所示。

表4.11　清中断功能寄存器

b7	b6	b5	b4	b3	b2	b1	b0
IRQ3_KEY	IRQ4_4kHz	IRQ4_2kHz	IRQ4_1kHz	IRQ5_4Hz	IRQ5_2Hz	IRQ6_TMB1	IRQ6_TMB2
b15	**b14**	**b13**	**b12**	**b11**	**b10**	**b9**	**b8**
FIQ_Fosc/1024	IRQ0_Fosc/1024	FIQ_TMA	IRQ1_TMA	FIQ_TMB	IRQ2_TMB	IRQ3_EXT2	IRQ3_EXT1

往寄存器中该中断对应的位写1(开中断)，表示清除该中断请求标志位：

```
R1 = 0x1000
[P_int_Clear] = R1              //清定时器 A IRQ1 中断请求标志位
```

4）恢复现场

如何恢复现场？将送到堆栈保护的数据恢复到压栈前的位置(出栈)。

```
POP R1, R5 FROM [SP]            //将 R1～ R5 出栈,在数据出栈前 SP 加 1,总是先弹出入栈指令
                                //中序号最低的寄存器,而后依次弹出序号较高的寄存器
```

5）返回

```
RETI                            //中断处理结束之后,返回原程序继续执行
```

特别提示

- 在中断服务程序中，一定要记住保护现场(PUSH R1, R5 TO [SP])、恢复现场(POP R1, R5 FROM [SP])、清中断，否则会出现意外错误。PUSH和POP指令需要成对出现。

例：利用定时器中断实现LED灯的闪烁，亮灭之间的时间间隔为2s。

```
//硬件连接：IOA口低8位连接1* 8LED
.DEFINE P_IOA_Data                     0x7000
.DEFINE P_IOA_Dir                      0x7002
.DEFINE P_IOA_Attrib                   0x7003

.DEFINE P_TimerA_Data                  0x700A
.DEFINE P_TimerA_Ctrl                  0x700B
.DEFINE P_int_Ctrl                     0x7010
.DEFINE P_int_Clear                    0x7011
.DEFINE P_Watchdog_Clear               0x7012
.CODE
.PUBLIC _main
_main:
    R1 = 0x000F                        //设置IOA口低4位为同相高电平输出
    [P_IOA_Attrib] = R1
    [P_IOA_Dir] = R1
    [P_IOA_Data] = R1
    R1 = 0x0034                        //时钟源选择4096Hz,定时2s,初值为0xDFFF
    [P_TimerA_Ctrl] = R1
    R1 = 0xDFFF
    [P_TimerA_Data] = R1
    R1 = 0x1000
    [P_int_Ctrl] = R1                  //打开TimerA IRQ1中断
    int IRQ                            //打开IRQ总中断
?Loop:                                 //中断打开后,等待中断到来
    R1 = 0x0001
    [P_Watchdog_Clear] = R1
    JMP ?Loop
.TEXT                                  //中断服务程序开始
.PUBLIC _IRQ1                          //具体中断服务程序的公共申明
_IRQ1:                                 //具体中断服务程序的开始
    PUSH R1, R5 TO [SP]                //保护现场
    R1 = [P_IOA_Data]                  //读取IOA口的实际状态,高电平为1,低电平为0
    R1^ = 0x000F                       //对R1的值进行异或运算,1变0,0变1
    [P_IOA_Data] = R1                  //输出,IOA口低4位电平翻转
    R1 = 0x1000
    [P_int_Clear] = R1                 //清IRQ1中断
    POP R1, R5 FROM [SP]               //恢复现场
    RETI                               //中断处理结束之后,返回原程序继续执行
```

下面将定时器A和B都用上，利用IRQ2_TMB控制LED每2s闪烁一次，IRQ1_TMA控制LED每1s闪烁一次。

```
//硬件连接：IOA口低8位连接1* 8LED
.DEFINE P_IOA_Data                 0x7000
.DEFINE P_IOA_Buffer               0x7001
.DEFINE P_IOA_Dir                  0x7002
.DEFINE P_IOA_Attrib               0x7003
.DEFINE P_IOB_Data                 0x7005
.DEFINE P_IOB_Buffer               0x7006
.DEFINE P_IOB_Dir                  0x7007
.DEFINE P_IOB_Attrib               0x7008

.DEFINE P_TimerA_Data              0x700A
.DEFINE P_TimerA_Ctrl              0x700B
.DEFINE P_TimerB_Data              0x700C
.DEFINE P_TimerB_Ctrl              0x700D
.DEFINE P_int_Ctrl                 0x7010
.DEFINE P_int_Clear                0x7011
.DEFINE P_Watchdog_Clear           0x7012

.DEFINE C_IRQ2_TMB                 0x0400
.DEFINE C_IRQ1_TMA                 0x1000
.DEFINE C_IRQ0_PWM                 0x4000
.DEFINE C_4096Hz                   0x0004
.DEFINE C_A1                       0x0005
.DEFINE C_2048Hz                   0x0000
.DEFINE C_B1                       0x0030
.CODE
//==========================================================
//  实现功能:使用IRQ1、IRQ2中断使LED按照设定周期闪烁
//==========================================================
.PUBLIC _main
_main:
    int OFF                        //关闭中断
    R1 = 0x000F                    //设置IOA口低4位为同相高电平输出
    [P_IOA_Attrib] = R1
    [P_IOA_Dir] = R1
    [P_IOA_Data] = R1

    R1 = 0x000F
    [P_IOB_Attrib] = R1
    [P_IOB_Dir] = R1
    [P_IOB_Data] = R1

    R1 = C_4096Hz | C_B1           //时钟源选择4096Hz,定时2s,初值为0xDFFF
    [P_TimerA_Ctrl] = R1
    R1 = 0xDFFF
    [P_TimerA_Data] = R1
```

```
    R1 = C_4096Hz                          //时钟源选择 4096Hz,定时 1s,初值为 0xEFFF
    [P_TimerB_Ctrl] = R1
    R1 = 0xEFFF
    [P_TimerB_Data] = R1
    R1 = C_IRQ2_TMB | C_IRQ1_TMA//打开 TimerA 的 IRQ1 中断,TimerB 的 IRQ2 中断
    [P_int_Ctrl] = R1
    int IRQ                                //打开 IRQ 总中断,关闭 FIQ 总中断
?Loop:                                     //等待中断到来
    R1 = 0x0001
    [P_Watchdog_Clear] = R1
    JMP ?Loop

.TEXT
//=================================================================
//   汇编格式:_IRQ1
//   实现功能:IRQ1 中断服务程序
//=================================================================
.PUBLIC _IRQ1
_IRQ1:
    PUSH R1, R5 TO [SP]
    R1 = [P_IOA_Buffer]
    R1^= 0x000F                            //IOA 口低 4 位电平翻转
    [P_IOA_Data] = R1                      //输出
    R1 = C_IRQ1_TMA
    [P_int_Clear] = R1                     //清 IRQ1 中断
    POP R1, R5 FROM [SP]
    RETI
//=================================================================
//   汇编格式:_IRQ2
//   实现功能:IRQ2 中断服务程序
//=================================================================
.PUBLIC _IRQ2
_IRQ2:
    PUSH R1, R5 TO [SP]
    R1 = [P_IOB_Buffer]
    R1^= 0x000F                            //IOB 口低四位电平翻转
    [P_IOB_Data] = R1                      //输出
    R1 = C_IRQ2_TMB
    [P_int_Clear] = R1                     //清 IRQ2 中断
    POP R1, R5 FROM [SP]
    RETI
```

4.4　时 基 中 断

对于中断，常用的中断源还有时基中断？什么是时基？时基是时间基准信号的简称。我们可以通过定时器来确定一段时间，这段时间是可调的，在选择一种计数频率后，计不

同的次数就可以定出不同的时间来。而时基是一些固定的定时时间，如 1kHz 的时基，可以认为定时时间为 1/1024，定时时间到同样会形成中断源，提出中断请求。时基信号产生器通过分频直接产生 2Hz、4Hz、1024Hz、2048Hz 以及 4096Hz 的时基信号，为中断系统提供各种实时中断源(IRQ4 和 IRQ5) 信号。

对于时基的使用和定时器类似，需要和中断配合使用，下面通过举例说明时基的使用。还是前面 LED 闪烁的例子，这里使用 1024Hz、2048Hz 以及 4096Hz 的时基信号，对应的中断分别是 IRQ4_1kHz 、IRQ4_2kHz、IRQ4_4kHz。

先来说明一个问题，前面介绍过中断向量，IRQ4_1kHz 、IRQ4_2kHz、IRQ4_4kHz 对应的是同一个中断向量。中断向量是这样一种存储空间，它是用来存放中断服务程序的入口地址，在响应中断时，要转入中断服务程序，也就是转到中断服务程序的第一行执行，因此，中断服务程序的第一行所存储的地址即为中断服务程序的入口地址。从前面的中断源表可以看出，有些中断具有同一个中断向量，也就是中断服务程序的入口地址是相同的，因此当这些中断被响应时，会转入同一个中断服务程序，这时我们怎么区分具体是哪一个中断呢(不同的中断会有不同的中断响应程序)?

前面利用 P_int_Ctrl(读 / 写)(7010H) 中断控制功能寄存器可以打开对某些中断的响应。当实际的中断源到来时，单片机会自动将 P_int_Ctrl(读 / 写)(7010H) 中断源对应位置 1，通过读取 P_int_Ctrl(读 / 写)(7010H) 并判断对应位是否为 1，可以知道提出中断请求的具体中断源。

```
R1 = [P_int_Ctrl]                   //读取 P_int_Ctrl(读 / 写)(7010H)
TEST R1, C_IRQ4_1kHz                //判断是否为 IRQ4 的 1kHz 中断
JNZ ?L_IRQ4_1kHz                    //转到 1kHz 中断对应的处理程序
TEST R1, C_IRQ4_2kHz                //判断是否为 IRQ4 的 2kHz 中断
JNZ ?L_IRQ4_2kHz                    //转到 2kHz 中断对应的处理程序
```

这里使用了 TEST 指令，该指令执行相与的操作。相与的操作如何判断某一位为 1 呢?举个例子，R1 与 0x0001 相与结果不为 0，说明 R1 的 b0 位为 1。

再来看另外一个问题：1kHz 的时间基准信号，每 1/1000s 来一次中断。当然利用这种时基，可以很方便地确定出时间基准的整数倍时间来。可以对中断到来的次数做计数，如来 500 次中断就是 0.5s。

这里在程序中定义一个变量来对 1K 时基中断到来的次数做统计：

```
.RAM
.VARCount_1K
```

在中断服务程序中：

```
    R1 = [Count_1K]                 //读取计数器中的数值
    CMP R1, 0x0200                  //与 0x0200(即 512) 比较,即是否到 0.5s
```

来看完整程序。

```
//=========================================================
//   功能描述：使用 IRQ4 使 1* 8LED 按照设定的频率闪烁
//=========================================================
.DEFINE P_IOA_Data                 0x7000
.DEFINE P_IOA_Buffer               0x7001
.DEFINE P_IOA_Dir                  0x7002
```

```
.DEFINE P_IOA_Attrib                        0x7003
.DEFINE P_int_Ctrl                          0x7010
.DEFINE P_int_Clear                         0x7011
.DEFINE P_Watchdog_Clear                    0x7012
.DEFINE C_IRQ4_1kHz                         0x0010
.DEFINE C_IRQ4_2kHz                         0x0020
.DEFINE C_IRQ4_4kHz                         0x0040
.RAM
.VAR Count_4K
.VAR Count_2K
.VAR Count_1K

.CODE
//==============================================================
//  实现功能:使用 IRQ4 使 1* 8LED 按照设定的频率闪烁
//==============================================================
.PUBLIC _main
_main:
    int OFF                                 //关闭中断
    R1 = 0x00FF                             //设置 IOA 口低 8 位为同相输出口
    [P_IOA_Dir] = R1
    [P_IOA_Attrib] = R1
    [P_IOA_Data] = R1                       //初始化输出为高电平
    R1 = C_IRQ4_1kHz | C_IRQ4_2kHz | C_IRQ4_4kHz
    [P_int_Ctrl] = R1                       //打开 IRQ4 的 1kHz、2kHz、4kHz 的时基中断
    int IRQ                                 //打开 IRQ 总中断,关闭 FIQ 总中断
?Loop:
    R1 = 0x0001
    [P_Watchdog_Clear] = R1                 //清看门狗
    JMP ?Loop
.TEXT
//==============================================================
//  实现功能:IRQ4 中断服务程序,在中断服务程序当中,各时基的中断响应服务程序里对计数器
            //进行累加,当累加到 1024 时,则翻转对应的 IO 口输出,并清对应的计
//  数器
//==============================================================
.PUBLIC _IRQ4
_IRQ4:
    PUSH R1, R5 TO [SP]
    R1 = [P_int_Ctrl]
    TEST R1, C_IRQ4_1kHz                    //是否为 IRQ4 的 1kHz 中断
    JNZ ?L_IRQ4_1kHz
    TEST R1, C_IRQ4_2kHz                    //是否为 IRQ4 的 2kHz 中断
    JNZ ?L_IRQ4_2kHz
?L_IRQ4_4kHz:                               //IRQ4 的 4kHz 中断
    R1 = [Count_4K]                         //读取计数器中的数值
```

```
    CMP R1, 0x0400                          //与 0x0400(即 1024)比较,即是否到 0.25s
    JE ?Set4KFlag                           //等于则转向?Set4KFlag 程序
    R1+= 1                                  //不等则继续累加
    [Count_4K]= R1
    JMP ?Loop4KExit
?Set4KFlag:
    R1= [P_IOA_Buffer]
    R1^= 0x00F0                             //对上次输出的数据的 b4 ~ b7 位取反
    [P_IOA_Data]= R1                        //输出
    R1= 0x0000
    [Count_4K]= R1                          //计数器清零
?Loop4KExit:
    R1= C_IRQ4_4kHz
    [P_int_Clear]= R1                       //清中断标志位
    POP R1, R5 FROM [SP]
    RETI

?L_IRQ4_2kHz:                               //IRQ4 的 2kHz 中断
    R1= [Count_2K]                          //读取计数器中的数值
    CMP R1, 0x0400                          //与 0x0400(即 1024)比较,即是否到 0.5s
    JE ?Set2KFlag                           //等于则转向?Set2KFlag 程序
    R1+= 1                                  //不等于则继续累加计数
    [Count_2K]= R1
    JMP ?Loop2KExit
?Set2KFlag:
    R1= [P_IOA_Buffer]
    R1^= 0x000C                             //翻转 IOA 口 b2、b3 位数据
    [P_IOA_Data]= R1                        //输出
    R1= 0x0000
    [Count_2K]= R1                          //计数器清零
?Loop2KExit:
    R1= C_IRQ4_2kHz
    [P_int_Clear]= R1
    POP R1, R5 FROM [SP]
    RETI

?L_IRQ4_1kHz:
    R1= [Count_1K]                          //读取计数器中的数值
    CMP R1, 0x0400                          //与 0x0400(即 1024)比较,即是否到 0.5s
    JE ?Set1KFlag                           //等于则转向?Set1KFlag 程序
    R1+= 1                                  //不等于则继续累加计数
    [Count_1K]= R1
    JMP ?Loop1KExit
?Set1KFlag:
    R1= [P_IOA_Buffer]
    R1^= 0x0003                             //翻转 IOA 口 b0、b1 位数据
```

```
    [P_IOA_Data]= R1                          //输出
    R1= 0x0000
    [Count_1K]= R1                            //计数器清零
?Loop1KExit:
    R1= C_IRQ4_1kHz
    [P_int_Clear]= R1                         //清中断标志
    POP R1, R5 FROM [SP]
    RETI
//=====================================================================
```

知识链接

时基信号和定时器的区别：

时基信号是直接从RTC的32768Hz信号中，进行选频、分频后，得到了一些常用频率信号，然后可以直接提供给中断系统、定时器/计数器的时钟源。可见，其可完成定时器/计数器的部分功能(即提供部分现成的常用频率信号的中断等)，方便用户使用；但又没有定时器/计数器使用得灵活，而且无法提供高频的时基信号。

除了前面时基信号产生器提供的几种频率，另外采用时基信号产生器的频率选择器TMB1，TMB2还可以进行8种不同频率时基信号的选择。这8种频率分别为8Hz，16Hz，32Hz，64Hz，128Hz，256Hz，512Hz，1024Hz。

时基信号产生器的频率选择TMB1，为TimerA的时钟来源B提供了各种频率选择信号，并为中断系统提供中断源(IRQ6)信号。时基信号产生器的结构如图4.4所示。

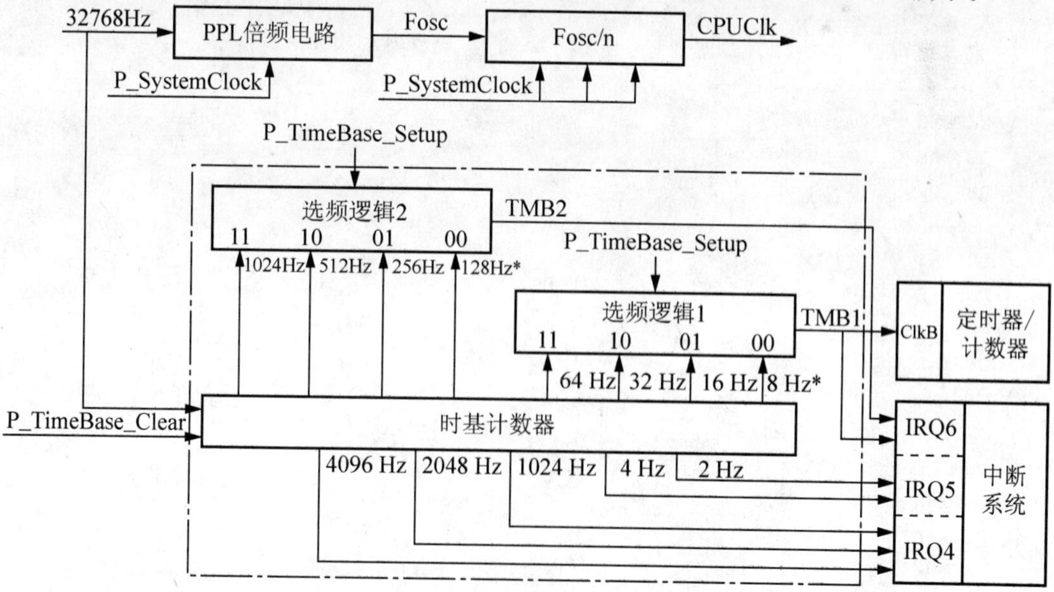

图4.4 时基信号产生器的结构

来看一下时基使用时，相关的功能寄存器。频率选择器TMB1，TMB2的设置需要利用P_Timebase_Setup(写)(700EH)。时基信号发生器通过对P_Timebase_Setup(写)(700EH)单元(见表4.12)的编程来进行频率选择(见表4.13)。

表 4.12　P_Timebase_Setup 单元

b15 – b4	b3	b2	b1	b0
——	TMB2 选频逻辑		TMB1 选频逻辑	

表 4.13　Timebase 频率选择

b3	b2	TMB2	b1	b0	TMB1
0	0	128Hz	0	0	8Hz
0	1	256Hz	0	1	16Hz
1	0	512Hz	1	0	32Hz
1	1	1024Hz	1	1	64Hz

P_Timebase_Clear(写)(700FH) 单元是控制端口，设置该单元可以完成时基计数器复位和时间校准。向该单元写入任一数值后，时基计数器将被设为“0”，可利用此单元对时基信号产生器进行精确的时间校准。

具体使用如下：

```
R1 = 0x0000
[P_TimeBase_Clear] = R1                    //时基计数器复位与时间校准
R1 = 0x0003
[P_TimeBase_Setup] = R1                    //TMB1 选择 64Hz,TMB2 选择 128Hz
```

例：使用 IRQ6 的时基信号使 LED 按照设定频率闪烁。

```
//=============================================================
//  功能描述:使用 IRQ6 的时基信号使 LED 按照设定频率闪烁
//=============================================================
.DEFINE P_IOA_Data                          0x7000
.DEFINE P_IOA_Buffer                        0x7001
.DEFINE P_IOA_Dir                           0x7002
.DEFINE P_IOA_Attrib                        0x7003
.DEFINE P_IOB_Data                          0x7005
.DEFINE P_IOB_Buffer                        0x7006
.DEFINE P_IOB_Dir                           0x7007
.DEFINE P_IOB_Attrib                        0x7008

.DEFINE P_int_Ctrl                          0x7010
.DEFINE P_int_Clear                         0x7011
.DEFINE P_Watchdog_Clear                    0x7012
.DEFINE P_TimeBase_Setup                    0x700E
.DEFINE P_TimeBase_Clear                    0x700F

.DEFINE C_IRQ6_TMB2                         0x0001
.DEFINE C_IRQ6_TMB1                         0x0002

.RAM
.VAR Count_128Hz
.VAR Count_64Hz
```

```
.CODE
// ==========================================================
//   实现功能:使用 IRQ6 的时基信号使 LED 按照设定频率闪烁
// ==========================================================
.PUBLIC _main
_main:
    int OFF                                 //关闭中断

    R1 = 0x0000                             //计数器变量清零
    [Count_128Hz] = R1
    [Count_64Hz] = R1

    R1 = 0x000F                             //设置 IOA 口低 4 位为同相输出口
    [P_IOA_Dir] = R1
    [P_IOA_Attrib] = R1
    [P_IOA_Data] = R1                       //初始化输出为高电平

    R1 = 0x000F                             //设置 IOB 口低 4 位为同相输出口
    [P_IOB_Dir] = R1
    [P_IOB_Attrib] = R1
    [P_IOB_Data] = R1                       //初始化输出为高电平
    R1 = 0x0000
    [P_TimeBase_Clear] = R1                 //时基计数器复位与时间校准
    R1 = 0x0003
    [P_TimeBase_Setup] = R1                 //TMB1 选择 64Hz,TMB2 选择 128Hz

    R1 = C_IRQ6_TMB2 | C_IRQ6_TMB1
    [P_int_Ctrl] = R1                       //打开 TMB1 和 TMB2 中断

    int IRQ                                 //打开 IRQ 总中断使能,关闭 FIQ 中断总使能
?Loop:
    R1 = 0x0001
    [P_Watchdog_Clear] = R1                 //清看门狗
    JMP ?Loop

.TEXT
// ==========================================================
//   实现功能:IRQ6 中断服务程序
// ==========================================================
.PUBLIC _IRQ6
_IRQ6:
    PUSH R1, R5 TO [SP]
    R1 = C_IRQ6_TMB1
    TEST R1, [P_int_Ctrl]                   //判断是否是 TMB1 中断
    JNZ ?IRQ6_TMB1                          //如是,则跳转到?IRQ6_TMB1
?IRQ6_TMB2:                                 //TMB2 中断服务程序
    R1 = [Count_128Hz]
```

```
    CMP R1, 0x0080                      //比较计数器变量是否等于128
    JE ?Set128HzFlag                    //等于则跳转到?Set128HzFlag
    R1 += 1                             //累加1
    [Count_128Hz] = R1
    JMP ?Loop128HzExit
?Set128HzFlag:
    R1 = [P_IOB_Buffer]
    R1^ = 0x000F                        //IOB口低4位数据取反
    [P_IOB_Data] = R1                   //输出
    R1 = 0x0000
    [Count_128Hz] = R1                  //计数器变量清零
?Loop128HzExit:
    R1 = C_IRQ6_TMB2
    [P_int_Clear] = R1                  //清128Hz中断标志
    POP R1, R5 FROM [SP]
    RETI

?IRQ6_TMB1:
    R1 = [Count_64Hz]
    CMP R1, 0x0080                      //比较计数器变量是否等于128
    JE ?Set64HzFlag                     //等于则跳转到?Set64HzFlag
    R1 += 1                             //累加1
    [Count_64Hz] = R1
    JMP ?Loop64HzExit
?Set64HzFlag:
    R1 = [P_IOA_Buffer]
    R1^ = 0x000F                        //IOA口低4位数据取反
    [P_IOA_Data] = R1                   //输出
    R1 = 0x0000
    [Count_64Hz] = R1                   //计数器清0
?Loop64HzExit:
    R1 = C_IRQ6_TMB1
    [P_int_Clear] = R1                  //清64Hz中断标志
    POP R1, R5 FROM [SP]
    RETI
```

4.5 计数器功能

前面介绍了定时器/计数器的定时器功能，下面学习计数器功能。首先来看计数器的作用。计数器件的作用是累加输入脉冲的多少或测量外部输入脉冲的参数。

如何使用计数器的功能？首先同样要选择计数频率，设置计数初值。那么计数频率和计数初值应该如何设置？

可以选用单片机内部提供的计数频率，如选用1024Hz作为计数频率：

```
    R1 = 0000 0000 0000 1101 = 0x000D
    [P_TimerA_Ctrl] = R1
```

但更多时候会使用外部脉冲源(单片机外部产生的具有某种频率的信号)，如选用 EXT1 作为计数频率(参看表 4.2)：

```
R1 = 0000 0000 0000 0111 = 0x0007
[P_TimerB_Ctrl] = R1
```

使用计数器的功能时，计数初值通常都设为 0，某个时间读取数据单元时，读出的数据是当前的计数值。由于计数初值设置为 0，所以当前计数值就是计数次数。

```
R1 = 0x0000
[P_TimerA_Data] = R1
```

从其中读取数据表示读取当前的计数值：

```
R1 = [P_TimerA_Data]
```

使用外部时钟源或外部脉冲输入时，要用到 IOB 口另一个特殊功能，IOB3 和 IOB2 口可作为外部时钟源的输入口。外部脉冲输入时，下降沿有效，即遇到一个下降沿时，认为有一次脉冲发生。使用时 IOB3 和 IOB2 口需要设置为带下拉电阻的输入口。

例：使用 LED(作为二进制显示器用)显示定时器 A 输出的 PWM 信号的脉冲个数。即先从 IOB8 输出定时器 A 产生脉冲信号，再从 IOB3 将脉冲信号输入，作为计数器 B 的时钟源，利用计数器 B 的计数功能统计脉冲个数，将脉冲数从 IOA 输出。

```
.INCLUDE spce061a.inc
.CODE
.PUBLIC _main
_main:
    R1 = 0x00FF                    //设置 IOA 口低 8 位为同相输出口
    [P_IOA_Dir] = R1
    [P_IOA_Attrib] = R1
    R1 = 0x0000
    [P_IOA_Data] = R1              //初始化 IOA 低 8 位口输出为低电平

    R1 = 0x0100                    //设置 IOB3 为带下拉电阻的输入口，IOB8 为同相输出口
    [P_IOB_Dir] = R1
    R1 = 0x0100
    [P_IOB_Attrib] = R1
    R1 = 0x0000
    [P_IOB_Data] = R1

    R1 = 0x00B4                    //时钟源选择 4096Hz,初值为 0xFF00
    [P_TimerA_Ctrl] = R1
    R1 = 0xFF00
    [P_TimerA_Data] = R1

    R1 = 0x0007                    //采用外部计数频率
    [P_TimerB_Ctrl] = R1
    R1 = 0x0000
    [P_TimerB_Data] = R1
```

```
    R1 = 0x0008
    [P_int_Ctrl] = R1                      //打开 IRQ5 的 4Hz 时基中断
    int IRQ                                //打开 IRQ 中断总使能,同时关闭 FIQ 中断
?Loop:
    R1 = 0x0001
    [P_Watchdog_Clear] = R1                //清看门狗

    JMP ?Loop
.TEXT
.PUBLIC _IRQ5
_IRQ5:
    PUSH R1, R5 TO [SP]
    R1 = [P_TimerB_Data]                   //读取当前计数值
    [P_IOA_Data] = R1                      //输出
    R1 = 0x0008
    [P_int_Clear] = R1                     //清 4Hz 中断标志
    POP R1, R5 FROM [SP]
    RETI
```

特别提示

- 使用计数器功能时，计数频率通常选用单片机外部频率，计数初值通常设置为 0。

4.6 综合应用 —— 用数码管显示任意数字

4.6.1 显示数据的处理

前面学习过数码管显示的原理和相关的程序，先来回顾一下，图 4.5 所示为一位数码管的电路原理图。

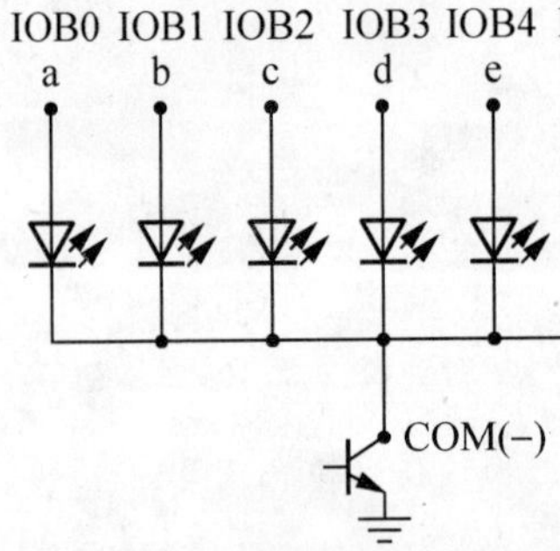

图 4.5 数码管电路原理图

如图 4.6 所示，数码管的 a ~ g 段分别连接在单片机的 IOB0 ~ IOB6，IOB 口设置为同相输出口。先来编一下显示数字 0 ~ 9 需要从 IOB 口输出的数据。

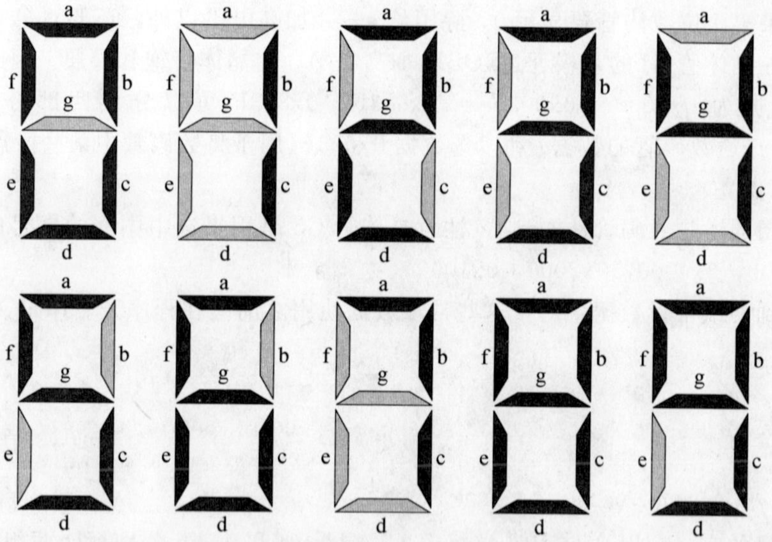

图 4.6　数码管显示不同数字

根据上图可以得到显示数字 0 ~ 9 所需输出的数据如下：

显示 0：0000 0000 0011 1111 = 0x003F

显示 1：0000 0000 0000 0110 = 0x0006

显示 2：0000 0000 0101 1011 = 0x005B

显示 3：0000 0000 0100 1111 = 0x004F

显示 4：0000 0000 0110 0110 = 0x0066

显示 5：0000 0000 0110 1101 = 0x006D

显示 6：0000 0000 0111 1101 = 0x007D

显示 7：0000 0000 0000 0111 = 0x0007

显示 8：0000 0000 0111 1111 = 0x007F

显示 9：0000 0000 0110 1111 = 0x006F

再来看位选的数据，图 4.7 给出了一个 4 位的集成数码管，4 位数码管的 a ~ g 段阳极是相连的。也即 4 位数码管的 a 段都是连一起的，最后引出一根引脚 a；4 位数码管的 b 段都是连一起的，最后引出一根引脚 b；其他段也都是如此。

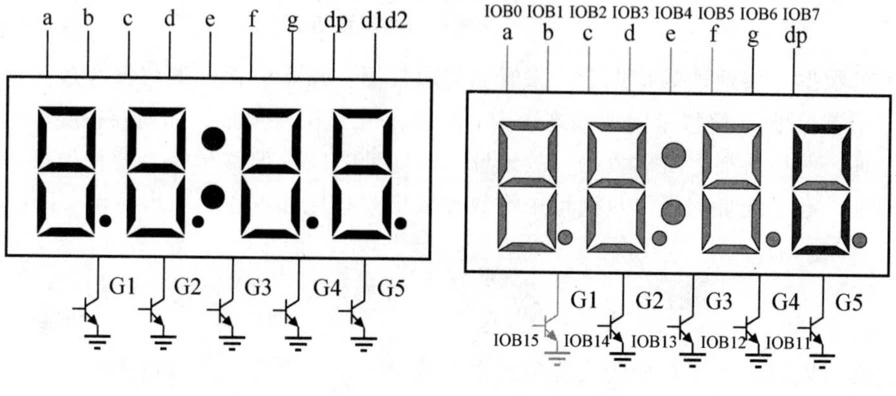

图 4.7　多位数码管的选通

现在如果第1位数码管要显示0，除了给a～f加高电平以外，还要对第1位数码管选通，也就是在晶体管G1的基极通过IOB15加高电平，让晶体管饱和导通。因此需要从IOB口输出的数据为0x8000 | 0x003F ＝ 0x803F。0x803F可以分成两部分，位选数据0x8000(用于选通数码管的数据)和段选数据0x003F(用于将数码管中某些段点亮，如显示0时a～f段点亮)。

对于右图的4位数码管从左到右(注意晶体管G5是用来选中中间的冒号的)位选数据分别为0x8000，0x4000，0x2000，0x1000。

这里得到两组常量数据，对于这些常量数据使用之前应在程序开始作定义：

```
.DATA                         //以.DATA开头
C_Address:                    //标号表明一组常量的开始
.dw 0x003F, 0x0006, 0x005B, 0x004F, 0x0066, 0x006D, 0x007D, 0x0007, 0x007F, 0x006F
//    0,      1,      2,      3,      4      5,      6,      7,      8,      9
c_dig: .dw 0x8000, 0x4000, 0x2000, 0x1000
```

两组常量的定义前以data开头，标号C_Address和c_dig分别标明两组数据的开始，并且标号名与一组数据中的第1个数据的地址相对应，另外存放一组数据的地址是连续的。举个例子来说明，假设定义的第一组数据存放在从0x8020开始的一段ROM里如图4.8所示，C_Address代表第1个数据“0x003F”存放的地址0x8020，这个地址称为首地址，而这组数据中存放任何一个数据的地址与首地址的差值称为偏移量。由于数据存放的地址是连续的，因此从存放第1个数据的地址(实际就是首地址)开始，与首地址的差值从1开始连续变化，分别为0～9。可以发现第1组数据中各个数据存放地址与首地址之间的偏移量正好等于要显示的数字，这个规律在后面将要用到。

	C_Address:	
0x8020	0x003F	0
0x8021	0x0006	1
0x8022	0x005B	2
0x8023	0x004F	3
0x8024	0x0066	4
0x8025	0x006D	5
0x8026	0x007D	6
0x8027	0x0007	7
0x8028	0x007F	8
0x8029	0x006F	9

C_Address:		c_dig:
0x003F	0	0x8000
0x0006	1	0x4000
0x005B	2	0x2000
0x004F	3	0x1000
0x0066	4	
0x006D	5	
0x007D	6	
0x0007	7	
0x007F	8	
0x006F	9	

图4.8　数据存储的示意图

在了解数据存放地址的特点后，来看如何取数据？首先应得到该数据存放的地址，这个地址采用首地址＋偏移量的形式来得到，也就是先获得首地址。如何获得呢？标号名就代表首地址，然后再加上所取数据存放地址与首地址之间的偏移量，二者相加得到该数据存放的地址。有了地址就可以从地址中将数据取出来，比如现在要取出显示5的数据：

```
R1 = C_Address          //取首地址
R1+ = 5                 //加上偏移量，偏移量这里正好等于要显示的数字
R2 = [R1]               //取数据
```

从上面可以看出数据存放的实际地址在取数时并没有出现，所以不用关心数据实际存放在什么地方，只要找出首地址和偏移量就可以取出一个数据。

根据前面数码管显示的原理，要让一位数码管显示数字，需要位选数据和段选数据。这里需要的数据分别到两组数据中去取，应根据条件得到对应的偏移量。

如在第2位显示数字5：

```
R1 = C_Address          //取第1组数据首地址
R1 + = 5                //加上偏移量
R2 = [R1]               //取显示5的数据0x006D
R3 = c_dig              //取第2组数据首地址
R3 + = 1                //加上偏移量
R5 = [R3]               //取第2位位选数据0x4000
R2 | = R5               //将两个数据相获或，得到在第2位显示数字5的数据0x406D
```

显示用的数据现在都已准备好了，再来关心具体要显示的数字。现在4位数码管要显示4位数字，在实际中要显示的数字经常在变化，可以在RAM中找4个地址来存储。下面学习如何在RAM中申请一组连续的地址。

```
.RAM
.VAR
R_DIG_Buf: .dw  4  Dup(?)
```

说明：

.RAM表明后面申请的地址位于RAM区域；

.VAR表明这些地址中的值是可变的；

R_DIG_Buf为标号名，表明连续地址的开始，与首地址相对应；

.dw表明申请的地址用来存放字形的数据(一个字两个字节，也就是16位)；

Dup(?)为申请地址的命令，前面的4表示申请4个地址，？表明所申请地址中没有赋初值。

现在申请了一组连续的RAM地址，用来存放要显示的数字，R_DIG_Buf代表第1位数字(用第1位数码管显示)存放的地址(首地址)，第2位数字(用第2位数码管显示)存放的地址为首地址+1，第3位(用第3位数码管显示)数字存放的地址为首地址+2，第4位(用第4位数码管显示)数字存放的地址为首地址+3。

这里得到3组数据，存储示意图如图4.9所示，从C_dig中可以得到位选数据；从R_DIG_Buf中可以得到要显示的数字；将这个数字作为偏移量，可以从C_Address中取出段选数据，两个数据相或后得到的数据可以在某位数码管显示某个数字。

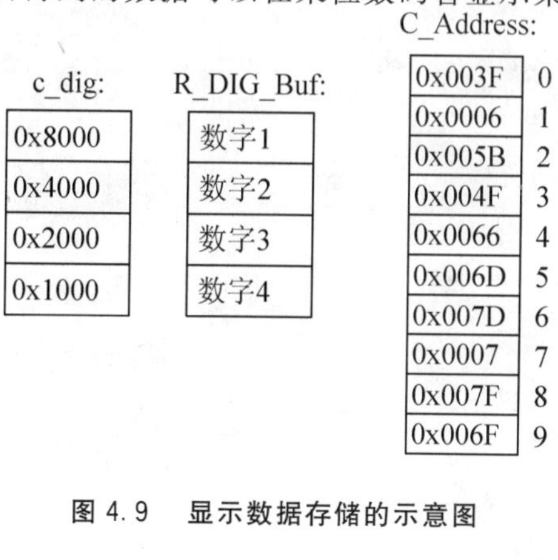

图4.9 显示数据存储的示意图

4.6.2 显示程序的编写

来看一下具体程序的编写。

这里定义一个变量R_CurDIG，其值从0～3变化。定义这个变量有什么用呢？这个变量作为从C_dig和R_DIG_Buf中取数的偏移量用，其值从0～3变化，可以将一组数据中的4个数据依次取出。

```
    R1 =  R_CurDIG                              //程序的开头对R_CurDIG初始化
    R2 =  0
    [R1] =  R2

    R1 =  [R_CurDIG]
    R2 =  R1+ c_dig
    R2 =  [R2]                                  //取位选数据

    R3 =  R_DIG_Buf
    R3+ =  R1
    R3 =  [R3]                                  //取显示数字
    R5 =  R3+ C_Address
    R5 =  [R5]                                  //取显示数据
    R2| =  R5
```

在数码管显示时，事先将IOB口设置为同相输出口，得到的数据从IOB口输出就可以让数码管显示了：

```
    [P_IOB_Data] =  R2
```

在输出数据后，对变量R_CurDIG的值作一下处理，这里变量R_CurDIG的值从0～3连续变化。所以每取一次数据，R_CurDIG的值加1，程序中变量的值事先放到R1中，所以对R1的值加1后，再送回变量存储的地址。

```
    R1+ =  1
    CMP  R1, 4                           //加1后判断一下是否超过3,和4比较,小于
                                         //时没超过,不小于时超过
JB  ?DIG_NEXT                            //小于4,即不超过3的时候跳转
    R1 =  0// 超过时，重新置1
?DIG_NEXT:
    [R_CurDIG] =  R1                     //将加1的结果，送回变量存储的地址
取数的部分可以写成函数的形式：
.PUBLIC  F_DIG_Drive
F_DIG_Drive:
PUSH R1, R5 TO [SP]
    R1 =  [R_CurDIG]
    R2 =  R1+ c_dig
    R2 =  [R2]

    R3 =  R_DIG_Buf
```

```
    R3+ =  R1
    R3 =  [R3]

    R5 =  R3+ C_Address
    R5 =  [R5]
    R2| =  R5
    [P_IOB_Data] =  R2

    R1+ =  1
    CMP  R1, 4
    JB  ?DIG_NEXT
?DIG_Reverse:
    R1 =  0
?DIG_NEXT:
    [R_CurDIG] =  R1

    POP R1, R5 FROM [SP]
    RETF
```

这个函数调用 1 次可以显示 1 位数字，如果能在 1kHz 的时基中断中连续调用该函数即可实现 4 位数码管的显示。

将开中断的程序写成函数的形式，具体程序如下：

```
.PUBLIC _IRQ_Initial
_IRQ_Initial:
    PUSH  R1 TO[SP]
    R1 =  0x0010                        //开 1kHz 中断
    [P_int_Ctrl] =  R1
    int  IRQ
    POP R1 FROM [SP]
    RETF
```

然后在中断服务程序中调用显示函数，每调用 1 次显示 1 位数字。

```
.TEXT
.PUBLIC  _IRQ4
_IRQ4:
    PUSHR1, R5 TO [SP]
    CALL F_DIG_Drive                    //调用显示函数
    R1 =  0x0010
    [P_int_Clear] =  R1
    POP R1, R5 FROM [SP]
    RETI
```

由于显示的数字是变化的，在 R_DIG_Buf 中所存的数字需要更新。假设要更新的显示数字放在通用寄存器 R2，通用寄存器 R1 中存放偏移量，用来指明数据存放在哪个地址中。

```
    R3 =  R_DIG_Buf
    R3+ =  R1//R1 指 0,1,2,3 这样的参数
    [R3] =  R2//R2 存放要显示的数字
```

这里 R1 和 R2 的值都要根据具体情况来确定数值，例如将数字 5 用第 2 位数码管来显示，数字 5 应该存入第 2 个地址(偏移量为 1)。

```
R1 = 1
R2 = 5
R3 = R_DIG_Buf
R3+ = R1                         //首地址加偏移量
[R3] = R2                        //存放要显示的数字
```

如果将存放显示数字的程序写成函数的形式，可以在被调用时再给出显示数字和在哪一位显示，这时实际是在向函数传递参数。下面讨论函数调用时的参数传递问题：

1) 汇编程序中调用汇编函数

将存放显示数字的程序写成函数的形式，具体程序如下：

```
.PUBLIC DIG_set
DIG_set:
    R3 = R_DIG_Buf
    R3+ = R1                     //R1 指 0,1,2,3 这样的偏移量
    [R3] = R2                    //R2 存放要显示的数字
RETF
```

汇编程序在调用这个函数时如何传递参数呢？在调用函数前，将参数送入 R1，R2(函数中用到 R1，R2 来传递参数)。例如：

```
R1 = 0
R2 = 5
CALL DIG_set
```

2) C 语言程序中调用汇编函数

由于被 C 语言调用的汇编函数名必须以下画线开头，前面的函数作相应的修改：

```
.PUBLIC _DIG_set
_DIG_set:
    …
    …
    …
    R3 = R_DIG_Buf
    R3+ = R1//R1 指 0,1,2,3 这样的参数
    [R3] = R2//R2 存放要显示的数字
    RETF
```

函数中有一些省略号，说明还需要添加一些程序。该添加些什么程序呢？先来了解 C 语言调用汇编函数时的操作。

在函数调用时，如果需要进行参数传递，首先参数自动以相反的顺序(从右到左)被压入堆栈中，然后 PC 和 SR 再自动入栈。进入函数后如果使用了 PUSH 指令，堆栈中还会压入一些内容。在压栈的过程中，堆栈指针 SP 指向的地址在发生变化，每压入一个数据 SP 减 1,如图 4.10 所示。

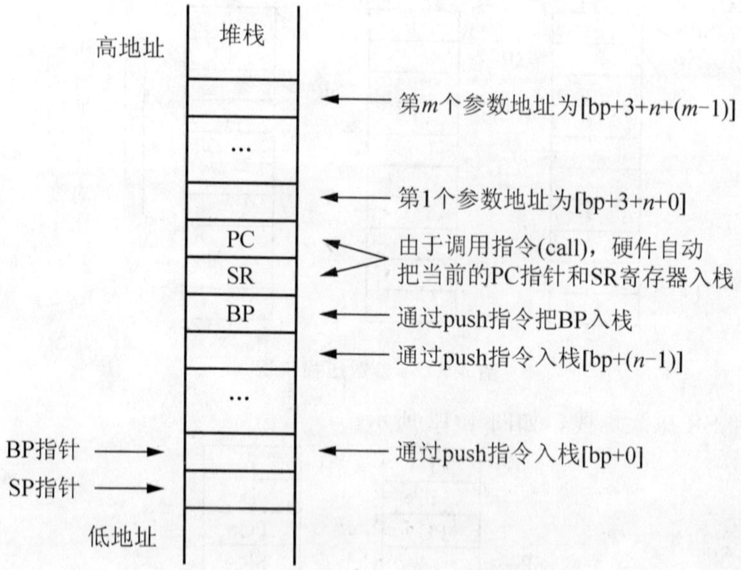

图 4.10　函数调用时的参数传递

还是举例来说明，下面是一个 C 语言主函数调用汇编函数的例子，在调用函数时需要传递两个参数。

```
extern int ADD(int x,int y);
int main(void)
{
    int i, j, SUM;
    i = 2;
    j = 3;
    SUM = ADD(i, j);
}
.CODE
.PUBLIC _ADD
_ADD:
    PUSH BP TO [SP];
    PUSH R1, R2 TO [SP];
    BP = SP+ 1;
    R1 = [BP+ 5];                    //取得参数 i
    R2 = [BP+ 6];                    //取得参数 j
    R1+ = R2;
    POP R1, R2 FROM [SP];
    POP BP FROM [SP];
    RETF;
```

来看函数调用时的参数压栈情况。首先将要传递的参数按从右到左的顺序，依次压入堆栈，结果如图 4.11 所示。

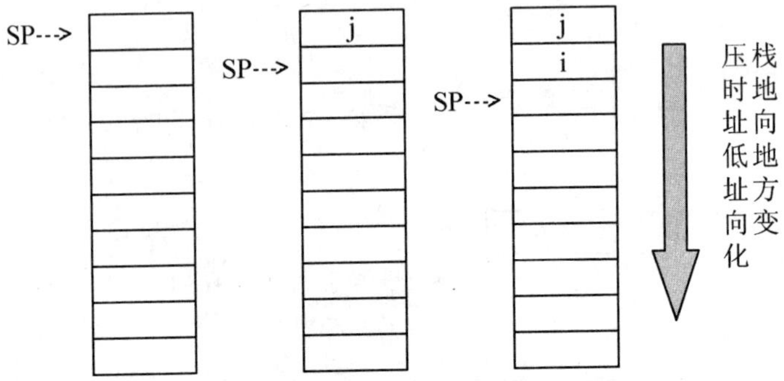

图 4.11　参数压栈情况

再将 PC 和 SR 压入堆栈，如图 4.12 所示。

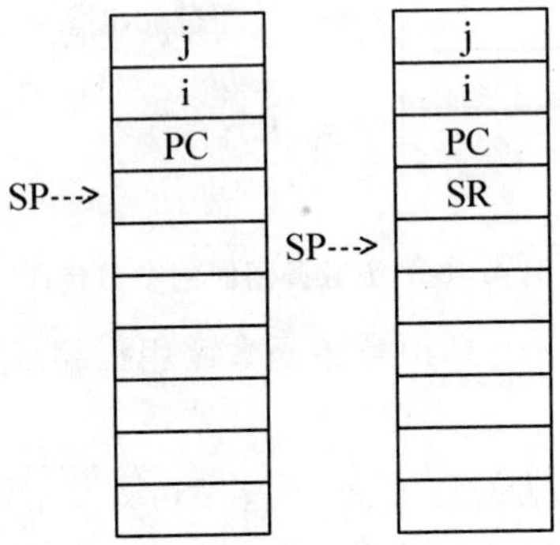

图 4.12　PC 和 SR 压栈情况

进入函数后，函数能利用 PUSH 指令将 BP，R1，R2 压入堆栈，如图 4.13 所示。

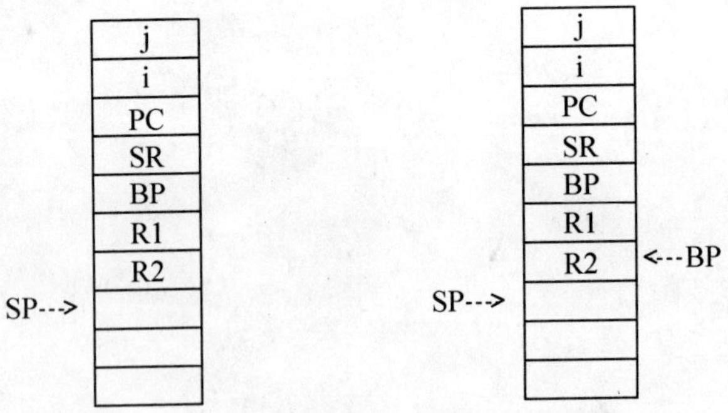

图 4.13　R1，R2 压栈情况

令 BP = SP + 1 后，要取参数 i，j 怎么办呢？来查一下 i 所存放的地址和 BP 现在指向的地址之间的差值是多少，可以很容易得到这个差值是 5；而 j 所存放的地址和 BP 现在指向的地址之间的差值是 6。这样就可得到 i 和 j 存放的地址，从地址中就可以取出参数 i 和 j。

```
R1 = [BP+ 5];                    //取得参数 i
R2 = [BP+ 6];                    //取得参数 j
```

再看前面的程序，在 C 语言调用 DIG_set( ) 函数时，需要传递参数。

例如：DIG_set(0，5)；

如图 4.14(a) 所示，将参数按从左到右的顺序依次压入堆栈，先 5 后 0；然后将 PC 和 SR 压入堆栈。进入函数后再将 BP 及 R1 ～ R3 压入堆栈，结果如图 4.14(b) 所示。

令 BP ＝ SP＋1，可以查出第一个参数与 BP 现在指向的地址之间的差值是 6，第二个参数 BP 现在指向的地址之间的差值是 7。

```
    R1 = [BP+ 6];                                    //取得第一个参数 0
    R2 = [BP+ 7];                                    //取得第二个参数 5
```

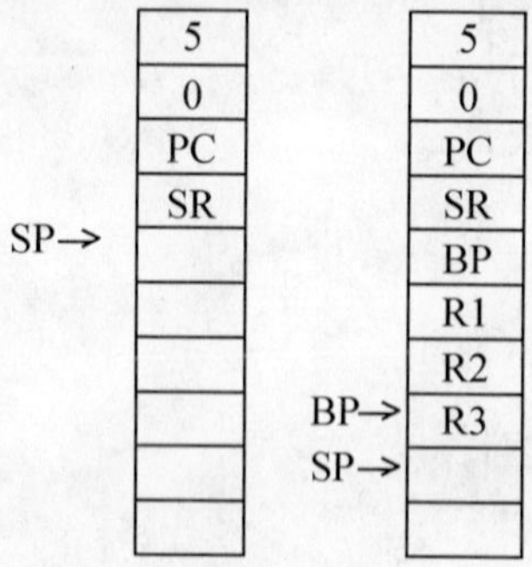

(a) 将数据压入堆栈　(b) 操作结果

图 4.14　压栈实例示意图

函数具体内容如下：

```
.PUBLIC    DIG_set
DIG_set:
    PUSH BP TO [SP];
    PUSH R1, R3 TO [SP];
    BP = SP+ 1;
    R1 = [BP+ 6];                                    //取得第 1 个参数 0
    R2 = [BP+ 7];                                    //取得第 2 个参数 5
       R3 = R_DIG_Buf
    R3+ = R1                                         //R1 指 0,1,2,3 这样的参数
    [R3] = R2                                        //R2 存放要显示的数字
    RETF
```

到这里可以写出一个完整的数码管显示任意数字的程序，方法还是从新建工程开始，然后新建一个 C 语言的文件，编写 C 语言主函数：

```
# INCLUDE  "spce061a.h"
extern  void IO_Initial(void);
extern  void IRQ_Initial(void);
extern  void DIG_set(unsigned int A, unsigned int B);
int main(void)
{
    IO_Initial();                     //调用 IO 口设置函数,将 IOB 口设置为同相输出
    IRQ_Initial();                    //调用开中断函数
    DIG_set(0, 8);                    //传递显示数字 0, 显示数据可任意输入
    DIG_set(1, 9);
    DIG_set(2, 3);
    DIG_set(3, 5);
while(1)
```

```
{
    * P_Watchdog_Clear = 0x0001;
}
}
```

接着编写汇编文件 SYSTEM,具体内容如下：

```
.INCLUDE  spce061a.inc
.DATA
C_Address:
.dw 0x003F, 0x0006, 0x005B, 0x004F, 0x0066, 0x006D, 0x007D, 0x0007, 0x007F, 0x006F
c_dig:   .dw 0x8000, 0x4000, 0x2000, 0x1000
.RAM
.VAR  R_CurDIG
R_DIG_Buf: .DW  4  Dup(?)
.CODE
.PUBLIC  _IO_Initial
 _IO_Initial:
    PUSH  R1 TO [SP]
    R1 = 0xFFFF                    //将 IOB 口设置为同相输出口
    [P_IOB_Dir] = R1
    [P_IOB_Attrib] = R1
    R1 = 0x0000
    [P_IOB_Data] = R1
    R1 = R_CurDIG
    R2 = 0
    [R1] = R2
    POP R1 FROM [SP]
    RETF;

.PUBLIC _IRQ_Initial
_IRQ_Initial:
    PUSH  R1 TO [SP]
    R1 = 0x0010                    //开中断
[P_int_Ctrl] = R1
    int  IRQ
    POP R1 FROM [SP]
RETF;

.PUBLIC  _DIG_set
_DIG_set:
    PUSH BP TO [SP];
    PUSH R1, R3 TO [SP];
    BP = SP+ 1;
    R1 = [BP+ 6];                  //取得第 1 个参数
    R2 = [BP+ 7];                  //取得第 2 个参数
    R3 = R_DIG_Buf
    R3+ = R1                       //R1 指 0,1,2,3 这样的参数
    [R3] = R2                      //R2 存放要显示的数字
```

```
    POP R1, R3 FROM [SP];
    POP BP FROM [SP];
    RETF
.PUBLIC  F_DIG_Drive
F_DIG_Drive:
    PUSH  R1, R5  TO [SP]
    R1 = [R_CurDIG]
    R2 = R1+ c_dig
    R2 = [R2]
    R3 = R_DIG_Buf
    R3+ = R1
    R3 = [R3]
    R5 = R3+ C_Address
    R5 = [R5]
    R2| = R5
    [P_IOB_Data] = R2
    R1+ = 1
    CMP  R1, 4
    JB  ?DIG_NEXT
?DIG_Reverse:
    R1 = 0
?DIG_NEXT:
    [R_CurDIG] = R1
    POP R1, R5 FROM [SP]
RETF
.TEXT
.PUBlLIC  _IRQ4
_IRQ4:
    PUSH  R1, R5  to [SP]
    CALL  F_DIG_Drive                         //调用显示函数
    R1 = 0x0010
    [P_int_Clear] = R1
    POP R1, R5 FROM [SP]
    RETI
```

小　　结

本章主要讲解单片机的定时器知识。定时器/计数器的作用：一是用来精确地确定某一时间间隔(定时器)；二是用来累计外部输入脉冲个数，即可计算出所定时间的长度等(计数器)。

使用定时器时，应该确定定时时间，然后从单片机提供的频率中选择一种计数频率，最后计算计数初值。当定时时间到后，产生中断完成某项工作。使用计数器的功能一般使用外部时钟源作为计数频率，计数初值通常都设为0，某个时间读取数据单元时，读出的数据是当前的计数值。由于计数初值设置为0，所以当前计数值就是计数次数。

中断是指计算机在执行某一程序的过程中，由于计算机系统内、外的某种原因(中断源)，而必须终止原程序的执行(中断)，转去执行相应的处理程序(中断服务程序)，待处理结束之后，再回来继续执行被中止的原程序的过程(中断响应)。中断技术能实现CPU与外部设备的并行工作，提高CPU的利用率。

中断使用时，首先要有中断源，如定时时间到产生中断源，其次，要响应中断需要打开对中断的响应，即开中断，开总中断。在中断服务程序中，一定要记住保护现场(PUSH R1，R5 TO [SP])、恢复现场(POP R1，R5 FROM [SP])、清中断，否则会出现意外错误。PUSH和POP指令需要成对出现。

习　　题

一、问答题

1. 定时器定时的原理是什么？
2. 设置定时器定时1s。
3. 为什么定时的时候有计数的最大值？这样有什么好处？
4. 设置定时器输出周期为16s，占空比为4/16的脉冲信号。
5. 利用定时器输出脉冲信号时，应该如何设置IO口？
6. 什么是中断？为什么说中断是计算机中一种重要的技术？
7. 如何开定时器中断？简述定时器中断的使用步骤。
8. 简述中断服务程序的编写步骤。
9. 如何使用时基中断？
10. 如何使用计数器功能？

二、上机练习

1. 编写定时器中断程序实现发光二极管的闪烁，要求亮灭时间间隔为0.5s。
2. 编写程序实现生产线计数，并用数码管显示。

第5章

SPCE061A 的 ADC/DAC 的使用

教学目标

通过学习单片机的 ADC/DAC 的知识，能区分模拟量和数字量，了解 ADC 输入接口的结构与 A/D 转换原理，掌握 SPCE061A 的 ADC/DAC 构成、工作原理及技术指标，掌握 ADC/DAC 的功能寄存器的设置和基本使用，掌握几种 ADC/DAC 的实际应用。

教学要求

能力目标	知识要点	权　重	自测分数
掌握 ADC/DAC 的基础知识	模拟量和数字量；ADC/DAC 的原理及相关电路	20%	
熟悉 SPCE061A 的 ADC/DAC	ADC/DAC 构成、工作原理及技术指标	20%	
掌握 ADC/DAC 的功能寄存器的设置和基本使用	DAC 相关寄存器及使用、ADC 相关寄存器及使用	30%	
ADC/DAC 的实际应用	数字电压表，温度测量仪	30%	

引例

使用 ADC(模数转换器)，将输入的 0 ～ 3.3V 电压转换为数字信号并在 LED 显示屏上显示出来。

(1) 如同前面的方法打开 IDE 的安装路径 \SPCE061A\example\BaseExa\ex17_asm_ADC_Line 的例子。

(2) Rebuild All。

(3) 硬件连接和设置如图 5.1 所示：

① 区的 S19 选择开关中 ICE 拨到 ON 位置，其他都拨到 OFF 位置。② 区和 ③ 区中 JP4 和 JP7 的跳线全部断开，⑧ 区 IOB 口的低八位 IOB0 ～ 7 连接 8 个发光二极管 D4 ～ D11，⑤ 区 IOA0 连接实验箱中 ⑨ 区 J15 接口，即用 8 引脚(8pin) 排线将实验箱 ⑧ 区 J16 与 ④ 区 J28 连接起来，用排线将 ⑨ 区 J15 的任一引针和 ⑤ 区 J26 的第 0 号引针连接起来，⑦ 区中 J10 接 Probe。把所有排线、跳线和开关都连接好之后，打开 ⑥ 区电源开关 POWER。

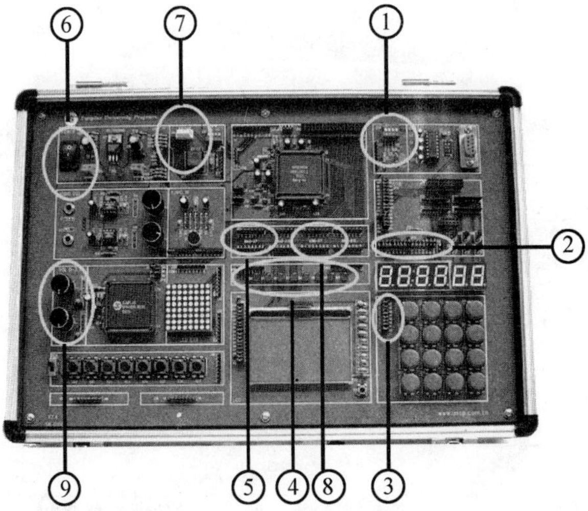

图 5.1 实验箱硬件连接和其他设置

硬件连接电路原理图如图 5.2 所示。

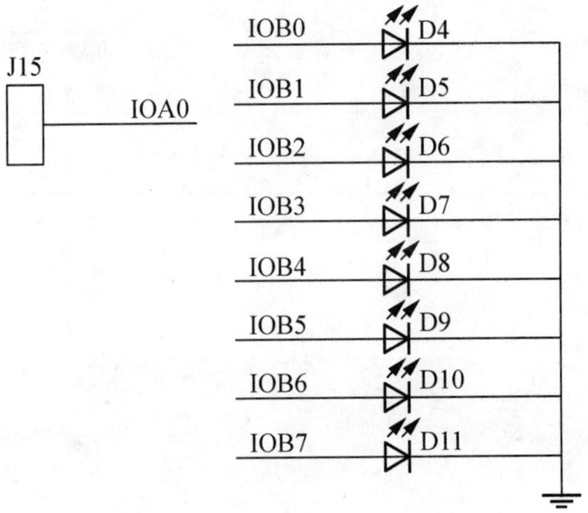

图 5.2 硬件连接电路原理图

(4) 下载，运行程序。

(5) 观察发光二极管状态和示波器波形，分析 A/D 转换结果。

下面分析一下结果，在第3章，介绍了一支二极管的点亮，可以代表数字量1，也就是高电平；一支二极管熄灭，代表数字量0，所以这一组8个二极管可以看作是一个8位的二进制显示器。从实验结果可以看到，当输入电压增加时，二进制显示器显示的数据增加，当输入电压减小时，二进制显示器显示的数据减小。这里实现了将模拟电压转换为与之成比例的二进制数，即实现了模拟量到数字量的转换。

5.1　ADC/DAC概述

单片机的重要应用领域之一是信号自动监测和自动控制系统。在实际控制系统中，经常要对各种现场信号进行检测或控制，例如温度、压力、流量、位移、转速以及连续变化的电压、电流等。这些信号都是随时间连续变化的物理量。所谓连续，包括两方面的含义：一方面从时间上来说，它是随时间连续变化的；另一方面从数值上来说，它的数值也是连续变化的。这种连续变化的物理量通常称为模拟量。但单片机只能处理0和1这样的数字量信息，因此必须将这些模拟信号转换为单片机能够直接接收和处理的数字信号。ADC的作用就是实现模拟量到数字量的转换。将模拟量转换为数字量的器件称为模数转换器(Analog to Digital Converter)，简称ADC或A/D转换器。同样，计算机的计算结果是数字量，不能用它去直接控制执行部件，需要先把它转换为模拟量，才能用于控制。这种能将数字量转换为模拟量的器件称为数模转换器(Digital to Analog Converter)，简称DAC或DAC。

采用A/D、D/A转换电路的单片机闭环控制系统一般结构如图5.3所示。

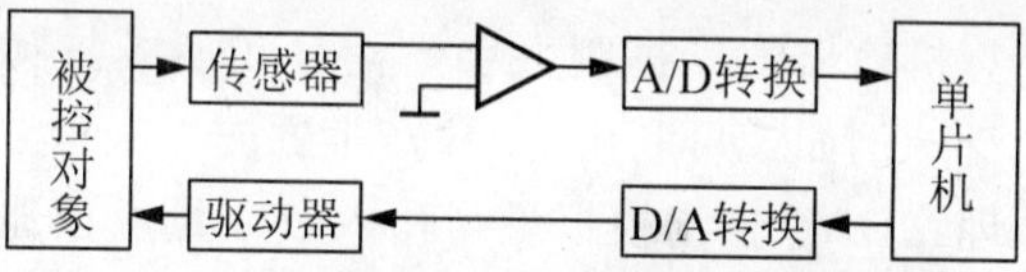

图5.3　单片机闭环控制系统结构

在工业自动化控制中，经常会遇到开关量、数字量、模拟量、离散量、脉冲量等各种概念，而人们在实际应用中，对于这些概念又很容易混淆。现将这些概念罗列如下：

(1) 开关量：一般指的是触点的“开”与“关”的状态，一般在计算机设备中也会用0或1来表示开关量的状态。开关量分为有源开关量信号和无源开关量信号，有源开关量信号指的是“开”与“关”的状态是带电源的信号，专业叫法为跃阶信号，可以理解为脉冲量，一般有AC 220V，AC 110V，DC 24V，DC 12V等信号，无源开关量信号指的是“开”和“关”的状态时不带电源的信号，一般又称干接点。电阻测试法为电阻0或无穷大。

(2) 数字量：很多人会将数字量与开关量混淆，也将其与模拟量混淆。数字量在时间和数量上都是离散的物理量，其表示的信号为数字信号。数字量是由0和1组成的信号，经过编码形成有规律的信号，量化后的模拟量就是数字量。

(3) 模拟量：模拟量的概念与数字量相对应，但是其经过量化之后可以转化为数字量。模拟量是在时间和数量上都是连续的物理量，其表示的信号为模拟信号。模拟量在连续的变化过程中任何一个取值都是一个有具体意义的物理量，如温度，电压，电流等。

(4) 离散量：离散量是将模拟量离散化之后得到的物理量。任何仪器设备对于模拟量都不可能有个完全精确的表示，因为它们都有一个采样周期，在该采样周期内，其物理量的数值都是不变的，而实际上的模拟量则是变化的。这样就将模拟量离散化，成为了离散量。

(5) 脉冲量：脉冲量就是瞬间电压或电流由某一值跃变到另一值的信号量。在量化后，其变化持续有规律就是数字量，如果其由0变成某一固定值并保持不变，就是开关量。

综上所述，模拟量就是在某个过程中时间和数量连续变化的物理量，由于在实际的应用中，所有的仪器设备对于外界数据的采集都有一个采样周期，其采集的数据只有在下一个采样周期开始时才有变动，采样周期内其数值并不随模拟量的变化而变动，这样就将模拟量离散化了。例如：某设备的采样周期为1s，其在第5s的时间采集的温度为35℃，而第6s的温度为36℃，该设备就只能标称第5s时间温度35℃，第6s时间温度36℃，而第5.5s的时间其标称也只是35℃，但是其实际的模拟量是35.5℃。这样就将模拟信号离散化了。其采集的数据就是离散量信号，不再是连续的模拟量信号。由于计算机只识别0和1两个信号，即开关量信号，用其来表示数值都须使用数字串，由于计算能力的问题，其数字串不能无限长，即其表达的精度是有限的。以温度为例，由于数字串限制，其表达温度的精度只能达到0.1℃，小于该单位的数值则不能被标称，如35.68℃的温度表示为35.6℃，这样就必须将离散量进行量化，将其变为数字量。

5.2 SPCE061A 中 DAC 的使用

5.2.1 DAC 的基本原理

DAC 的功能是把计算机输出的二进制数字量信号转换成与其数值成正比的模拟量信号。DAC 的用途十分广泛，例如：可利用 DAC 产生方波、三角波、锯齿波等各种波形。

DAC 工作的基本原理：DAC 输出模拟量与输入数字量成正比关系。利用这一基本原理将 DAC 作为计算机的输出接口，CPU 通过程序向 DAC 输出随时间呈不同变化规律的数字量，则 DAC 就可输出各种各样的模拟量(电流或电压)。

DAC 的基本思想：数字量是用代码按数位组合起来表示的，对于有权码，每位代码都有一定的权。为了将数字量转换成模拟量，必须将每一位代码按其权转换成相应的模拟量，然后将这些模拟量相加，即可得与数字量成正比的模拟量，从而实现数字-模拟转换。

常见的 DAC 有 T 形电阻网络 DAC、倒 T 形电阻网络 DAC、权电流 DAC、权电阻网络 DAC。下面介绍几种 DAC 的工作原理。

1. 权电阻网络 DAC

在前面进制转换时已经讲过，一个多位二进制数中每一位的 1 所代表的数值大小称为这一位的权。如果一个 n 位二进制数用 $D_n = d_{n-1}d_{n-2}\cdots d_1 d_0$ 表示，则最高位(MSB) 到最低位(LSB) 的权依次为 2^{n-1}，2^{n-2}，…，2^1，2^0。

图 5.4 是 4 位权电阻网络 DAC 的原理图，它由权电阻网络、4 个模拟开关和 1 个求和放大器组成。

$S_0 \sim S_3$ 为模拟开关，它们的状态分别受输入代码 d_i 的控制，$d_i = 1$ 时开关接参考电压 V_{REF} 上，此时有支路电流 I_i 流向求和放大器；$d_i = 0$ 时开关接地，此时支路电流为零。

求和放大器是一个接成负反馈的运算放大器。为了简化分析计算，可以把运算放大器

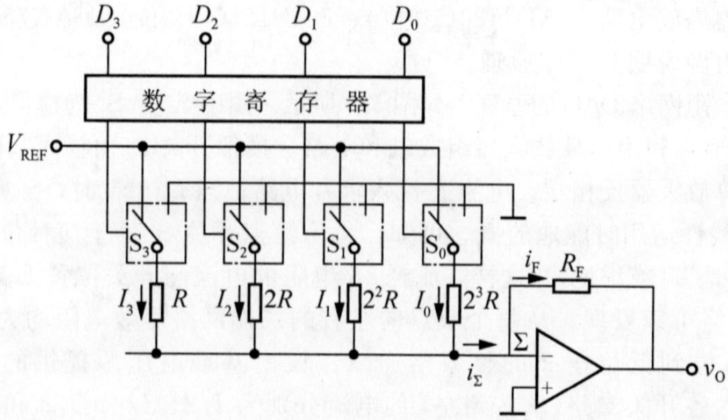

图 5.4　4 位权电阻网络 DAC 原理图

近似地看成理想放大器——即它的开环放大倍数为无穷大，输入电流为 0(输入电阻为无穷大)，输出电阻为 0。当同相输入端 V_+ 的电位高于反相输入端 V_- 的电位时，输入端对地电压 v_O 为正；当 V_- 高于 V_+ 时，v_o 为负。

当参考电压经电阻网络加到 V_- 时，只要 V_- 稍高于 V_+ 时，便在 v_o 产生负的输出电压。v_o 经 R_F 反馈到 V_- 端使 V_- 降低，其结果必然使 $V_- \approx V_+ = 0$。

在认为运算放大器输入电流为零的条件下可以得到下式：

$$v_o = -R_F i_\Sigma = -R_F(I_3 + I_2 + I_1 + I_0)$$

由于 $V_- \approx 0$，因而各支路电流分别为

$$I_3 = \frac{V_{REF}}{R}d_3 (d_3 = 1 \text{时} I_3 = \frac{V_{REF}}{R},\ d_3 = 0 \text{时} I_3 = 0)$$

$$I_2 = \frac{V_{REF}}{2R}d_2$$

$$I_1 = \frac{V_{REF}}{2^2R}d_1$$

$$I_0 = \frac{V_{REF}}{2^3R}d_0$$

将它们代入上述输出 v_o 表达式中并取 $R_F = R/2$，则得到

$$v_o = -\frac{V_{REF}}{2^4}(d_3 2^3 + d_2 2^2 + d_1 2^1 + d_0 2^0)$$

对于 n 位的权电阻网络 DAC，当反馈电阻取 $R/2$ 时，输出电压的计算公式可写成：

$$v_o = -\frac{V_{REF}}{2^n}(d_{n-1}2^{n-1} + d_{n-2}2^{n-2} + \cdots + d_1 2^1 + d_0 2^0) = -\frac{V_{REF}}{2^n}D_n$$

上式表明，输出的模拟电压正比于输入的数字量 D_n，从而实现了从数字量到模拟量的转换。当 $D_n = 0$ 时 $v_o = 0$；当 $D_n = 11\cdots11$ 时 $v_o = -\frac{2^n - 1}{2^n}V_{REF}$，所以，$v_o$ 的最大变化范围是 $0 \sim -\frac{2^n - 1}{2^n}V_{REF}$。从上面的分析计算可以看到，在 V_{REF} 为正电压时输出电压 v_o 始终为负值。要想得到正的输出电压，可以将 V_{REF} 取为负值。

2. 倒 T 形电阻网络 DAC

在单片集成 DAC 中，使用最多的是倒 T 形电阻网络 DAC。常用的 CMOS 开关倒 T 形

电阻网络 DAC 的集成电路有 AD7520(10 位)、DAC1210(12 位) 及 AK7546(16 位) 等。下面以 4 位 DAC 为例说明其工作原理。

4 位倒 T 形电阻网络 DAC 的原理图如图 5.5 所示。图中 $S_0 \sim S_3$ 为模拟开关，R-2R 电路解码网络呈倒 T 形，利用运算放大器组成求和电路。模拟开关 S_i 由输入数码 D_i 控制，当 $D_i=1$ 时，S_i 接运算放大器反相端，电流 I_i 流入求和电路；当 $D_i=0$ 时，S_i 则将电阻 2R 接地。根据运算放大器线性运用时虚地的概念可知，无论模拟开关 S_i 处于何种位置，与 S_i 相连的 2R 电阻均将连“地”(或虚地)。这样，流经 2R 电阻的电流与开关位置无关，为确定值。分析 R-2R 电阻网络可以发现，从每个节点向左看的二端网络等效电阻均为 R，流入每个 2R 电阻的电流从高位到低位按 2 的整数倍递减。设由基准电压源提供的总电流为 $I(I=V_{REF}/R)$，则流入各开关支路(从右到左) 的电流分别为 $I/2$、$I/4$、$I/8$ 和 $I/16$。

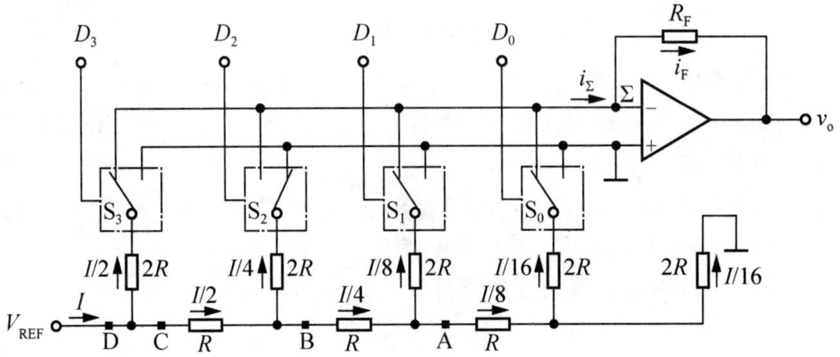

图 5.5　4 位倒 T 形电阻网络 DAC 原理图

于是可得总电流：

$$i=(V_{REF}/R)(D_0/2^4+D_1/2^3+D_2/2^2+D_3/2^1)=[V_{REF}/(2^4R)]\sum_{i=0}^{3}(D_i\cdot 2^i)$$

输出电压：

$$v_o=-i_\Sigma R_F=-\frac{R_F}{R}\cdot\frac{V_{REF}}{2^4}\sum_{i=0}^{3}(D_i\cdot 2^i)$$

将输入数字量扩展到 n 位，可得到 n 位倒 T 形电阻网络 DAC 输出模拟量与输入数字量之间的一般关系式：

$$v_o=-\frac{V_{REF}}{2^n}\cdot\frac{R_F}{R}\left[\sum_{i=0}^{n-1}(D_i\cdot 2^i)\right]$$

若将式中 $\frac{V_{REF}}{2^n}\cdot\frac{R_F}{R}$ 用 K 表示，中括号内的 n 位二进制数用 N_B 表示，则将上式可改写为：

$$v_o=-KN_B$$

该式表明，对于在图 7.4 所示电路中输入的每一个二进制数 N_B，均能在其输出端得到与之成正比的模拟电压 v_o。

3. 权电流型 DAC

尽管倒T形电阻网络DAC具有较高的转换速度，但由于电路中存在模拟开关电压降，当流过各支路的电流稍有变化时，就会产生转换误差。为进一步提高 DAC 的精度，可采用权电流型 DAC。单片集成权电流 DAC 有 AD1408、DAC0806、DAC0808 等。

4 位权电流型 DAC 电路原理如图 5.6 所示。电路中用一组恒流源代替图 5.5 中倒 T 形网络。这组恒流源从高位到低位电流的大小依次为 $I/2$，$I/4$，$I/8$，$I/16$。

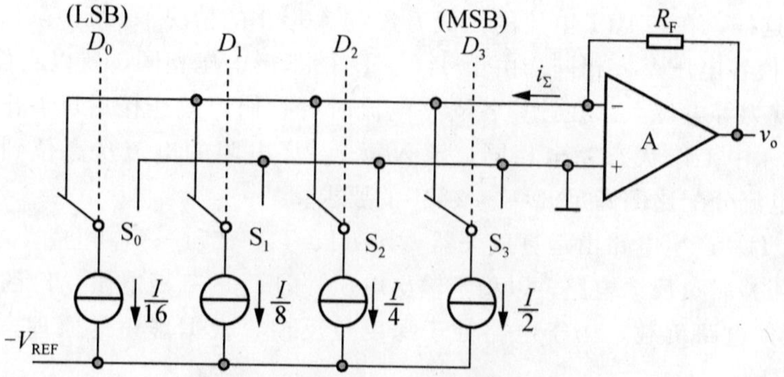

图 5.6　4 位权电流型 DAC 的电路原理图

在图 5.6 所示电路中，当输入数字量的某一位代码 $D_i=1$ 时，开关 S_i 接运算放大器的反向端，相应权电流流入求和电路；当 $D_i=0$ 时，开关 S_i 接地。分析该电路，可得出：

$$v_o=-i_{\Sigma}R_F=-R_F(\frac{I}{2}D_3+\frac{I}{4}D_2+\frac{I}{8}D_1+\frac{I}{16}D_0)$$

$$=\frac{I}{2^4}\cdot R_F(D_3\cdot 2^3+D_2\cdot 2^2+D_1\cdot 2^1+D_0\cdot 2^0)$$

$$=\frac{I}{2^4}\cdot R_F\sum_{i=0}^{3}D_i\cdot 2^i$$

采用了恒流源电路后，各支路权电流的大小均不受开关导通电阻和压降的影响，这就降低了对开关电路的要求，提高了转换精度。

如将图 5.6 中所示恒流源采用具有电流反馈的 BJT（双极型晶体管）恒流源电路，即可得到图 5.7 所示的实际的权电流 DAC 电路。

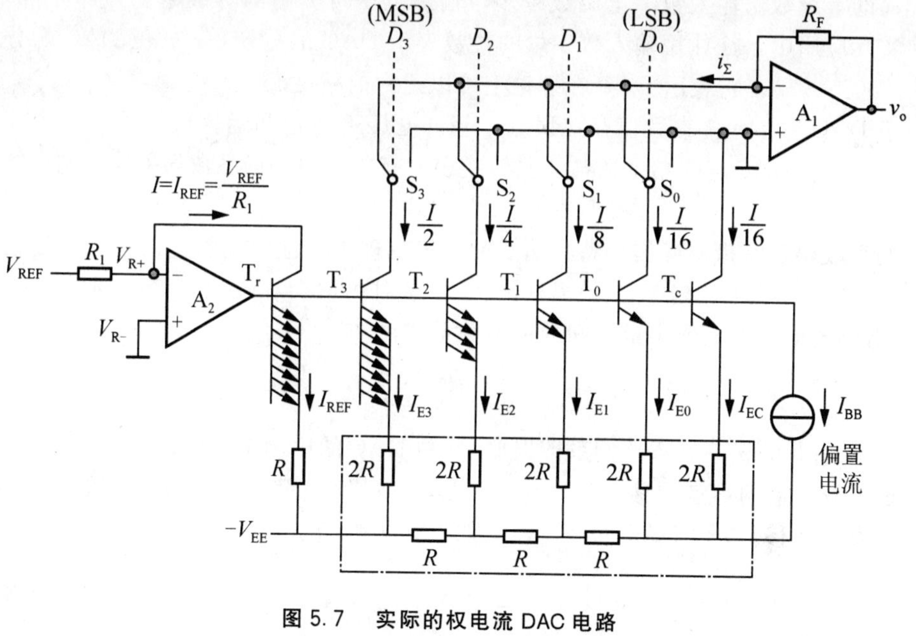

图 5.7　实际的权电流 DAC 电路

为消除因各 BJT 发射结电压 V_{BE} 的不一致性对 D/A 转换精度的影响，图中 $T_3\sim T_0$ 均采用了多发射极晶体管，其发射级个数分别是8，4，2，1，即 $T_3 \sim T_0$ 发射极面积之比为8∶4∶2∶1。这样，在各BJT电流的比值为8∶4∶2∶1的情况下，$T_3 \sim T_0$ 的发射极电流密度相等，可使各电压 V_{BE} 相同。由于 $T_3 \sim T_0$ 的基极电压相同，所以它们的发射极 E_3、E_2、E_1、E_0 就为等电位点。在计算各支路电流时将它们等效连接后可看出电路中的倒T形电阻与图7.4中工作状态完全相同，流入每个 $2R$ 电阻的电流从高位到低位依次减少1/2，各支路电流分配比例满足8∶4∶2∶1的要求。

基准电流 I_{REF} 产生电路由运算放大器 A_2、$R1$、T_r、R 和 $-V_{EE}$ 组成，A_2 和 $R1$、T_r 的CD结组成电压并联负反馈电路，以稳定输出电压，即 T_r 的基极电压。T_r 的BE结，电阻 R 到 $-V_{EE}$ 为反馈电路负载，由于电路处于深度负反馈，根据虚短的原理，其基准电流为 $I_{REF} = V_{REF}/R1 = 2I_{E3}$

由倒T形电阻网络分析可知，$I_{E3} = I/2$，$I_{E2} = I/4$，$I_{E1} = I/8$，$I_{E0} = 1/16$，

于是可得输出电压为 $v_o = i_{\sum} \cdot R_F = \frac{R_F V_{REF}}{2^4 R_1}(D_3 2^3 + D_2 2^2 + D_1 2^1 + D_0 2^0)$

可推得 n 位倒T形权电流DAC的输出电压为

$$v_o = \frac{V_{REF}}{R_1} \cdot \frac{R_F}{2^n}\sum_{i=0}^{n-1}(D_i \cdot 2^i)$$

5.2.2 DAC的主要技术指标

DAC的主要技术指标有转换精度、转换速度和温度特性等。

1. 转换精度

DAC的转换精度通常用分辨率和转换误差来描述。

分辨率用于表征DAC对输出微小量变化敏感程度的。其定义为DAC模拟输出电压可能被分离的等级数。输入数字量位数越多，输出电压可分离的等级越多，即分辨率越高。所以在实际应用中，往往用输入数字量的位数表示DAC的分辨率。n 位DAC的分辨率可表示为 $1/(2^n - 1)$。它表示DAC在理论上可以达到的精度。

由于DAC中各元件参数值存在误差，基准电压不稳定和运算放大器的零漂等各种因素的影响，使得DAC实际精度还与一些转换误差有关，如比例系数误差、失调误差和非线性误差等。

比例系数误差是指实际转换特性曲线的斜率与理想特性曲线斜率的偏差。如在 n 位倒T形电阻网络DAC中，当 V_{REF} 偏离标准值 V_{REF} 时，就会在输出端产生误差电压 v_o。由DAC输出模拟量与输入数字量之间的一般关系式可知

$$v_o = \frac{\Delta V_{REF}}{2^n} \cdot \frac{R_F}{R}\sum_{i=0}^{n-1}(D_i \cdot 2^i)$$

由 V_{REF} 引起的误差属于比例系数误差。3位DAC的比例系数误差如图5.8所示。失调误差由运算放大器的零点漂移引起，其大小与输入数字量无关，该误差使输出电压的转移特性曲线发生平移，3位DAC的失调误差如图5.9所示。

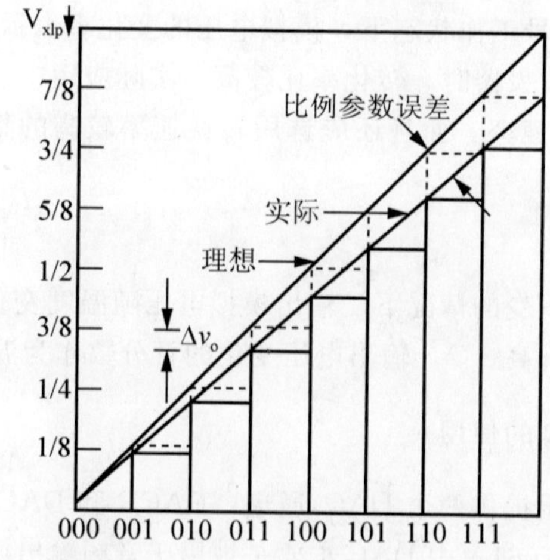

图 5.8　3 位 DAC 的比例系数误差

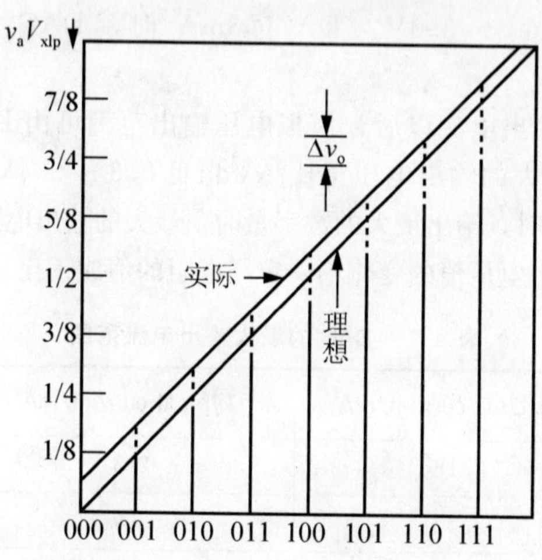

图 5.9　3 位 DAC 的失调误差

非线性误差是一种没有一定变化规律的误差，一般用在满刻度范围内，偏离理想的转移特性的最大值来表示。引起非线性误差的原因较多，如电路中的各模拟开关不仅存在不同的导通电压和导通电阻，而且每个开关处于不同位置(接地或接 V_{REF})时，其开关压降和电阻也不一定相等。又如，在电阻网络中，每个支路上电阻误差不相同，不同位置上的电阻的误差对输出电压的影响也不相同等，这些都会导致非线性误差。

综上所述，为获得高精度的DAC，不仅应该选择位数较多的高分辨率的DAC，而且还需要选用高稳定度的 V_{REF} 和低零漂的运算放大器等器件与之配合才能达到要求。

2. 转换速度

当 DAC 输入的数字量发生变化时，输出的模拟量并不能立即达到所对应的量值，它需要一段时间。通常用建立时间和转换速率两个参数来描述 DAC 的转换速度。

建立时间(t_{set})指输入数字量变化时，输出电压变化到相应稳定电压值所需时间。一般用 DAC 输入的数字量 N_B 从 0 全变为 1 时，输出电压达到规定的误差范围(LSB/2)时所需时间表示。DAC 的建立时间较快，单片集成 DAC 建立时间最短可达 0.1μs 以内。

转换速率(SR) 用大信号工作状态下，模拟电压的变化率表示。一般集成 DAC 在不包含外接参考电压源和运算放大器时，转化率比较高。实际应用中，要实现快速 D/A 转换不仅要求 DAC 有较高的转换速率，而且还应选用转换速率较高的集成运算放大器与之配合使用才行。

3. 温度系数

温度系数是指在输入不变的情况下，输出模拟电压随温度变化产生的变化量。一般用满刻度输出条件下温度每升高 1℃，输出电压变化的百分数作为温度系数。

5.2.3 SPCE061A 中 DAC 的使用

SPCE061A 为音频输出提供两个 DAC 通道：DAC1 和 DAC2，分别由经由 DAC1 和 DAC2 引脚输出。在 SPCE061A 中 DAC 主要是被用于音频输出设备。DAC 的最大输出电流和模拟电源电压 AVdd 成正比。参考表 5.1，DAC 的最大输出电流范围是“正常电流值 ±10%”。例如，AVdd = 3.0V、DAC@3mA 时，DAC 的最大输出电流范围是2.7 ~ 3.3mA。

在得知 DAC 的最大输出电流以后，模拟电压输出范围可由 DAC 的负载来决定。由于 DAC 本身的物理特性，最大的输出电压将比 AVdd 低 0.3 ~ 0.4V。例如，当电流为 3mA，AVdd = 3V，电阻为 866Ω 时，给出最大的数字量时，最大的输出电压为 3mA × 867Ω = 2.6V。如果电阻值大于 867Ω，输出电压值的变化不一定与电阻的值成正比。

表 5.1　DAC 的最大输出电流范围

AVdd/V	Min. DAC current/mA	Typical current/mA	Max. DAC current/mA
2.4	2.16	2.4	2.64
2.7	2.43	2.7	2.97
3.0	2.7	3.0	3.3
3.3	3.97	3.3	3.63
3.6	3.24	3.6	3.96

1. DAC 相关功能寄存器

要使用 DAC 应先了解 DAC 相关的寄存器。

1) P_DAC2(读 / 写)(7016H)

DAC2 是个 10 位的 D/A 转换单元。在 DAC 方式下，该单元带有 10 位的缓冲寄存器 DAR2，如表 5.2 所示。

表 5.2　P_DAC2 寄存器功能

b15 ~ b6	b5 ~ b0
DAC2 数据(读 / 写)	—

P_DAC2(写)：通过此单元直接写入 10 位数据到 10 位寄存器 DAR2，来锁存 DAC2 的

输入数值(无符号数)。

P_DAC2(读)：从DAR2内读出10位数据。

2) P_DAC1(读/写)(7017H)

DAC1是个10位的D/A转换单元。在DAC方式下，该单元带有10位的缓冲寄存器DAR1，如表5.3所示。

表5.3　P_DAC1寄存器功能

b15～b6	b5～b0
DAC1数据(读/写)	—

P_DAC1(写)：通过此单元直接写入10位数据到10位寄存器DAR1，来锁存DAC1的输入数值(无符号数)。

P_DAC1(读)：从DAR1内读出10位数据。

3) P_DAC_Ctrl(写)(702AH)

DAC音频输出方式的控制单元(如表5.4所示)，其中第5～8位用于选择DAC的数据锁存方式；第3、4位用来控制A/D转换方式(在后面用到)；第1位为"0"，用于双DAC音频输出；b9～b15为保留位。表5.4详细地列出了P_DAC_Ctrl单元的b3～b8的控制功能。

表5.4　P_DAC_Ctrl寄存器功能

b8	b7	b6	b5	b4	b3
DAC1_Latch(写)		DAC2_Latch(写)		AD_Latch(写)	
00：直接将DAR1内数据锁存到DAC1内(默认设置) 01：通过TimerA溢出将DAR1内的数据锁存到DAC1内 10：通过TimerB溢出将DAR1内的数据锁存到DAC1内 11：通过TimerA或TimerB的溢出将DAR1内的数据锁存到DAC1内		00：直接将DAR2内的数据锁存到DAC2内(默认设置) 01：通过TimerA溢出将DAR2内的数据锁存到DAC2内 10：通过TimerB溢出将DAR2内的数据锁存到DAC2内 11：通过TimerA或TimerB的溢出将DAR2内的数据锁存到DAC2内		00：通过读P_ADC触发ADC自动转换(默认设置) 01：通过TimerA溢出触发A/D转换 10：通过TimerB溢出触发A/D转换 11：通过TimerA或TimerB的溢出触发A/D转换	

例：如果采用直接方式控制D/A转换，即通过P_DAC1或者P_DAC2直接写入10位数据后直接将10位缓冲寄存器DAR1数据锁存到DAC1或者DAC2完成D/A转换。这时应将b8～b5设置为0000。

```
R1 = 0x0000
[P_DAC_Ctrl] = R1          //允许DAC,b1 = 0,设置DAC输出的数据锁存方式为直接控制
```

如果采用定时器A控制D/A转换，通过P_DAC1或者P_DAC2直接写入10位数据后，需要利用定时器A定时时间到后将10位缓冲寄存器DAR1数据锁存到DAC1或者DAC2完成D/A转换。因此选择这种控制方式时，须要与定时器配合使用。此时b8～b5为0101。

```
R1 = 0x00A0
[P_DAC_Ctrl] = R1         // 允许 DAC,b1 = 0,设置 DAC 输出的数据锁存方式为定时器 A 控制
```

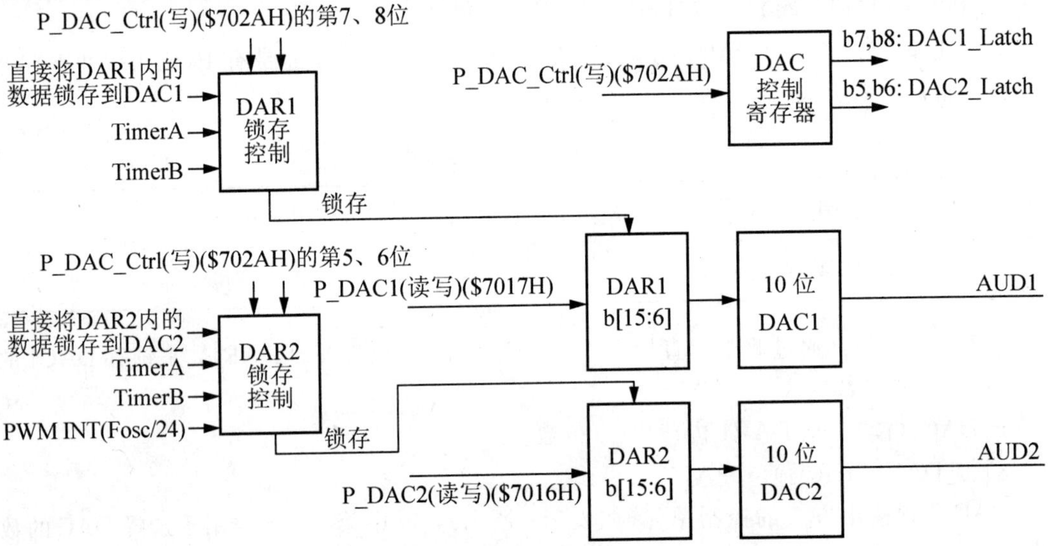

图 5.10　DAC 转换器的寄存器结构示意图

例：采取直接方式，通过编程实现一个锯齿波，将DAC输出端接示波器可以观察到锯齿波形，如图 5.11 所示。

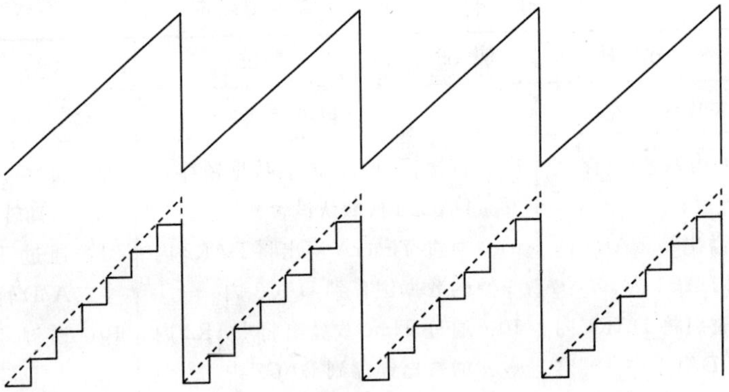

图 5.11　输出锯齿波波形

特别提示

- 在 SPCE061A 中 DAC 主要是被设计来用作音频输出设备。DAC 的最大输出电流和 AVdd 成正比。参考表 5.1，DAC 的最大输出电流范围是“正常电流值±10%”。

根据锯齿波的数字量化波形可以看出，转换成模拟锯齿波的数字量应该是前一次数据加一个相同的数，即送入 P_DAC1 和 P_DAC2 两个单元的数据每次都要加一个相同的数，这个相同的数指的是锯齿波的步进值。步进值决定一个周期内取点的个数，这里步进值取 0x0040。

事实上，受 DA 的最高限输出限制，在 DAC 输出值接近最高值时，会出现非线性失真。原因有两方面：一是 DAC 本身存在的高端非线性；二是 DAC 的输出能力有限，驱不起外围简单的电阻 I/V 变换。

```
//======================================================
//          双通道 D/A
//          通过 DAC1、DAC2 产生两路锯齿波
//======================================================
.DEFINE     P_DAC2              0x7016
.DEFINE     P_DAC1              0x7017
.DEFINE     P_DAC_Ctrl          0x702A
.DEFINE     P_Watchdog_Clear    0x7012
.RAM
.CODE
.PUBLIC   _main
_main:
    R1 = 0x0000
    [P_DAC_Ctrl] = R1        //允许 DAC,b1 =  0,设置 DAC 输出的数据锁存方式为直接控制
    R2 = 0x0040        //DAC 的高十位有效 0000 0000 0100 0000,是因为 10 位 D/A 转换是高十位
    R1 = 0x0000
?Loop:
    [P_DAC1] = R1              //把数值输出到 DAC1
    [P_DAC2] = R1              //把数值输出到 DAC2

    CALL F_Delay               //延时
    R1+ = R2         //将转换数据加上一个步进值,将转换输出增加

    R3 = 0x0001
    [P_Watchdog_Clear] = R3    //清看门狗

    JMP ?Loop
//======================================================
//  汇编格式:F_Delay
//  函数功能:软件延时
//======================================================
.PUBLIC F_Delay
F_Delay:
    R5 = 0x001f
?Wait:
    R5- = 1
    JNZ ?Wait
    RETF
```

5.3　SPCE061A 中 ADC 的使用

SPCE061A 有 8 个 10 位 ADC 通道，其中一个通道(MIC_IN) 用于语音输入，模拟信号经过自动增益控制器和放大器放大后进行 A/D 转换。其余 7 个通道(Line_In) 和 IOA[0～6] 引脚共享，可以将输入的模拟信号(如电压信号) 转换为数字信号。SPCE061A 的 A/D 转换范围是整个输入范围，即 0V～AVdd。无效的 A/D 模拟信号(超过 V_{DD} +0.3V 或是低于 V_{SS} −0.3V) 将影响转换电路的工作范围，从而降低 ADC 的性能。由于 Line_In 通道和

IOA[0～6]共享引脚，建议用户选择其他的I/O引脚(非IOA[0～6])，以避免由于无效的I/O信号造成电压不稳(超过VDDIO＋0.7V或低于VSSIO－0.7V)而降低ADC的性能。

5.3.1 ADC的基本原理

在ADC内，由DAC0和逐次逼近寄存器SAR(Successive Approximation Register)组成逐次逼近式模拟数字转换器(SAR ADC)。在ADC被启用后，会产生一个启动信号，即RDY＝0。此时，DAC0的输出电压与外部输入电压进行比较，以尽快找出外部电压的数字值。逐次逼近式控制首先将SAR中数据的最高有效位设为1，而其他位全设为0，即10 0000 0000B。这时DAC0输出电压VDAC0为1/2最大值，用来与输入电压V_{in}进行比较。如果$V_{in}>$ VDAC0，则保持原先设置为1的位(最高有效位)仍为1；否则，该位会被清为0。接着，逐次逼近式控制又将下一位试设为“1”，其余低位依旧设为0，即110000 0000B，VDAC0与V_{in}进行比较的结果若$V_{in}>$ VDAC0，则仍保持原先设置位的值，否则该位便清为0。这个逐次逼近的过程一直会延续到10位中的所有位都被测试之后，A/D转换的结果便会保存在SAR内。

当10位A/D转换完成时，RDY会被设1。此时，用户通过读取P_ADC(7014H)或P_ADC_MUX_Data(702CH)单元可以获得10位的A/D转换数据。而从该单元读取数据后，又会使RDY自动清为0来重新开始进行A/D转换。若未读取P_ADC (7014H)或P_ADC_MUX_Data(702CH)单元中的数据，RDY仍会保持为1，并且不会启动下一次的A/D转换。外部信号由LIN_IN[1～7]即IOA[0～6]或通道MIC_IN输入。从LIN_IN[1～7]输入的模拟信号直接被送入缓冲器P_ADC_MUX_Data(702CH)；从MIC_IN输入的模拟信号则要经过缓冲器和放大器。放大器的增益值可由外部线路来调整，因此AGC可以控制MIC_IN输入信号的值在一定的范围内，如图5.12所示。

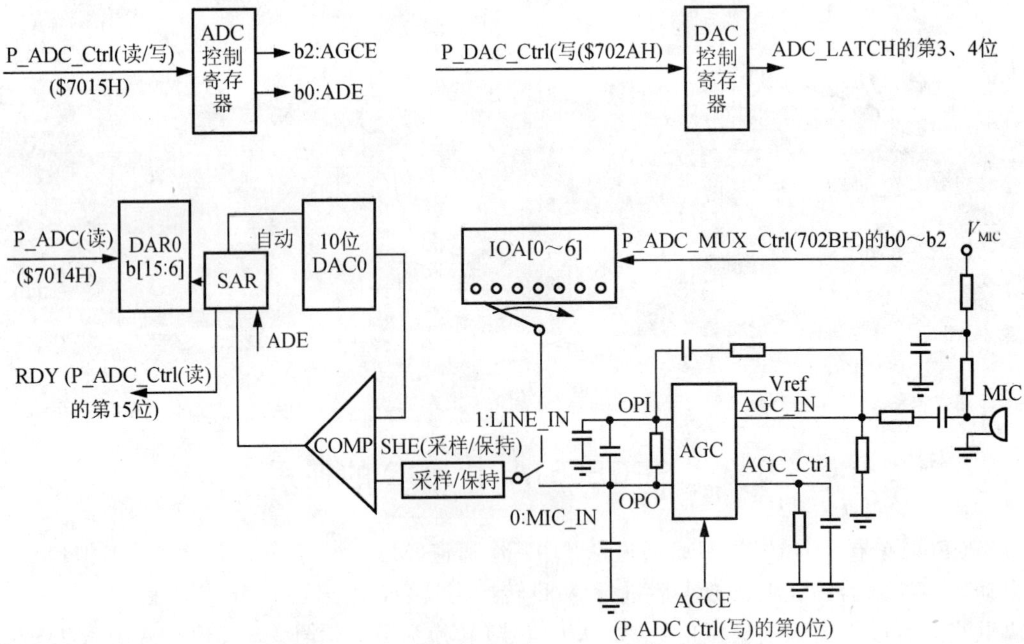

图5.12 ADC的电路原理图

5.3.2 LINE_IN 通道方式 ADC 的使用

要使用 ADC 当然还是要先来看相关的寄存器

1. P_ADC_Ctrl(读/写)(7015H)

P_ADC_Ctrl 单元(见表 5.5)为 ADC 的控制口。ADC 的最大输入电压由 P_ADC_Ctrl(写)($7015H)的第 7 和第 8 位的值决定。第 7 位 VEXTREF 决定了 ADC 的参考电压为 AVdd 或是外部参考电压。第 8 位 V2VREFB 决定了 2V 电压源是否起作用。如果起作用，用户可向 VEXTREF 引脚输入 2V 电压。此反馈回路把 ADC 的最高参考电压设置为 2V。如果用户指定的参考电压源的值不超过 AVdd，它还可以被当作 ADC 的最高参考电压。

在 ADC 内，由 DAC0 和逐次逼近寄存器 SAR(Successive Approximation Register)组成逐次逼近式模拟数字转换器(SAR ADC)。向 P_ADC_Ctrl(写)($7015H)单元第 0 位(ADE)写入 1，可以启用 ADC。系统的默认值为 ADE = 0(关闭 ADC)。当 ADE = 1 时，应对 P_ADC_Ctrl(写)($7015H)和 P_ADC_MUX_Ctrl(写)($702BH)的其他控制位进行合理的设置。

在使用 LINE-IN 时，用到 b0 位，其他一般情况下可都采用默认值。b0 位用于启用(写 1)或关闭(写 0)ADC 功能。要使用 ADC 功能就要将 b0 位置 1。

```
R1 = 0x0001        //使能 ADC
[P_ADC_Ctrl] = R1
```

表 5.5 P_ADC_Ctrl 单元

b15	b8	b7	b6	b2	b0	控制功能描述
RDY (读)	V2VREFB (写)	VEXTREF (写)	DAC_I (写)	AGCE (写)	ADE (写)	
0	—	—	—	—	—	10 位模/数转换未完成
1	—	—	—	—	—	10 位模/数转换完成，输出 10 位数字量
—	0	—	—	—	—	打开 2V 电压输出，其可作外部 ADC 参考电压输入
—	1	—	—	—	—	关闭 2V 电压输出(默认)
—	—	0	—	—	—	不使用外部参考电压，ADC 参考电压使用电源电压 V_{dd}(默认)
—	—	1	—	—	—	外部参考电压引脚使能，从 VEXTREF 引脚输入外部参考电压
—	—	—	0	—	—	DAC 电流 = 3mA/V_{DD} = 3V
—	—	—	1	—	—	DAC 电流 = 2mA/V_{DD} = 3V
—	—	—	—	0	—	取消自动增益控制功能
—	—	—	—	1	—	设置自动增益控制功能
—	—	—	—	—	0	禁止模/数转换工作
—	—	—	—	—	1	允许模/数转换工作

注：

(1) b15 只用于 MIC_IN 通道输入。

(2) 当模拟信号由麦克风的 MIC_IN 通道输入时，可选择 AGCE 为 1，即放大器的增益可在其线性区域内自动调整。AGCE 默认值为 0，即取消自动增益控制功能。

2. P_ADC_MUX_Ctrl(读/写)(702BH)

ADC 多通道控制是通过控制 P_ADC_MUX_Ctrl(702BH) 单元(见表 5.6) 来实现的。通过 b0～b2 可以选择模拟信号的输入通道。b3～b13 没有定义，b15 在一次 A/D 转换完成后会自动置 1。因此，读出 P_ADC_MUX_Ctrl 的值判断最高位是否为 1，即可知道转换是否完成。

通过设置 P_ADC_MUX_Ctrl(写)($702BH) 的第 0～2 位，可以为 A/D 转换选择输入通道。通道包括 MIC_IN 和 Line_In 两种。工作时，如果 MIC_IN 通道和 Line_In 通道都处于直接工作模式(direct mode)，程序会检查 P_ADC_Ctrl(W)($7015H) 的第 15 位。只有当目前的 A/D 转换完成后，才能切换通道。当 MIC_IN 通道处于定时器锁存状态时，它可以优先存取 ADC。然后，用户可以从 P_ADC_MUX_Ctrl(读)($702BH) 的 FailB 位得知，Line_InADC 是否被 MIC_IN ADC 打断。

表 5.6 P_ADC_MUX_Ctrl 单元

b15	b14	b13～b3	b2	b1	b0	控制功能描述
Ready_MUX(读)	FAIL(读)	—	Channel_sel(读/写)			
0	—	—	—	—	—	10 位模/数转换未完成
1	0	—	—	—	—	10 位模/数转换完成
—	—	—	0	0	0	模拟电压信号通过 MIC_IN 输入
—	—	—	0	0	1	模拟电压信号通过 LINE_IN1 输入
—	—	—	0	1	0	模拟电压信号通过 LINE_IN2 输入
—	—	—	0	1	1	模拟电压信号通过 LINE_IN3 输入
—	—	—	1	0	0	模拟电压信号通过 LINE_IN4 输入
—	—	—	1	0	1	模拟电压信号通过 LINE_IN5 输入
—	—	—	1	1	0	模拟电压信号通过 LINE_IN6 输入
—	—	—	1	1	1	模拟电压信号通过 LINE_IN7 输入

```
    R1 = 0x0001                 //选择 ADC 通道 0
    [P_ADC_MUX_Ctrl] = R1
?Loop:
    R1 = [P_ADC_MUX_Ctrl]
    TEST R1,0x8000              //判断转换是否完成
    JZ ?Loop                    //没有则继续转换
```

注意，RDY 只用于 Line_in[7:1]。

ADC 的多路 LINE_IN 输入是与 IOA[0～6] 共享，用到的 IOA 口需要设为悬浮输入方式即，如表 5.7 所示。

表 5.7　A/D 转换通道与 I/O 口对应关系

IOA6	IOA5	IOA4	IOA3	IOA2	IOA1	IOA0
LIN_IN7	LIN_IN6	LIN_IN5	LIN_IN4	LIN_IN3	LIN_IN2	LIN_IN1

```
    R1 = 0x00FF
    [P_IOA_Attrib] = R1
    R1 = 0x0000              //设置 IOA 口为悬浮输入口
    [P_IOA_Dir] = R1
    R1 = 0x0000
    [P_IOA_Data] = R1
```

3. P_ADC_MUX_Data(读)(702CH)

P_ADC_MUX_Data 单元用于读出 LINE_IN[7：1]10 位 ADC 转换的数字数据，如表 5.8 所示。

表 5.8　P_ADC_MUX_Data

b15 ～ b6	b5 ～ b0
ADC 转换结果	—

经由模拟量输入端口 LINE_IN 输入电压值，通过读取 P_ADC_MUX_Data 单元以获得 10 位的 A/D 转换数据。而从该单元读取数据后，又会使 RDY 自动清为 0，重新进行 A/D 转换。若未读取 P_ADC_MUX_Data 单元中的数据，RDY 仍会保持为 1，不会启动下一次的 A/D 转换。第 1 次读取时用于启动 ADC，以后读取时用于取转换数据，如下面的程序。

```
    R1 = [P_ADC_MUX_Data]          //读取转换结果并启动下一次 ADC
```

使用 LINE_IN ADC 步骤如下：

(1) 选择 ADC 通道；

(2) 使能 ADC；

(3) 启动 ADC；

(4) 判断转换是否完成；

(5) 完成后读取数据。

```
    R1 = 0x0001                    //选择 ADC 通道 0
    [P_ADC_MUX_Ctrl] = R1
    R1 = 0x0001                    //使能 ADC
    [P_ADC_Ctrl] = R1
    R1 = [P_ADC_MUX_Data]          //启动 ADC
?Loop:
    R1 = [P_ADC_MUX_Ctrl]
    TEST R1,0x8000                 //判断转换是否完成
    JZ ?Loop                       //没有则继续转换
R1 = [P_ADC_MUX_Data]              //取转换数据
```

由于 A/D 转换的结果为 10 位，而读出结果为 16 位，有效位数在高 10 位时就需要将结果进行移位，将有效数据移到低位，高位补 0。为什么移到低位就行了？举个例子：1230 不等于 123，但是 0123 等于 123。所以这里用到移位指令：

```
R1 = R1 lsr4
R1 = R1 lsr2                //右移 6 位
```

SPCE061A 的移位运算包括逻辑左移、逻辑右移、循环左移、循环右移、算术右移等操作。由于硬件原因对于移位操作，每条指令可以移 1 ～ 4 位。

1）逻辑左移(LSL)

【格式】Rd = Rs LSL n

【说明】该指令对 Rs 进行 n(可设为 1 ～ 4) 位逻辑左移，将 Rs 高 n 位移入 SB 寄存器，同时 Rs 的低 n(1 ～ 4) 位用 0 补足，结果送 Rd 寄存器。

【举例】逻辑左移 3 位。

寄存器移位前的状态为

SB	S3	S2	S1	S0

RS	B15	B14	B13	B12	B11	B10	B9	B8	B7	B6	B5	B4	B3	B2	B1	B0

寄存器移位后的状态为

SB	S0	B15	B14	B13

Rd	B12	B11	B10	B9	B8	B7	B6	B5	B4	B3	B2	B1	B0	0	0	0

程序：

```
R1 = 0xF00F                 //R1 的初值为 0xF00F
R1 = R1 LSL 3               //R1 左移 3 位后的值变为 0x8078
```

2）逻辑右移(LSR)

【格式】Rd = Rs LSR n

【说明】该指令对 Rs 进行 n(可设为 1 ～ 4) 位逻辑右移，将 Rs 低 n 位移入 SB 寄存器同时 Rs 的高 n(1 ～ 4) 位用 0 补足，结果送 Rd 寄存器。

【举例】逻辑右移 3 位。

寄存器移位前的状态为

RS	B15	B14	B13	B12	B11	B10	B9	B8	B7	B6	B5	B4	B3	B2	B1	B0

SB	S3	S2	S1	S0

寄存器移位后的状态为

Rd	0	0	0	B15	B14	B13	B12	B11	B10	B9	B8	B7	B6	B5	B4	B3

SB	B2	B1	B0	S3

程序：

```
R1 = 0xF00F                 //R1 的初值为 0xF00F
R1 = R1 LSR 3               //R1 右移 3 位后的值变为 0x1E01
```

3）循环左移(ROL)

【格式】Rd = Rs ROL n

【说明】该指令对 Rs 进行 n(可设为 1 ～ 4) 位循环左移，将 Rs 的高 n 位移入 S 寄存器，同时移动 SB 寄存器的高 n 位移入 Rs 的低 n 位，结果送 Rd 寄存器。

【举例】循环左移 1 位。

寄存器移位前的状态为

SB	S3	S2	S1	S0

RS	B15	B14	B13	B12	B11	B10	B9	B8	B7	B6	B5	B4	B3	B2	B1	B0

寄存器移位后的状态为

SB	S2	S1	S0	B15

Rd	B14	B13	B12	B11	B10	B9	B8	B7	B6	B5	B4	B3	B2	B1	B0	S3

程序：

```
R1 = 0x0010                //R1 的初值为 0x0010
R1 = R1 ROL 1              //R1 循环左移 1 位后的值变为 0x0020
```

4）循环右移(ROR)

【格式】Rd = Rs ROR n

【说明】该指令对Rs进行*n*(可设为1～4)位循环右移，将Rs的低*n*位移入SB寄存器，同时移动SB寄存器的低*n*位移入Rs的高*n*位，结果送Rd寄存器。

【举例】循环右移3位。

寄存器移位前的状态为

RS	B15	B14	B13	B12	B11	B10	B9	B8	B7	B6	B5	B4	B3	B2	B1	B0	SB	S3	S2	S1	S0

寄存器移位后的状态为

Rd	S2	S1	S0	B15	B14	B13	B12	B11	B10	B9	B8	B7	B6	B5	B4	B3	SB	B2	B1	B0	S3

下面通过一个例子来说明：将模拟电压转换为数字信号后，用LED进行显示。这里，用10个LED可以构成10位的二进制显示器。即灯亮表示1，灯灭表示0。连接I/O口低位的表示二进制的低位，连接I/O口高位的表示二进制的高位。

```
//=============================================================
//功能：模拟电压转换为数字信号后，用LED进行显示
//=============================================================
.DEFINE        P_IOA_Data              0x7000
.DEFINE        P_IOA_Dir               0x7002
.DEFINE        P_IOA_Attrib            0x7003
.DEFINE        P_IOB_Data              0x7005
.DEFINE        P_IOB_Dir               0x7007
.DEFINE        P_IOB_Attrib            0x7008
.DEFINE        P_ADC                   0x7014
.DEFINE        P_ADC_Ctrl              0x7015
.DEFINE        P_ADC_MUX_Ctrl          0x702B
.DEFINE        P_ADC_MUX_Data          0x702C
.DEFINE        P_Watchdog_Clear        0x7012
.CODE
.PUBLIC   _main
_main:
R1 = 0x0000                      //设置 IOA 口为悬浮输入口
    [P_IOA_Dir] = R1
    R1 = 0x00FF
    [P_IOA_Attrib] = R1
    R1 = 0x0000
    [P_IOA_Data] = R1

    R1 = 0xFFFF                  //设置 IOB 口为同相低电平输出口
    [P_IOB_Dir] = R1
    R1 = 0xFFFF
    [P_IOB_Attrib] = R1
    R1 = 0x0000
```

```
    [P_IOB_Data]=R1
    r1= 0x0001          //选择 ADC 通道 0
    [P_ADC_MUX_Ctrl]= r1
    r1= 0x0001        //使能 ADC
    [P_ADC_Ctrl]= r1

    r1= [P_ADC_MUX_Data]      //启动 ADC

?Loop:
    R1=[P_ADC_MUX_Ctrl]
    TESTR1,0x8000           //判断转换是否完成
JZ ?Loop                           //没有则继续转换
    R1=[P_ADC_MUX_Data]                //取转换数据
    R1=R1 lsr 4
    R1=R1 lsr 4             //右移 8 位,只取 8 位数据进行显示
    [P_IOB_Data]=R1                //显示这 8 位数据
    R1=0x0001
    [P_Watchdog_Clear]=R1        //清看门狗
JMP ?Loop
```

特别提示

- 使用 LINE_IN ADC 时，首先选择 ADC 通道并使能 ADC，然后通过读取 ADC 数据单元启动 ADC，当判断转换完成后，从数据单元读取数据。

5.4 综合应用 —— 简易数字电压表

5.4.1 数字仪表概况

数字仪表是把被测量转化为数字量并以数字形式显示出来的仪表。工业测量中被测量如位移、电流、电压、空气压等模拟量，经 A/D 转换器，把模拟量转换成数字量。数字仪表以数字的形式显示被测量，读数直观。一般包括测量线路，模数转换，控制电路和数字显示几部份。

数字仪表由于读数直观、方便、没有视觉误差等优点，因而发展很快，近几年更发展为可以与其他执行机构(如打印机) 连接，还可以输出开关量或模拟量，用以连接控制系统。数字仪表通常有中央处理器(CPU) 和各种存储器，所以这些数字仪表业已经“微机”化、智能化，以单片机为核心的数字仪表就是其中的代表。

总的来说数字仪表一般具有以下优点：

(1) 数字显示，读数不存在视觉误差。

(2) 精确度一般较高，数字电工仪表由于没有机电类仪表的可动部分，所以机械摩擦，变形的影响极小，只要元器件的质量、性能上没问题，数字仪表是比较容易制成很高精确度的仪表，一般机电类仪表精确度达 0.1% 已很不容易，而数字仪表可轻易达到 0.05%，目前有些数字仪表可达到 0.01% 的精确度。

(3) 灵敏度高。由于有些数字仪表内多设有各种放大线路或器件，所以可测量较小的信号，如 1µv 左右的电压信号，1mA 左右的电流信号、0.01Hz 的频率信号。

(4) 输入阻抗高。数字仪表一般本身有工作电源，除测量电流外，一般阻抗都制得较高，使在测量时对被测物理量影响很小。

(5) 使用方便。特别是实验室用便携式、台式仪表，可制成多量程，多功能仪表(可测量电流、电压、频率、功率、线速、转速等)。

(6) 数字仪表的精确度，表示方法不同于指针式仪表，数字仪表一般多以规定条件下使用时可能产生的基本误差占满刻度的百分数来表示该表的精确度。一般多功能、多量程的数字多用表，其各功能、量程挡位不同时，精确度也不一样。

数字电压表测量精度高、读数清晰方便、测量速度快、输入阻抗高等特点是一般模拟式电压表难以相比的。

5.4.2　数字电压表

本项目中将实现对 0 ～ 3.3V 电压的自动测量，IOA0 接要测量的电压，经 A/D 转换后，通过程序计算出当前电压值，在数码管上显示当前电压。具体要求如下：

(1) IOA0 接入要测量的电压，单片机自动检测；

(2) 在数码管上实时显示当前电压值。

完成自动电压表，首先需要将模拟电压接到一路 LINE_IN 上，如接到 IOA0。然后利用 ADC 将模拟电压值转换为数字电压值，然后利用单片机计算出测量电压值，并计算出显示数据，利用显示任意数字的程序显示电压值。

对于数据的显示在第 4 章已经介绍，所以这里重点介绍关于 A/D 转换的相关内容。这里用到 A/D 转换，将 A/D 转换的内容写成几个函数的形式。首先将选择 A/D 转换通道，使能 ADC，启动 ADC 这几部分放入一个函数。

```
.PUBLIC     _ADC_Initial
 _ADC_Initial:
    PUSH  R1 to[sp]
    R1 = 0x0001        //选择 ADC 通道 0，对应 IOA0
    [P_ADC_MUX_Ctrl] = R1
    R1 = 0x0001        //使能 ADC
    [P_ADC_Ctrl] = R1
    R1 = [P_ADC_MUX_Data]//启动 ADC
    POP R1 from [sp]
    RETF
```

再将判断转换是否完成，取转换数据写成另一个函数：

```
.PUBLIC  _ADC
_ADC:
?Loop:
    R1 = [P_ADC_MUX_Ctrl]
    TEST R1,0x8000              //判断转换是否完成
    JZ?Loop                     //没有则继续转换
    R1 = [P_ADC_MUX_Data]       //返回值放入 R1
    RETF
```

这个函数被调用后得到转换的结果，转换的结果需要作为返回值送去处理并且被显示，所以这个函数有返回值。

注意，如果在 C 语言中调用此函数，需要作如下申明：

extern unsigned int ADC(void);

在调用函数时，如 k = ADC( )；函数会将转换的结果通过通用寄存器 R1 返回形成返回值，所以这个函数中 R1 不能用 PUSH 指令压栈，这点一定要注意。C 语言调用汇编时，返回值固定放入 R1 中，R1 不能压入堆栈。

对于转换的结果需要作一定的处理，将数字电压对应的模拟电压还原出来再显示。如何求数字电压对应的模拟电压呢?SPCE061A 的 ADC 转换精度为 10 位，放在 ADC 数据单元 P_ADC_MUX_Data 的高 10 位，转换电压的范围为 0 ～ 3.3V，因此模拟电压的最大值 3.3V 对应最大的数字量 0xffc0，模拟电压的最大值 0V 对应最大的数字量 0x0000。

数字电压和模拟电压的对应关系，可以用下式来表示：

$$a = k^{*}(3.3-0)/(0xffc0-0x0000)$$

其中，k 是数字电压，a 为 k 对应的模拟电压。这里模拟电压是一个实数，因此 a 的数据类型要定义为实数型。

得到模拟电压数据后就可以来显示了，模拟电压的范围 0 ～ 3.3V，如果显示小数点后 2 位有效数据的话，需要分别将个位值、小数点后第 1 位和第 2 位分别求出来。下面举个例子来说明如何求一个数据中的某一位数字，如求 2.3512 的个位值、小数点后第 1 位和第 2 位。

```
先将 a = 2.3512 乘以 100,再取整数部分赋给 b。
a = 2.35;
b = (int)(a*100);              //将 a 乘以 100,再取整数部分
```

现在来求 b 的百位，十位，个位。求百位的标准方法是除 1000 取余数，再除 100 取商；求十位的标准方法是除 100 取余数，再除 10 取商；求个位的标准方法，除 10 取余数。

```
uige = (b% 1000)/100;          //求 b 的百位,即 a 的个位
uisfw = (b% 100)/10;           //求 b 的十位,即 a 的小数点后第 1 位
uibfw = b% 10;                 //求 b 的个位,即 a 的小数点后第 2 位
```

求出这些数字后就可以利用第 4 章中介绍的 DIG_set 函数保存显示数字，在时基中断中调用的显示函数会将保存的数据取来显示。

下面给出完整程序。

C 语言主函数：

```
//===========================================================
//   功能:0 ~ 3.3V 数字电压表
//===========================================================
# include "spce061a.h"
extern  void IO_Initial(void);
extern  void ADC_Initial(void);
extern  void irq_Initial(void);
extern  void DIG_set(unsigned int A,unsigned int B);
extern  unsigned int  ADC(void);

int main(void)
{unsigned  int uishi = 0,uige = 0,uisfw = 0,uibfw = 0,b;
 float  k,a;
 IO_Initial();              //IO 口初始化
 irq_Initial();             //开中断
```

```
  ADC_Initial()
   DIG_set(0,0);                  //显示数据初始化,开始都显示 0。
   DIG_set(1,0);
   DIG_set(2,0);
   DIG_set(3,0);
 while(1)
  {
        *P_Watchdog_Clear = 0x0001;
        k = ADC();                     //取 AD 转换的结果
        a = (float)k* 3.3/0xFFC0; //计算测量电压
        b = (int)(a* 100);             //计算电压的个位,十分位,百分位
        uige = (b% 1000)/100;
        uisfw = (b% 100)/10;
        uibfw = b% 10;

        DIG_set(0,uishi);              //存储显示数据
        DIG_set(1,uige);
        DIG_set(2,uisfw);
        DIG_set(3,uibfw);
   }
}

汇编文件 SYSTEM:
.INCLUDE   spce061a.inc
.DEFINE   DIG_count   4
.DATA
C_Address:
.dw 0x003F,0x0006,0x005B,0x004F,0x0066,0x006D,0x007D,0x0007,0x007F,0x006F
c_dig:       .dw 0x8000,0x4000,0x2000,0x1000
.RAM
.VAR  R_CurBut,  R_CurDIG
R_DIG_Buf:.DW DIG_count   Dup(?)
.CODE
//=============================================================
//   功能:I/O 口初始化
//=============================================================
.PUBLIC   _IO_Initial
_IO_Initial:
    PUSH  R1 to [sp]
    R1 = 0x0001              //IOA0 为悬浮输入
    [P_IOA_Attrib] = R1
    R1 = 0x0000
    [P_IOA_Dir] = R1

    R1 = 0x0000
    [P_IOA_Data] = R1
    R1 = 0xFFFF              //IOB 为悬浮输入
    [P_IOB_Dir] = R1
```

```
    [P_IOB_Attrib] = R1
    R1 = 0x0000
    [P_IOB_Data] = R1
    R1 = R_CurDIG
    R2 = 0
    [R1] = R2
    POP R1 from [sp]
    RETF

//==========================================================
//   功能:A/D转换初始化
//==========================================================
.PUBLIC   _ADC_Initial
_ADC_Initial:
    PUSH  R1 to [sp]
    R1 = 0x0001              //选择 ADC 通道 0
    [P_ADC_MUX_Ctrl] = R1
    R1 = 0x0001              //使能 ADC
    [P_ADC_Ctrl] = R1
    R1 = [P_ADC_MUX_Data]//启动 ADC
    POP R1 from [sp]
    RETF;

//==========================================================
//   功能:开中断
//==========================================================

.PUBLIC _irq_Initial
_irq_Initial:
    PUSH  R1 to [sp]
    R1 = 0x0010
    [P_int_Ctrl] = R1
    int  irq
    POP R1 from [sp]
   RETF;

//==========================================================
//   功能:A/D转换,返回转换结果
//==========================================================

.PUBLIC   _ADC
_ADC:
?Loop:
    R1 = [P_ADC_MUX_Ctrl]
    TEST R1,0x8000            //判断转换是否完成
    JZ ?Loop                  //没有则继续转换
    R1 = [P_ADC_MUX_Data]
```

```
    RETF;
//==================================================================
//   功能:存放显示数字
//==================================================================
.PUBLIC   _DIG_set
_DIG_set:
    PUSH BP TO [SP];
    PUSH R1,R3 TO [SP];
    BP = SP+ 1;
    R1 = [BP+ 6];             //取得第2个参数
    R2 = [BP+ 7];             //取得第1个参数
    R3 = R_DIG_Buf
    R3+ = R1                  //R1指0,1,2,3这样的参数
    [R3] = R2                 //R2存放要显示的数字
    POP R1,R3 FROM [SP];
    POP BP FROM [SP];
    RETF
//==================================================================
//   功能: 数码管显示
//==================================================================
.PUBLIC   F_DIG_Drive
F_DIG_Drive:

    PUSH  R1,R5  to [sp]
    R1 = [R_CurDIG]
    R2 = R1+ c_dig
    R2 = [R2]
    R3 = R_DIG_Buf
    R3+ = R1
    R3 = [R3]
    R5 = R3+ C_Address
    R5 = [R5]
    R2| = R5
    [P_IOB_Data] = R2
    R1+ = 1
    CMP  R1,4
    JB  ?DIG_NEXT
?DIG_Reverse:
    R1 = 0
?DIG_NEXT:
    [R_CurDIG] = R1
    POP R1,R5 from [sp]
    RETF
//==================================================================
//  功能:中断服务程序,调用数码管显示程序
//==================================================================
.TEXT
```

```
.PUBLIC  _IRQ4
_IRQ4:
    PUSH  R1,R5  to [sp]
    CALL  F_DIG_Drive          //调用数码管显示程序
    R1 = 0x0010
    [P_int_Clear] = R1
    POP R1,R5 from [sp]
    RETI
```

5.5 温度采集系统

信号采集——控制技术的关键环节，不仅是系统控制的根本出发点也是最终衡量系统控制性能的重要依据。在一个完善的闭环控制系统当中，要检测当前被控对象的状态，就必须对被控对象的状态信息(例如温度，流量，速度，液位等信息）进行采集，并能够将此信息还原为实际的温度，流量等信息，并以此作为控制的根本出发点。控制结果与目标的一致性也必须通过信号采集来衡量，只有采集当前的状态信息，并对该信息进行分析才能了解控制过程的好坏，才能做出进一步的优化。所以说信号采集在系统控制中起着至关重要的作用。

随着数字化的普及和控制技术水平的不断进步，数字化控制已成为现代控制的主流，数字信号的采集成为数字控制系统的重要单元。其实当实现了对电压信号的采集，就可实现对许多物理量的采集，只需要将连续的物理量通过某种传感器变换为电信号，再通过信号调理电路将输出电压调整到单片机能输入的范围(SPCE061A 中是 0 ～ 3.3V)。下面以对温度信号的采集作为例子加以介绍。

5.5.1 温度传感器介绍

“温度”是一个重要的热学物理量，它不仅和我们的生活环境密切相关，在科研及生产过程中，温度的变化对实验及生产的结果也至关重要，所以温度传感器应用广泛。温度传感器是利用一些金属、半导体等材料与温度相关的特性制成的。

下面是一些常见的温度传感器。

1. Pt100 铂电阻温度传感器

Pt100 铂电阻是一种利用铂金属导体的电阻值随温度变化而变化的特性制成的温度传感器。铂的物理、化学性能都极稳定，抗氧化能力强，复制性好，易工业化生产，电阻率较高。因此铂电阻大多用于工业检测中的精密测温和温度标准。其缺点是高质量的铂电阻(高级别）价格十分昂贵，温度系数偏小，受磁场影响较大。按 IEC 标准，铂电阻的测温范围为 $-200 \sim +650$℃。百度电阻比 $W(100) = 1.3850$ 时 R_0 为 100Ω 或 10Ω 时，称为 Pt100 铂电阻或 Pt10 铂电阻。铂电阻允许的不确定度：A 级为 $\pm(0.15℃ + 0.002|t|)$；B 级为 $\pm(0.3℃ + 0.005|t|)$。

当温度 t 在 $-200 \sim 0$℃ 时，铂电阻的阻值与温度的关系式为

$$R_t = R_0[1 + At + Bt^2 + C(t - 100℃)t^3] \tag{5.1}$$

当温度在 0 ～ 650℃ 之间时关系式为

$$R_t = R_0(1 + At + Bt^2) \tag{5.2}$$

式(5.1)、式(5.2)中R_t、R_0分别为铂电阻在温度t、0℃时的电阻值，A，B，C为温度系数，对于常用的工业铂电阻

$A = 3.90802 \times 10^{-3}/℃$，$B = -5.80195 \times 10^{-7}/℃^2$，$C = -4.27350 \times 10^{-12}/℃^3$
在0～100℃范围内R_t的表达式可近似线性为

$$R_t = R_0(1 + A_1 t) \tag{5.3}$$

式中，A_1温度系数，近似为$3.85 \times 10^{-3}/℃$，Pt100铂电阻的阻值，在0℃时，$R_t = 100\Omega$；100℃时，$R_t = 138.5\Omega$。

2. 热敏电阻(NTC1K)温度传感器

热敏电阻是利用半导体电阻阻值随温度变化的特性来测量温度的，按电阻阻值随温度升高而减小或增大，分为NTC型(负温度系数)、PTC型(正温度系数)和CTC型(临界温度)。热敏电阻电阻率大，温度系数大，但其非线性大，置换性差，稳定性差，通常只适用于要求不高的温度测量。以上3种热敏电阻特性曲线如图5.13所示。

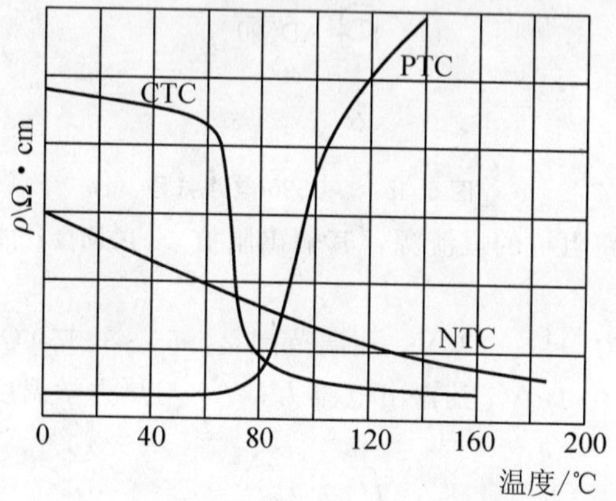

图5.13　热敏电阻特性曲线

在一定的温度范围内(小于450℃)热敏电阻的电阻R_t与温度T之间有如下关系：

$$R_T = R_0 e^{B(\frac{1}{T} - \frac{1}{T_0})} \tag{5.4}$$

式中：R_t、R_0是温度为T(K)、T_0(K)时的电阻值(K为热力学温度单位开)；B是热敏电阻材料常数，一般情况下B为2000～6000K。

3. 电压型集成温度传感器(LM35)

LM35温度传感器，标准T_0-92工业封装，其准确度一般为±0.5℃。(有几种级别)由于其输出为电压，且线性极好，故只要配上电压源、数字式电压表就可以构成一个精密数字测温系统。内部的激光校准保证了极高的准确度及一致性，且无须校准。输出电压的温度系数$K_V = 10.0\text{mV}/℃$，利用下式可计算出被测温度t：

$$U_0 = K_V{}^* t = (10\text{mV}/℃)^* t$$

即

$$t = U_0/10\text{mV} \tag{5.5}$$

LM35温度传感器的电路符号如图5.14所示，U_0为输出端。

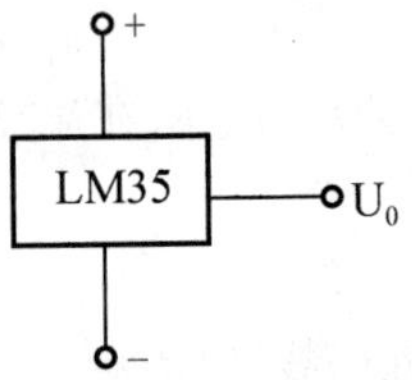

图 5.14　LM35 温度传感器的电路符号

4. 电流型集成温度传感器(AD590)

AD590 是一种电流型集成电路温度传感器。其输出电流大小与温度成正比。它的线性度极好，AD590 温度传感器的温度适用范围为 −55 ～+150℃，灵敏度为 1μA/K。它具有高准确度、动态电阻大、响应速度快、线性好、使用方便等特点。AD590 是一个二端器件，电路符号如图 5.15 所示。

图 5.15　AD590 电路符号

AD590 等效于一个高阻抗的恒流源，其输出阻抗 > 10MΩ，能大大减小因电源电压变动而产生的测温误差。

AD590 的工作电压为 +4 ～+30V，测温范围是 −55 ～+150℃。对应于热力学温度 T，每变化 1K，输出电流变化 1μA。其输出电流 I_o(μA) 与热力学温度 T(K) 严格成正比。其电流灵敏度表达式为

$$\frac{I_o}{T} = \frac{3k}{eR}\ln 8 \tag{5.6}$$

式中，k、e 分别为玻耳兹曼常数和电子电量，R 是内部集成化电阻。将 $k/e = 0.0862\text{mV/K}$，$R = 538\Omega$ 代入式(5.6) 中得到：

$$\frac{I_o}{T} = 1.000\mu\text{A/K} \tag{5.7}$$

在 $T = 0$(K) 时其输出为 273.15μA(AD590 有几种级别，一般准确度差异在 ±3 ～ 5μA)。因此，AD590 的输出电流 I_o 的微安数就代表着被测温度的热力学温度值(K)。

AD590 的电流-温度($I-T$) 特性曲线如图 5.16 所示。

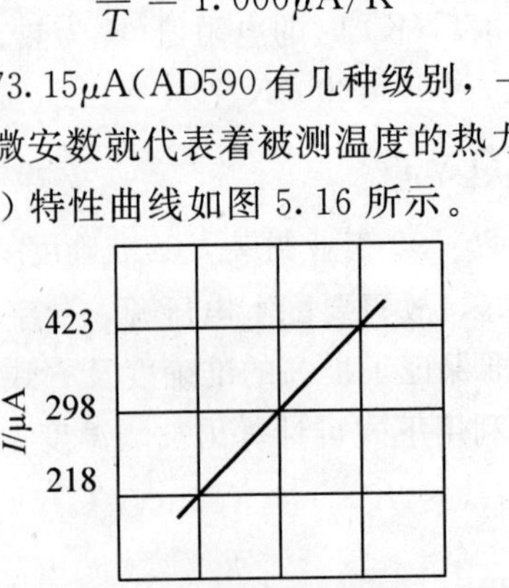

图 5.16　AD590 的电流 − 温度($I-T$) 特性曲线

其输出电流表达式为

$$I = AT + B \tag{5.8}$$

式中，A 为灵敏度，B 为0K时输出电流。

如需显示摄氏温标(℃)则要加温标转换电路，其关系式为

$$t = T + 273.15℃ \tag{5.9}$$

AD590温度传感器其准确度在整个测温范围内 $\leqslant \pm 0.5$℃，线性极好。利用AD590的上述特性，在最简单的应用中，用一个电源，一个电阻，一个数字式电压表即可用于温度的测量。由于AD590以热力学温度(K)定标，在摄氏温标应用中，应该进行℃的转换。

5. PN结温度传感器

PN结温度传感器是利用半导体PN结的结电压对温度的依赖性，实现对温度检测的。实验证明，在一定的电流通过情况下，PN结的正向电压与温度之间有良好的线性关系。通常将硅晶体管b、c极短路，用b、e极之间的PN结作为温度传感器测量温度。硅晶体管基极和发射极间正向导通电压 V_{be} 一般约为600mV(25℃)，且与温度成反比。其线性良好，温度系数约为−2.3mV/℃，测温精度较高，测温范围为−50～+150℃。缺点是一致性差，互换性差。常用的温度传感器的类型的特点如表5.9所示。

通常PN结组成二极管的电流 I 和电压 U 满足下式：

$$I = I_S[e^{qU/kT} - 1] \tag{5.10}$$

且在常温条件下，$e^{qU/kT} \gg 1$ 时，式(5.10)可近似为

$$I = I_S e^{qU/kT} \tag{5.11}$$

式中，$q = 1.602 \times 10^{-19}$C，为电子电量，$k = 1.381 \times 10^{-23}$J/K 为玻耳兹曼常数，$T$ 为热力学温度，I_S 为反向饱和电流。

正向电流保持恒定条件下，PN结的正向电压 U 和温度 t 近似满足下列线性关系：

$$U = Kt + U_{go} \tag{5.12}$$

式中，U_{go} 为半导体材料参数，K 为PN结的结电压温度系数。

表5.9 常用的温度传感器的类型和特点

类型	传感器	测温范围/℃	特点
热电阻	铂电阻 铜电阻 镍电阻 半导体热敏电阻	−200～+650 −50～+150 −60～+180 −50～+150	准确度高、测量范围大 电阻率大、温度系数大、线性差、一致性差
热电偶	铂铑-铂 (S) 铂铑-铂铑(B) 镍铬-镍硅(K) 镍铬-康铜(E) 铁-康铜 (J)	0～+1300 0～+1600 0～+1000 −200～+750 −40～+600	用于高温测量、低温测量两大类、必须有恒温参考点(如冰点)
其他	PN结温度传感器 IC温度传感器	−50～+150 −50～+150	体积小、灵敏度高、线性好、一致性差 线性度好、一致性好

5.5.2 温度信号的变换

图 5.17 所示温度信号的变换电路包括传感器桥路和放大电路两部分，经过两级放大后输出模拟电压信号 U_O。直接将运放的输出脚接 SPCE061A 的 A/D 输入通道 IOA0。

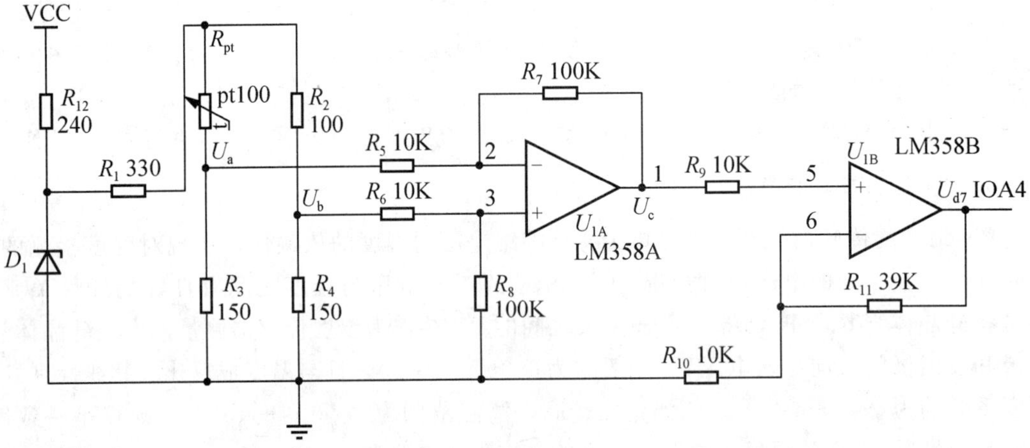

图 5.17 温度测量电路

测量电路采用 H 桥电路，H 桥电路能够很好地抑制温度漂移影响，同时对电压信号的波动也能起到很好的抑制作用。H 桥供电采用稳压二极管，能够产生稳定的 2.5V 直流电压基准。为了使温度变化时 H 桥输出的信号尽可能大，选 $R_{Pt} \approx R_2 \approx R_3 \approx R_5$，这里取 $R_2 = 100\Omega$，$R_3 = R_4 = 150\Omega$。同时为了避免流过 Pt100 传感器的电流过大使其发热进而导致非线性失真增大，电桥电压不宜太高，一般要求 $I_m < 5\text{mA}$。所以在 H 桥上边加了一个限流电阻 R_1。

放大电路采用两级差分放大，采用 LM358 集成运算放大器，LM358 内部包括有两个独立的、高增益、内部频率补偿的双运算放大器，适合于电源电压范围很宽的单电源使用，也适用于双电源工作模式，在推荐的工作条件下，电源电流与电源电压无关。它的使用范围包括传感放大器、直流增益模块和其他所有可用单电源供电的使用运算放大器的场合。

为了防止单级放大倍数过高带来的非线性误差，放大电路采用两级发大，如图 5.17 所示，前一级为 10 倍左右放大，后一级为 5 倍左右放大，总体的线性放大性能良好。温度在 0～100℃ 变化，当温度上升时，R_{Pt} 变大，桥路中 U_a 电压降低，而 U_b 保持不变，运放 U_1 的差模输入信号 $\Delta U_{i1} = U_b - U_a$ 变大，所以 U_1 的输出端电压 U_c 变大，U_2 的差模输入信号 $\Delta U_{i2} = U_c$ 随之变大，所以放大电路的最终放大电压输出 U_d 变大，当温度下降时，放大电路的工作过程刚好相反。

5.5.3 温度转换实现

由于干扰或者电路噪声的存在，在采样过程当中会出现采样信号与实际信号存在偏差的现象，甚至会出现信号的高低波动，为了减小这方面原因造成的测量误差，在实际采样时采样 18 个点，然后再除去其中偏差较大的 2 个点，即一个最大值和一个最小值，再对剩余的 16 个点取均值，这样得到的 A/D 转换结果比较接近实际信号值。

上述过程的实现程序如下：

```
int adc_data_cmp()
{
    int max;
    int min;
    int Sum = 0;
    int i;
    max = giADC_DataSave[0];
    for(i = 0;i < 18;i + + )
    {
        if(giADC_DataSave[i] > max)
         max = giADC_DataSave[i];                //取出最大值
    }
    min = VgiADC_DataSave[0];
    for(i = 0;i < 18;i + + ){
        if(giADC_DataSave[i] < min)
         min =   giADC_DataSave[i];              //取出最小值
    }
    for(i = 0;i < 18;i + + )
        Sum+ = giADC_DataSave[i];                //累计值
    Sum = Sum-max-min;                           //排除最大最小值
    return(Sum);
}
```

在对数值进行滤波操作之后，还要将A/D值转换为温度，常用的两种方案为查表法和公式法：查表法比较麻烦，首先要制定一个表，而且精度也不高，适合于线性化较差的NTC温度传感器；公式法比较简单，只需要确定比例系数K和基准偏差B即可，适合于线性化较好的PT传感器。对于SPCE061A，其具有硬件乘法器所以实现该运算比较容易，其C语言实现过程如下：

```
fT = (adc_Data*K) - B;            //换算成温度值
```

式中，$K = 0.0891$，$B = 2.4$；

每间隔0.5s执行一次A/D采样操作，每次采样执行18次A/D转换；在IRQ5_2Hz中断服务程序中完成。每次转换的数据放入数组giADC_DataSave[]中

A/D采样操作中断服务程序如下：

```
.PUBLIC  _IRQ5
_IRQ5:
    PUSH R1,R5 TO [sp]
    R1 = 0x0008
    TEST R1,[P_int_Ctrl]
    JNZ L_4Hz                    //开 Timer A FIQ
    R1 = 0x0004
    [P_int_Clear] = R1           //清中断

A DC_Value:
    R1 = 0
```

```
L_AD:
    R2 = [P_ADC_MUX_Ctrl]        //读寄存器[P_ADC_MUX_Ctrl]的 b15 位
    TEST R2,0x8000               //判断是否转换完毕
    JZ L_AD                      //否,继续转换
    R3 = [P_ADC_MUX_Data]        //是,则读出[P_ADC_MUX_DATA]转换结果
    R3 = R3 lsr 4
    R3 = R3 lsr 2
    R2 = R1+ _giADC_DataSave
    [R2] = R3
    R1 = R1+ 1
    cmp R1,18
    jne L_AD

    JMP exit_int
L_4Hz:
    R1 = 0x0008
    [P_int_Clear] = R1           //清中断
exit_int:
    POP R1,R5 FROM [sp]
    RETI
```

完整程序如下:

```
# include  "spce061a.h"
extern  void IO_Initial(void);
extern  void ADC_Initial(void);
extern  void irq_Initial(void);
extern  void DIG_set(unsigned int A,unsigned int B);
extern  unsigned  int  ADC(void);
int   adc_data_cmp();                          //ADC 结果处理
unsigned int    giADC_DataSave[18];            //ADC 转换的数据

int main(void)
{
    unsigned  int uishi = 0,uige =  0,uisfw =  0,uibfw =  0;
    int adc_data;
    float  K,B,a;
    IO_Initial();                          //IO 口初始化
    irq_Initial();                         //开中断
    ADC_Initial();
    DIG_set(0,0);                          //显示数据初始化,开始都显示 0。
    DIG_set(1,0);
    DIG_set(2,0);
    DIG_set(3,0);
 while(1)
  {
        *P_Watchdog_Clear = 0x0001;
```

```
        adc_data = adc_data_cmp();
        adc_data/ = 16;                       //计算 A/D转换平均值
        K = 0.0891;                           //确定温度系数
        B = 2.4;
        a = (adc_data*K) - B;                 //换算成温度值
        //a = (float)k*3.3/0xffc0;            //计算测量电压
        //b = (int)(a*100);                   //计算电压的个位,十分位,百分位
        uige = (int)a/10;
        uisfw = (int)a% 10;
        uibfw = (int)(a*10)% 10;

        DIG_set(0,uishi);                     //存储显示数据
        DIG_set(1,uige);
        DIG_set(2,uisfw);
        DIG_set(3,uibfw);
    }
}

int adc_data_cmp()
{
        int max;
        int min;
    I   nt Sum = 0;
        int i;
        max = giADC_DataSave[0];
    for(i = 0;i < 18;i + + )
    {
        if(giADC_DataSave[i] > max)
          max = giADC_DataSave[i];              //取出最大值
    }
        min = giADC_DataSave[0];
    for(i = 0;i < 18;i + + ){
        if(giADC_DataSave[i] < min)
          min = giADC_DataSave[i];              //取出最小值
    }
    for(i = 0;i < 18;i + + )
       Sum+ = giADC_DataSave[i];                //累计值
       Sum = Sum-max-min;                       //排除最大最小值
    return(Sum);
}
.INCLUDE   spce061a.inc
.externAL  _giADC_DataSave
.DEFINE   DIG_count    4
.DATA
C_Address:
.dw 0x003F,0x0006,0x005B,0x004F,0x0066,0x006D,0x007D,0x0007,0x007F,0x006F
c_dig:      .dw 0x8000,0x4000,0x2000,0x1000
```

```
.RAM
    .VAR  R_CurBut, R_CurDIG
    R_DIG_Buf: .DW DIG_count   Dup(?)
    .CODE
    //==================================================
    //  功能:I/O口初始化
    //==================================================
    .PUBLIC  _IO_Initial
    _IO_Initial:
        PUSH  R1 to [sp]
        R1 = 0x0001             //IOA0为悬浮输入
        [P_IOA_Attrib] = R1
        R1 = 0x0000
        [P_IOA_Dir] = R1

        R1 = 0x0000
        [P_IOA_Data] = R1
        R1 = 0xFFFF             //IOB为悬浮输入
        [P_IOB_Dir] = R1
        [P_IOB_Attrib] = R1
        R1 = 0x0000
        [P_IOB_Data] = R1
        R1 = R_CurDIG
        R2 = 0
        [R1] = R2
        POP R1 from [sp]
        RETF
    //==================================================
    //  功能:A/D转换初始化
    //==================================================
    .PUBLIC  _ADC_Initial
    _ADC_Initial:
        PUSH  R1 to[sp]
        R1 = 0x0001             //选择ADC通道0
        [P_ADC_MUX_Ctrl] = R1
        R1 = 0x0001             //使能ADC
        [P_ADC_Ctrl] = R1
        R1 = [P_ADC_MUX_Data]   //启动ADC
        POP R1 from[sp]
        RETF;

    //==================================================
    //  功能:开中断
    //==================================================

    .PUBLIC  _irq_Initial
    _irq_Initial:
```

```
    PUSH  R1 to [sp]
    R1 = 0x0010| 0x0004
    [P_int_Ctrl] = R1
    int  irq
    POP R1 from [sp]
   RETF;

//==================================================================
//   功能:A/D转换,返回转换结果
//==================================================================

.PUBLIC   _ADC
_ADC:
?Loop:
    R1 = [P_ADC_MUX_Ctrl]
    TEST R1,0x8000          //判断转换是否完成
    JZ ?Loop                //没有则继续转换
    R1 = [P_ADC_MUX_Data]
     RETF;
//==================================================================
//   功能:存放显示数字
//==================================================================
.PUBLIC   _DIG_set
_DIG_set:
    PUSH BP TO [SP];
    PUSH R1,R3 TO [SP];
    BP = SP+ 1;
    R1 = [BP+ 6];//取得第 2 个参数
    R2 = [BP+ 7];//取得第 1 个参数
    R3 = R_DIG_Buf
    R3+ = R1//R1 指 0,1,2,3 这样的参数
    [R3] = R2//R2 存放要显示的数字
    POP R1,R3 FROM [SP];
    POP BP FROM [SP];
    RETF
//==================================================================
//   功能: 数码管显示
//==================================================================
.PUBLIC   F_DIG_Drive
F_DIG_Drive:

    PUSH  R1,R5  to[sp]
    R1 = [R_CurDIG]
    R2 = R1+ c_dig
    R2 = [R2]
    R3 = R_DIG_Buf
    R3+ = R1
```

```
    R3 = [R3]
    R5 = R3+ C_Address
    R5 = [R5]
    R2| = R5
    [P_IOB_Data] = R2
    R1+ = 1
    CMP  R1,4
    JB  ?DIG_NEXT
 ?DIG_Reverse:
    R1 = 0
 ?DIG_NEXT:
    [R_CurDIG] = R1
    POP R1,R5 from [sp]
    RETF
//===========================================================
//   功能:中断服务程序,调用数码管显示程序
//===========================================================
.TEXT
.PUBLIC  _IRQ4
_IRQ4:
    PUSH  R1,R5  to [sp]
    CALL  F_DIG_Drive                  //调用数码管显示程序
    R1 = 0x0010
    [P_int_Clear] = R1
    POP R1,R5 from [sp]
    RETI
.PUBLIC  _IRQ5
_IRQ5:
    PUSH R1,R5 TO [sp]
    R1 = 0x0008
    TEST R1,[P_int_Ctrl]
    JNZL_4Hz                      //开 Timer A FIQ
    R1 = 0x0004
    [P_int_Clear] = R1            //清中断

A DC_Value:
    R1 = 0
 L_AD:
    R2 = [P_ADC_MUX_Ctrl]         //读寄存器[P_ADC_MUX_Ctrl]的 B15 位
    TEST R2,0x8000                //判断是否转换完毕
    JZ L_AD                       //否,继续转换
    R3 = [P_ADC_MUX_Data]         //是,则读出[P_ADC_MUX_DATA]转换结果
    R3 = R3 lsr 4
    R3 = R3 lsr 2
    R2 = R1+ _giADC_DataSave
    [R2] = R3
    R1 = R1+ 1
```

```
    cmp R1,18
    jne L_AD

    JMP exit_int
L_4Hz:
    R10x0008
    [P_int_Clear]=R1              //清中断
exit_int:
    POP R1,R5 FROM [sp]
    RETI
```

小　　结

本章主要讲解了单片机的ADC/DAC知识。单片机的重要应用领域之一是信号自动监测和自动控制系统。在实际控制系统中，经常要对各种现场信号进行检测或控制，例如温度、压力、流量、位移、转速以及连续变化的电压、电流等等。这些信号都是随时间连续变化的物理量。这种连续变化的物理量通常称为模拟量。但单片机只能处理0和1这样的数字量信息，因此必须将这些模拟信号转换为单片机能够直接接收和处理的数字信号。ADC的作用就是实现模拟量和数字量之间的转换。同样，计算机的计算结果是数字量，不能用它去直接控制执行部件，需要先把它转换为模拟量，才能用于控制。这种能将数字量转换为模拟量的器件称为数模转换器(Digital to Analog Converter)，简称DAC或DAC。

SPCE061A中DAC主要是被设计来用作音频输出设备。DAC的最大输出电流和AVdd成正比。DAC使用时首先选择D/A转换控制方式，然后通过P_DAC1或者P_DAC2写入10位数据后，利用将10位缓冲寄存器DAR1数据锁存到DAC1或者DAC2完成D/A转换。

使用LINE_IN ADC时，首先选择ADC通道并使能ADC，然后通过读取ADC数据单元启动ADC，当判断转换完成后，从数据单元读取数据。

习　　题

一、问答题

1. 简述什么是ADC/DAC。D/A转换的基本原理是什么？
2. 如何利用DAC输出锯齿波？
3. 简述ADC使用的基本步骤。
4. 如何选择LINE_IN的输入通道？如何判断转换是否完成？如何取转换数据？
5. 数字化的仪表有什么特点？
6. 简述数字电压表实现的基本原理。
7. 如何实现温度的采集？
8. 查阅相关资料，设计湿度采集的外围电路及采集程序流程图。

二、上机练习

1. 编写程序，实现0～3.3V电压的采集，采样的周期为0.5s，并计算1min内电压的平均值。

2. 编写程序，实现温度信号的采集，并用数码管显示。

第 6 章 UART 的使用

教学目标

通过学习串行通信的知识，理解串行通信的相关概念；掌握串行口的结构和工作原理；掌握串行口控制寄存器的设置和相关程序的编制。

教学要求

能力目标	知识要点	权　重	自测分数
理解串行通信的相关概念	异步通信，同步通信；串行通信的工作方式；数据帧格式；波特率，数据的校验	20%	
掌握 UART 的硬件电路	串行 RS-232 的概况，电平转换芯片	20%	
掌握 UART 控制寄存器的设置及 UART 的基本使用	控制寄存器的设置，使用步骤	30%	
掌握串口通信应用程序的编制及调试	单片机与上位机的通信，双机通信的实现	30%	

引例

单片机与上位机的通信

实现的方法同前面，具体步骤如下。

(1) 打开 IDE 的安装路径 \SPCE061A\example\BaseExa\ex16_asm_UART 的例子。

(2)Rebuild All。

(3) 硬件连接和设置(见图 6.1)：

① 区的 S19 选择开关包括 4 个拨动开关，分别为 TX、RX、LCD 和 ICE，其中 TX、RX 分别控制串行通信数据发送和接收。实验时应将 TX、RX、ICE 都拨到 ON 位置，LCD 拨到 OFF 位置。图 ② 区中 VB1 为 DB9 接头，可用一根如图 6.2 所示的串口线(DB9 的)把该接头与 PC 上的串行接口连接起来，即用 9 针标准串口线连接实验箱 UART 通信电路模块 DB9 接头和 PC 机上串口连接起来，③ 区中 J10 接 Probe，打开 ④ 区电源开关 POWER。

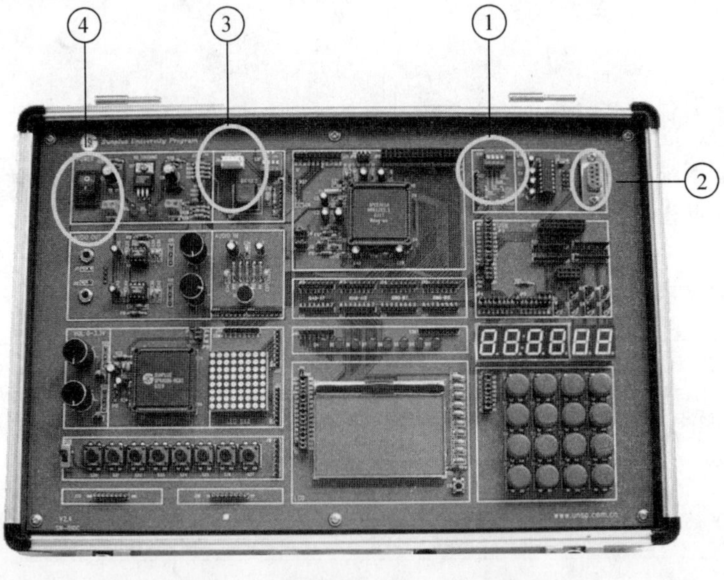

图 6.1　实验箱硬件连接和其他设置

图 6.2　DB9 的串口线

(4) 下载程序，运行。

(5) 在上位机中打开串口调试工具，如图 6.3 所示，单击端口设置按钮：波特率设置为 9600B/s，数据位设置为 8，停止位设置为 1，无奇偶校验位。调试工具存放路径为

IDE 的安装路径 SPCE061A\example\BaseExa\ex16_asm_UART\Tool\PortExpert 2.0

(6) 在数据发送区写入要发送的数据，发送数据。单片机会先接收数据，再将数据转发回来，数据重新被上位机接收后，会再次在调试软件中显示出来。这里注意接收到的数据可能和原来的编码不一致，例如发送小写字母 a，重新收到的数据会是小写字母 a 的 ASCII 码 97。当然为了验证数据是否发送到单片机，可以将发送的数据用 LED 显示屏显示出来(以二进制形式出现)。

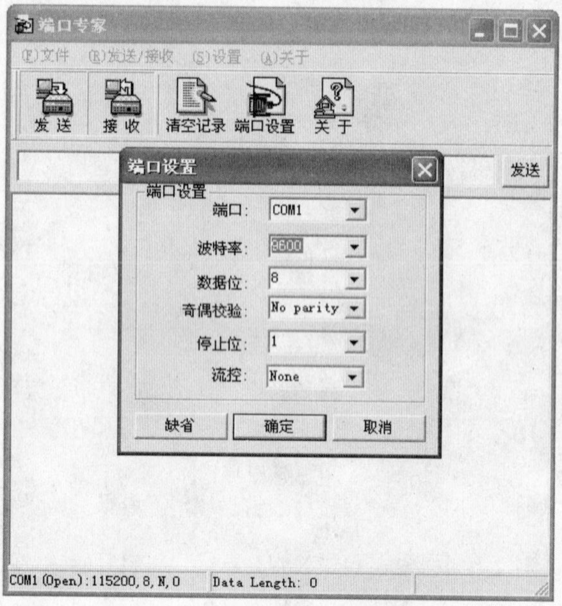

图 6.3 串口调试工具设置

修改程序，将发送的数据用 LED 显示屏显示出来。请对照以下两个程序：

```
.DEFINE     P_IOB_Data                 0x7005
.DEFINE     P_IOB_Buffer               0x7006
.DEFINE     P_IOB_Dir                  0x7007
.DEFINE     P_IOB_Attrib               0x7008

.DEFINE     P_UART_Command1            0x7021
.DEFINE     P_UART_Command2            0x7022
.DEFINE     P_UART_Data                0x7023
.DEFINE     P_UART_BaudScalarLow       0x7024
.DEFINE     P_UART_BaudScalarHigh      0x7025
.DEFINE     P_Watchdog_Clear           0x7012
.CODE
//=========================================================
//   实现功能:使用 UART 与上位机通信,当收到上位机发送的数据时,把接收到的数据发送到上位
             机,显示在上位机串口调试软件上。
//=========================================================

.PUBLIC _main
_main:
```

```
    R1 = 0x0480
    [P_IOB_Attrib] = R1                //初始化 IO 口,IOB7 输入,IOB10 输出
    R1 = 0x0400
    [P_IOB_Dir] = R1
    R1 = 0x0000
    [P_IOB_Data] = R1

    R1 = 0x00                          //设置波特率 9600B/s
    [P_UART_BaudScalarLow] = R1
    R1 = 0x05
    [P_UART_BaudScalarHigh] = R1

    R1 = 0x0000                        //设置校验方式
    [P_UART_Command1] = R1
    R1 = 0x00C0                        //使能接收和发送
    [P_UART_Command2] = R1
?Loop:
?RecWait:
    R1 = 0x0001                        //清看门狗
    [P_Watchdog_Clear] = R1

    R1 = [P_UART_Command2]
    R1& = 0x0080                       //测试是否有数据接收
    JZ ?RecWait

    R1 = [P_UART_Data]                 //读取 UART 缓冲区数据
?WaitTX:
    R2 = 0x0001
    [P_Watchdog_Clear] = R2
    R2 = [P_UART_Command2]
    TEST R2,0x0040                     //测试当前发送是否忙
    JZ ?WaitTX
    [P_UART_Data] = R1                 //发送数据
    JMP ?Loop
```

程序可做如下修改(修改部分加粗出现):

```
.DEFINE     P_IOA_Data              0x7000
.DEFINE     P_IOA_Buffer            0x7001
.DEFINE     P_IOA_Dir               0x7002
.DEFINE     P_IOA_Attrib            0x7003

.DEFINE     P_IOB_Data              0x7005
.DEFINE     P_IOB_Buffer            0x7006
.DEFINE     P_IOB_Dir               0x7007
.DEFINE     P_IOB_Attrib            0x7008

.DEFINE     P_UART_Command1         0x7021
.DEFINE     P_UART_Command2         0x7022
```

```
.DEFINE     P_UART_Data                 0x7023
.DEFINE     P_UART_BaudScalarLow        0x7024
.DEFINE     P_UART_BaudScalarHigh       0x7025
.DEFINE     P_Watchdog_Clear            0x7012
.CODE
//=============================================================
//  实现功能:使用 UART 与上位机通信,当收到上位机发送的数据时,把接收到的数据发送到上位
              机,显示在上位机串口调试软件上。
//=============================================================

.PUBLIC _main
_main:
    R1 = 0x00FF
    [P_IOA_Attrib] = R1                 //初始化 I/O 口,IOA0 ~ 7 同相输出
    R1 = 0x00FF
    [P_IOA_Dir] = R1
    R1 = 0x0000
    [P_IOA_Data] = R1

    R1 = 0x0480
    [P_IOB_Attrib] = R1                 //初始化 I/O 口,IOB7 输入,IOB10 输出
    R1 = 0x0400
    [P_IOB_Dir] = R1
    R1 = 0x0000
    [P_IOB_Data] = R1

    R1 = 0x00                           //设置波特率 9600B/s
    [P_UART_BaudScalarLow] = R1
    R1 = 0x05
    [P_UART_BaudScalarHigh] = R1

    R1 = 0x0000
    [P_UART_Command1] = R1
    R1 = 0x00C0                         //使能接收和发送
    [P_UART_Command2] = R1
?Loop:
?RecWait:
    R1 = 0x0001                         //清看门狗
    [P_Watchdog_Clear] = R1

    R1 = [P_UART_Command2]
    R1& = 0x0080                        //测试是否有数据接收
    JZ ?RecWait

    R1 = [P_UART_Data]                  //读取 UART 缓冲区数据
?WaitTX:
    R2 = 0x0001
```

```
[P_Watchdog_Clear] = R2
R2 = [P_UART_Command2]
TEST R2,0x0040              //测试当前发送是否忙
JZ ?WaitTX
[P_UART_Data] = R1          //发送数据
[P_IOA_Data] = R1           //利用 I/O 口输出数据
JMP ?Loop
```

6.1　串行通信基础知识

随着多计算机系统的应用和计算机网络的发展，计算机和外界的信息交换越来越重要。通信包括计算机和外围设备之间，以及计算机和计算机之间的信息交换。串行通信指的是二进制数据一位一位地依次传送，每一个数据位的传送占据一个固定的时间长度，故其所需传输线条数极少，并且可以借助现成的电话网进行信息传送，因此，特别适用于远距离传送，也适用于分级、分层和分布式控制系统通信之中。

在串行通信中，由于信息在一个方向上传输，只占用一根通信线，因此这根通信线既作数据线又作联络线，也就是说要在一根传输线上既传输数据信息，又传输控制信息，这就是串行通信的首要特点；串行通信的第 2 个特点是它的信息格式有固定的要求；串行通信的第 3 个特点是串行通信中对信息的逻辑定义与 TTL 不兼容，因此，需要进行逻辑电平转换。(即逻辑电平的标准不一样，高低电平电压范围不一致)。

6.1.1　串行通信的分类

按照串行数据的同步方式，串行通信可以分为同步通信和异步通信两类。异步通信是一种利用字符的再同步技术的通信方式，同步通信是通过同步字符的识别来实现数据的发送和接收的。

1. 异步通信(Asynchronous Communication)

在异步通信中，数据通常是以字符(或字节)为单位组成字符帧进行传送。字符帧由发送端一帧一帧地发送，通过传输线为接收设备一帧一帧地接收。发送端和接收端可以有各自的时钟来控制数据的发送和接收，这两个时钟源彼此独立，互不同步。在异步通信中，两个字符之间的传输间隔是任意的，所以，每个字符的前后都要用一些数位来作为分隔位。

发送端和接收端依靠字符帧格式来协调数据的发送和接收，在通信线路空闲时，发送线为高电平(逻辑 1)，每当接收端检测到传输线上发送过来的低电平逻辑 0(字符帧中的起始位)时就知道发送端已开始发送，每当接收端接收到字符帧中停止位时就知道一帧字符信息已发送完毕。

在异步通信中，字符帧格式和波特率是两个重要指标，可由用户根据实际情况选定。

1) 字符帧(Character Frame)

字符帧又称数据帧，由起始位、数据位、奇偶检验位和停止位等 4 部分组成，如图 6.4(异步通信的字符帧格式)所示。现对各部分结构和功能分述如下：

(1) 起始位：位于字符帧开头，只占 1 位，始终为逻辑 0(低电平)，用于向接收设备表

示发送端开始发送一帧信息。

(2) 数据位：紧跟起始位之后，用户根据情况可取5位、6位、7位或8位，低位在前高位在后(即先发送数据的最低位)。若所传数据为ASCII字符，则常取7位。

(3) 奇偶检验位：位于数据位后，仅占1位，用于表征串行通信中采用奇检验还是偶检验，由用户根据需要决定采取何种检验方式。

(4) 停止位：位于字符帧末尾，为逻辑1(高电平)，通常可取1位或2位，用于向接收端表示一帧字符信息已发送完毕，也为发送下一帧字符作准备。

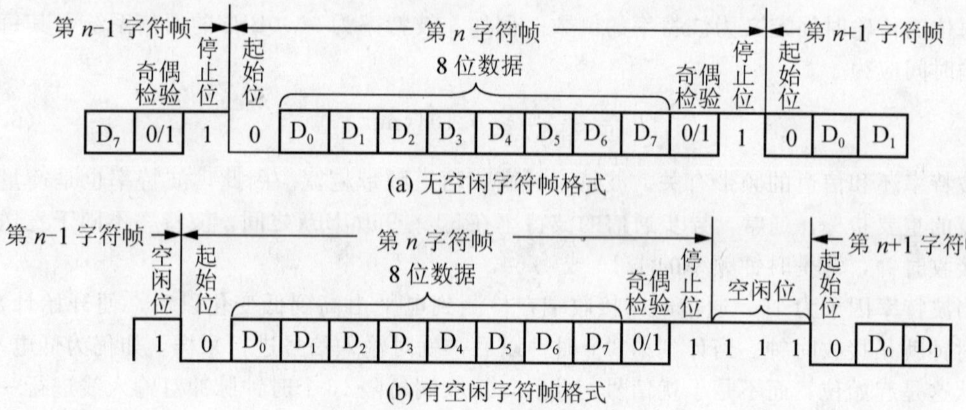

图6.4　异步通信的字符帧格式

在串行通信中，发送端一帧一帧发送信息，接收端一帧一帧接收信息。两相邻字符帧之间可以无空闲位，也可以有若干空闲位，这由用户根据需要决定。图6.4(b)所示为有3个空闲位时的字符帧格式。

SPCE061A单片机UART帧的格式(见图6.5)异步通信规定字符由起始位(start bit)、数据位(data bit)、奇偶检验位(parity)和停止位(stop bit)组成。起始位表示一个字符的开始，接收方可用起始位使自己的接收时钟与数据同步。停止位则表示一个字符的结束。这种用起始位开始，停止位结束所构成的一串信息称为帧(frame)。在传送一个字符时，由一位低电平的起始位开始，接着传送数据位，数据位的位数为5～8。在传输时，按低位在前，高位在后的顺序传送。奇偶检验位用于检验数据传送的正确性，也可以没有，可由程序来指定。最后传送的是高电平的停止位，停止位可以是1位或2位。停止位结束到下一个字符的起始位之间的空闲位要由高电平来填充(只要不发送下一个字符，线路上就始终为空闲位)。

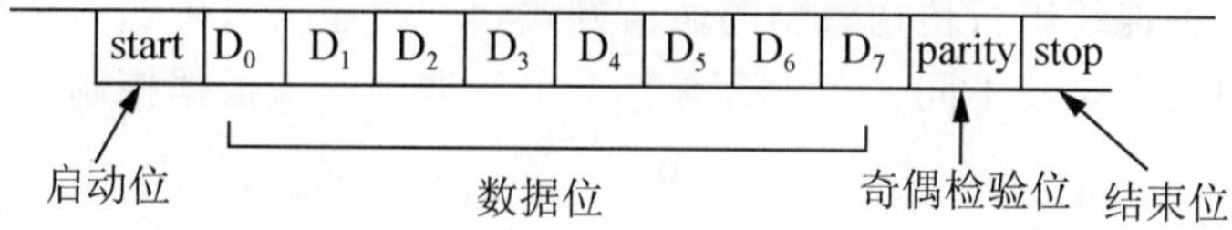

图6.5　SPCE061A单片机UART字符帧格式

2) 波特率(band rate)

在用异步通信方式进行通信时，发送端需要用时钟来决定每一位对应的时间长度，接收端需要用一个时钟来测定每一位的时间长度，前一个时钟称为发送时钟，后一个时钟称为接收时钟，这两个时钟的频率可以是位传输率的16倍、32倍或者64倍。这个倍数称为波特率因子，而位传输率称为波特率。波特率的定义为每秒钟传送二进制数码的位数(又称比特数)，单位通常为BPs(bit per second)，即位/秒。波特率是串行通信的重要指标，用于表征数据传输的速度。波特率越高，数据传输速度越快，但和字符的实际传输速率不同。字符的实际传输速率是指每秒内所传字符帧的帧数，和字符帧格式有关。例如，波特率为1200BPs的通信系统，若采用图6.4(a)所示的字符帧(每一字符帧包含数据位11位)，则字符的实际传输速率为 1200/11 = 109.09 帧/秒；若改用图6.4(b)所示的字符帧(每一字符帧包含数据位14位)，则字符的实际传输速率为1200/14 = 85.71帧/秒。

每位的传输时间定义为波特率的倒数。例如：波特率为9600BPs的通信系统，其每位的传输时间应为

$$T_d = \frac{1}{9600} = 0.104(\text{ms}) \tag{6.1}$$

波特率还和信道的频带有关。波特率越高，信道频带越宽。因此，波特率也是衡量通道频宽的重要指标。通常，异步通信的波特率在50～9600BPs之间。波特率不同于发送时钟和接收时钟，常是时钟频率的1/16或1/64。

当波特率因子为16，通信时，接收端在检测到电平由高到低变化以后，便开始计数，计数时钟就是接收时钟。当计到第8个时钟以后，就对输入信号进行采样，如仍为低电平，则确认这是起始位，而不是干扰信号。此后，接收端每隔16个时钟脉冲对输入线进行一次采样，直到各个信息位以及停止位都输入以后，采样才停止。当下一次出现由1到0的跳变时，接收端重新开始采样。正因为如此，在异步通信时，发送端可以在字符之间插入不等长的时间间隔，也即空闲位。

虽然接收端和发送端的时钟没有直接的联系，但是因为接收端总是在每个字符的起始位处进行一次重新定位，因此，必须要保证每次采样对应一个数据位。只有当接收时钟和发送时钟的频率相差太大，从而引起在起始位之后刚采样几次就造成错位时，才出现采样造成的接收错误。如果遇到这种情况，就会出现停止位(按规定停止位应为高电平)为低电平(此情况下，未必每个停止位都是低电平)于是，会引起信息帧格式错误。对于这类错误，大多数串行接口都是有能力检测出来的。也就是说，大多数可编程的串行接口都可以检测出奇/偶检验错误和信息帧格式错误。

异步通信的优点是不需要传送同步脉冲，字符帧长度也不受限制，故所需设备简单。缺点是字符帧中因包含有起始位和停止位而降低了有效数据的传输速率。

2. 同步通信(Synchronous Communication)

同步通信是一种连续串行传送数据的通信方式，一次通信只传送一帧信息。这里的信息帧和异步通信中的字符帧不同，通常含有若干个数据字符，根据控制规程分为面向字符及面向比特两种。

1) 面向字符型的数据格式

面向字符型的同步通信数据格式可采用单同步、双同步和外同步3种数据格式，如图6.6所示。

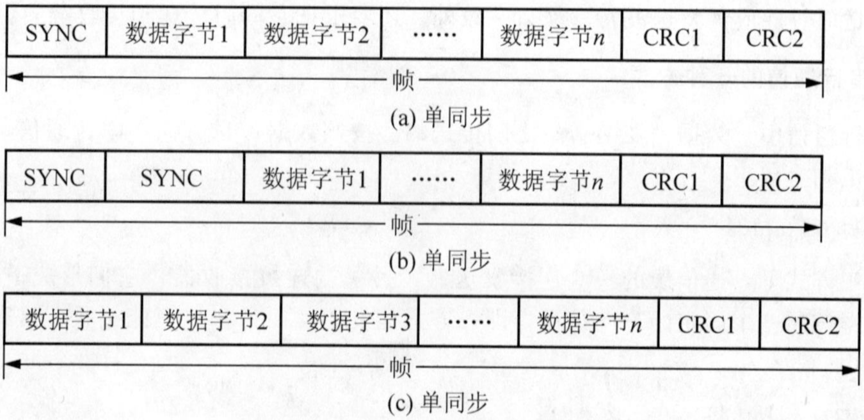

图 6.6 面向字符型的同步通信数据格式

单同步和双同步均由同步字符、数据字符和校验字符CRC这3部分组成。单同步是指在传送数据之前先传送1个同步字符“SYNC”，双同步则先传送2个同步字符“SYNC”。其中，同步字符位于帧结构开头，用于确认数据字符的开始(接收端不断对传输线采样，并把采样到的字符和双方约定的同步字符比较，只有比较成功后才会把后面接收到的字符加以存储)；数据字符在同步字符之后，个数不受限制，由所需传输的数据块长度决定；校验字符有1～2个，位于帧结构末尾，用于接收端对接收到的数据字符的正确性校验。外同步通信的数据格式中没有同步字符，而是用一条专用控制线来传送同步字符，使接收方及发送端实现同步。当每一帧信息结束时均用两个字节的循环控制码CRC为结束。

在同步通信中，同步字符可以采用统一标准格式，也可由用户约定。在单同步字符帧结构中，同步字符常采用ASCII码中规定的SYN(即16H)代码，在双同步字符帧结构中，同步字符一般采用国际通用标准代码EB90H。

2) 面向比特型的数据格式

根据同步数据链路控制规程(SDLC)，面向比特型的数据以帧为单位传输，每帧由6个部分组成。第1部分是开始标志“7EH”；第2部分是一个字节的地址场；第3部分是一个字节的控制场；第4部分是需要传送的数据，数据都是位(bit)的集合；第5部分是两个字节的循环控制玛CRC；最后一部分又是“7EH”，作为结束标志。面向比特型的数据格式如图6.7所示。

在SDLC规程中不允许在数据段和CRC段中出现6个“1”，否则会误认为是结束标志。因此要求在发送端进行检验，当连续出现5个“1”时，则立即插入一个“0”，到接收端要将这个插入的“0”去掉，恢复原来的数据，保证通信的正常进行。

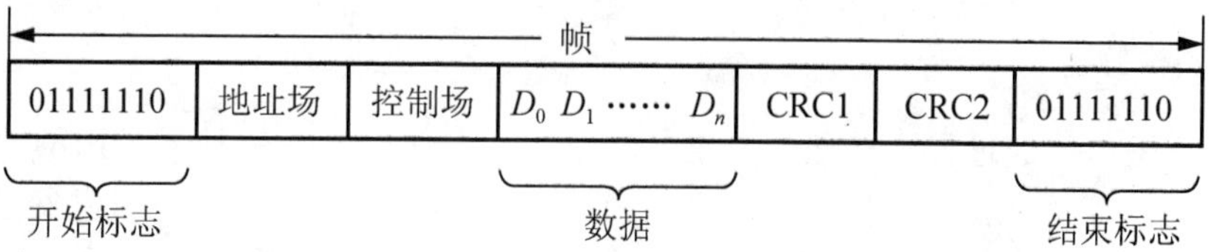

图 6.7 面向比特型的数据格式

同步通信的数据传输速率较高，通常可达56000BPs或更高，因此适用于传送信息量大，要求传送速率很高的系统中。同步通信的缺点是要求发送时钟和接收时钟保持严格同步，故发送时钟除应和发送波特率保持一致外，还要求把它同时传送到接收端去。

6.1.2 串行通信的3种方式

在串行通信中，数据是在两个站之间传送的。按照数据传送方向，串行通信可分为单工、半双工和全双工3种方式。

1. 单工(Simplex) 方式

在单工方式下，通信线的一端连接发送器，另一端连接接收器，它们形成单向连接，只允许数据按照一个固定的方向传送，即一方只能发送，而另一方只能接收，这种方式现在较少使用。

2. 半双工(Half Duplex) 方式

在半双工方式下，系统中的每个通信设备都由一个发送器和一个接收器组成，通过开关接到通信线路上，如图6.8(a)所示，图中，因为A站和B站之间只有一个通信回路，A、B两站之间只要一条信号线和一条接地线，所以数据要么由A站发送B站接收，要么由B站发送A站接收，即不能同时在两个方向上传送。

半双工方式比单工方式灵活，但是它的效率依然不高。因为，发送和接收两种方式之间的切换需要时间，重复线路切换所引起的延迟累积，是半双工通信协议效率不高的主要原因。

图6.8中所示的收发开关并不是实际的物理开关，而是由软件控制的电子开关，通信线两端通过半双工通信协议进行功能切换。

3. 全双工(Full Duplex) 方式

在全双工方式下，A、B两站间有两个独立的通信回路，两站都可以同时发送和接收数据。因此，全双工方式下的A、B两站之间至少需要3条传输线：一条用于发送，一条用于接收，另一条用于信号地，如图6.8(b)所示。

通常，许多串行通信接口电路均具有全双工通信能力，但是在实际使用中，大多数情况只采用半双工工作方式，即两个工作站通常并不同时收发。

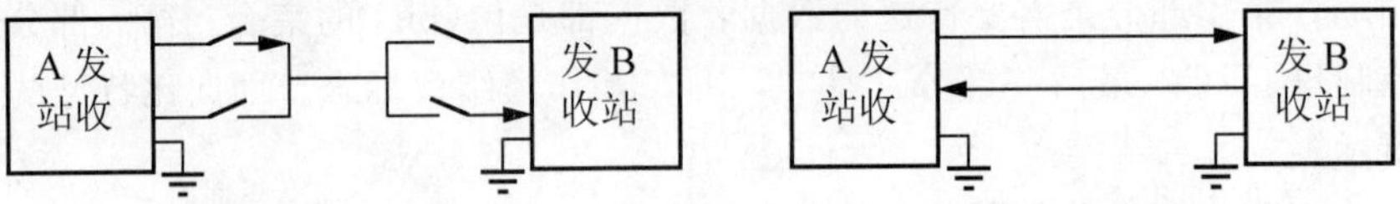

(a) 半双工传送　　(b) 全双工传送

图6.8　串行通信数据传送方式

6.1.3 错误检验

数据在长距离传送过程中必然会发生各种错误，奇偶检验是一种最常用的检验数据传送错误的方法。奇偶检验分奇检验和偶检验两种。UART的奇偶检验是通过发送端的奇偶检验位添加电路和接收端的奇偶检验检测电路实现的，如图6.9所示。

UART在发送时，由电路自动检测发送字符位中“1”的个数，并在奇偶检验位上添加“1”或“0”，使得“1”的总和(包括奇偶检验位)为偶数(奇检验时为奇数)，如图6.9(a)所示。

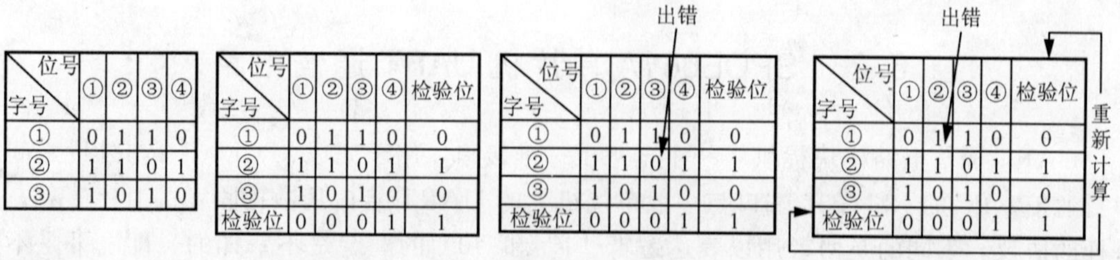

(a) 原4 bit 信息码（3个字）　(b) 编码处理（加入纵横检验码）　(c) 重放数据（出现误码）　(d) 解码纠错（检查纵横检验码）

图 6.9　收发两端的奇偶检验

UART 在接收时，由电路对字符位和奇偶检验位中“1”的个数加以检测。若“1”的个数为偶数(奇检验时为奇数)，则表明数据传输正确；若“1”的个数变为奇数(奇检验时为偶数)，则表明数据在传送过程中出现了错误，如图 6.9(b) 所示。

为了使数据传输更为可靠 UART 常设置如下 3 种出错标志：

1. 奇偶错误(Parity Error)

在接收时，UART 按照事先约定的方式(偶检验、奇检验或无奇偶检验)进行奇偶检验计算，UART 将检查接收到的每一个字符的“1”的个数(包含奇偶检验位)，然后将奇偶检验的期望值与它的实际值进行比较，如果两者不一致，则置奇偶错误标志，发出奇偶检验出错信息。奇偶错误 PE 由奇偶错标志触发器指示，该触发器由奇偶检验结果信号置位[见图 6.9(b)]。此位可供查询用，也可选定在检测到出错时，产生中断请求，再由 CPU 响应中断，转去执行中断服务程序进行相应的处理，常采用的处理方式是启动重发过程。

2. 帧错误(Frame Error)

以起始位开始、停止位为结束的二进制序列称为一帧，帧错误由帧错误标志触发器 FE 指示。若接收到的字符格式不符合规定(例如缺少停止位，或接收到的停止位应当是逻辑 1，但是却接收到逻辑 0 等便出现帧出错)，则该触发器 FE 被置位。

3. 溢出错误(Overrun Error)

上述的 UART 是一种双缓冲器结构。UART 接收端在接收到第 1 个字符后便放入“接收数据缓冲器”，然后就继续从 RXD 线上接收第 2 个字符，并等待 CPU 从“接收数据缓冲器”中取走第 1 个字符。如果 CPU 很忙，一直没有机会取走第 1 个字符，以致接收到的第 2 字符进入“接收数据缓冲器”而造成第 1 个字符丢失，于是产生了溢出错误。发生这种错误时，UART 自动使“溢出错误标志触发器”OE 置位。由此可见，若数据缓冲器的级数越多，则溢出错误的概率就越少。

特别提示

- 按照串行数据的同步方式，串行通信可以分为同步通信和异步通信两类。异步通信是一种利用字符的再同步技术的通信方式，同步通信是通过同步字符的识别来实现数据的发送和接收的。按照数据传送方向，串行通信可分为单工方式、半双工和全双工 3 种方式。

6.2　SPCE061A 单片机 UART 通信电路

UART 通信电路模块提供了一个全双工标准接口，用于完成 SPCE061A 与外设之间的串行通信。PC 的 RS－232 端口与一般单片机上的 UART 接口从数据收发的时序上看，是一样的协议，不同的是两者用以表达逻辑“1”和“0”的规定是不一样的，即电平是不兼容的。RS－232 端口用正负电压来表示逻辑状态，与 TTL(单片机的 UART 接口电平）以高低电平表示逻辑状态的规定是不同的。因此，为了能够同计算机接口或终端的 TTL 器件连接，必须进行电平和逻辑关系的变换。实现这种变换的方法可用分立元件，也可用集成电路芯片。例如利用 MAX232 芯片，它是目前应用效为广泛的电平转换器件，可以实现 TTL 到 EIA 双向电平转换；该芯片支持两路串行异步通信，RIN1 为第 1 路输入，ROUT1 为第 1 路输出；RIN2 为第 2 路输入引脚，ROUT2 为第 2 路输出，如图 6.10 所示。

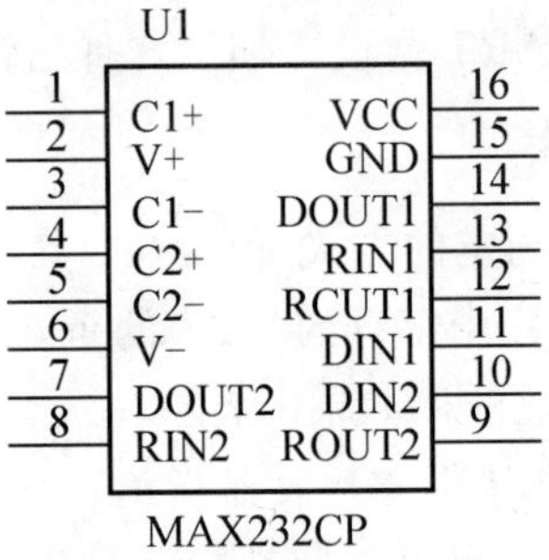

图 6.10　MAX232 芯片引脚图

RS－232 电平转换芯片采用 MAX232，与 SPCE061A 的接线如图 6.11 所示。注意 MAX232 的供电电压为 5V，芯片与单片机、PC 间要共地，IOB7 接 ROUT2，IOB10 接 DIN2。图中 VB1 为 DB9 接头，可用一串口线(DB9 的）把该接头与 PC 上的接口连接起来。

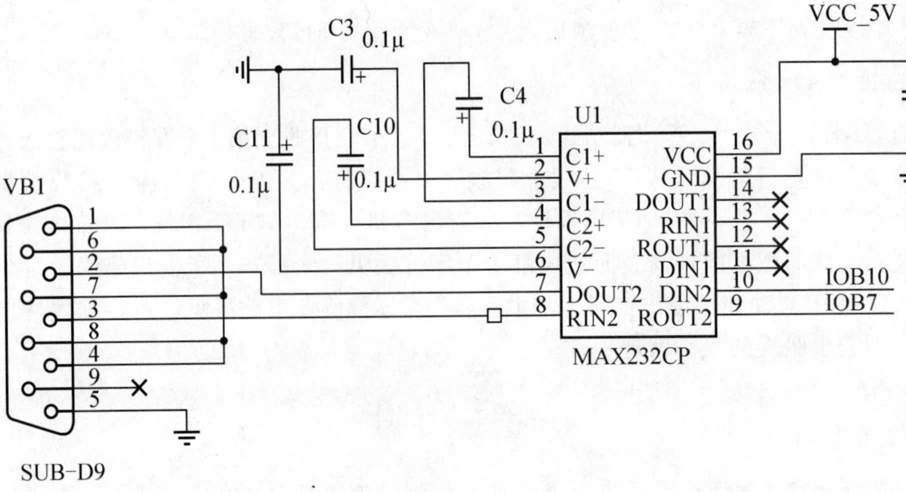

图 6.11　MAX232 电平转换芯片与 SPCE061A 的接线

特别提示

- PC的RS-232端口与一般单片机上的UART接口从数据收发的时序上看，是一样的协议，不同的是两者用以表达逻辑“1”和“0”的规定是不一样的，即电平是不兼容的。因此，为了能够同计算机接口或终端的TTL器件连接，必须进行电平和逻辑关系的变换。实现这种变换的方法可利用MAX232芯片。

6.3 SPCE061A单片机UART的使用

6.3.1 SPCE061A单片机UART的控制寄存器

前面学习过一些功能模块的控制寄存器，这些寄存器都是16位的，而SPCE061A单片机UART的控制寄存器跟这些寄存器不一样，串行通信相关寄存器都是8位。

1. P_UART_Command1(写)(7021H)

功能：控制奇偶检验

表6.1 P_UART_Command1单元

	功能	1	0
b7	RxintEn	允许UART接收中断(由RxRDY触发)	禁止UART接收中断
b6	TxintEn	允许UART发送中断(由TxRDY触发)	禁止UART发送中断
b5	I_Reset	内部复位信号复位	内部复位信号置位
b4	—	—	—
b3	Parity	激活偶检验功能	激活奇检验功能
b2	P_Check	激活奇偶检验功能	屏蔽奇偶检验功能

例：屏蔽奇偶检验功能

```
R1 = 0x00
[P_UART_Command1] = R1
```

例：开启奇检验功能

```
R1 = 0x04
[P_UART_Command1] = R1
```

例：开启偶检验功能

```
R1 = 0x0C
[P_UART_Command1] = R1
```

2. P_UART_Command2(写/读)(7022H)

该单元写入时为UART数据发送/接收控制端口，b6、b7位分别控制着数据发送和接

收引脚的允通 / 禁通，如表 6.2 所示。

例：

```
R1 = 0xC0                  // 接收发送使能
[P_UART_Command2] = R1
```

表 6.2　P_UART_Command2(写) 单元

b7	b6	b5	b4	b3	b2	b1	b0
1：允通接收引脚 0：禁通接收引脚	1：允通发送引脚 0：禁通发送引脚	—	—	—	—	—	—

该单元读出为 UART 状态信息。

b7 位是接收数据已完成标志位，当接收到数据时该标志位被置为“1”，读 P_UART_Data 单元后将清除该标志位；b6 位是发送数据准备好标志位，该标志位被置为“1”，表示发送器的数据缓存器为空，已准备好可以发送写入 P_UART_Data 单元的数据，如表 6.3 所示。

表 6.3　P_UART_Command2(读) 单元

b7	b6	b5	b4	b3	b2	b1	b0
1：数据已接收完毕 0：未接收到数据	1：数据发送已准备好 0：数据发送未准备好	—	—	—	—	—	—

```
R1 = [P_UART_Command2]
TEST R1,0x0080             // 测试接收数据是否准备好
R2 = [P_UART_Command2]
TEST R2,0x0040             // 测试发送数据是否准备好
```

3. P_UART_Data(读 / 写)(7023H)

表 6.4　P_UART_Data 单元

b7	b6	b5	b4	b3	b2	b1	b0
数据							

往该单元写入数据时，表示发送数据，如下：

```
[P_UART_Data] = R1         // 发送数据
```

读取该单元数据时，表示接收数据，如下：

```
R1 = [P_UART_Data]         // 接收数据
```

4. 波特率设置单元

P_UART_BaudScalarLow(读 / 写)(7024H) 设置波特率低字节，P_UART_Baud ScalarHigh(读 / 写)(7025H) 设置波特率低字节，如表 6.5 所示。

表6.5 波特率设置对照表

波特率/BPs	高字节	低字节
1500	1FH	FFH
2400	14H	00H
4800	0AH	00H
9600	05H	00H
19200	02H	80H
38400	01H	40H
48000	01H	00H
51200	00H	F0H
57600	00H	D5H
102400	00H	78H
115200	00H	6BH

```
R1 = 0x00              //设置波特率 9600BPs
[P_UART_BaudScalarLow] = R1
R1 = 0x05
[P_UART_BaudScalarHigh] = R1
R1 = 0x80              //设置波特率 19200BPs
[P_UART_BaudScalarLow] = R1
R1 = 0x02
[P_UART_BaudScalarHigh] = R1
```

6.3.2 UART的使用

使用UART模块进行通信时，基本步骤如下：

(1) 使用UART模块进行通信时，UART的接收数据引脚Rx和发送数据引脚Tx分别为IOB7和IOB10共用。必须事先分别将引脚Rx(IOB7)、Tx(IOB10)设置为悬浮输入状态、同相输出状态。

```
R1 = 0x0480
[P_IOB_Attrib] = R1           //初始化 I/O 口,IOB7 悬浮输入,IOB10 同相输出
R1 = 0x0400
[P_IOB_Dir] = R1
R1 = 0x0000
[P_IOB_Data] = R1
R1 = 0x0000
```

(2) 通过设置P_UART_BaudScalarLow(7024H)、P_UART_BaudScalarHigh(7025H)单元指定所需的波特率，这里注意保持通信双方的波特率设置相同。

(3) 设置 P_UART_Command1(7021H) 和 P_UART_Command2(7022H) 单元以启用 UART 通信功能。以上设置完成后，UART 将处于启用状态。设置 P_UART_Command2 单元的第 6、7 位可以启用 UART Tx、Rx 引脚功能。μ'nSP™ 接收或发送一个字节数据时，P_UART_Command2(7022H) 单元的第 6、7 位会被置为“1”。

(4) 实现数据的收发。

例：实现单片机与上位机的通信。

主程序流程图如图 6.12，初始化 IOB7 为带下拉电阻的输入口，IOB10 为同相低电平输出口，波特率设置成 9600BPs，判断是否接收到数据；如接收到了数据，判断发送数据是否准备好，如果准备好则把接收到的数据发送出去。

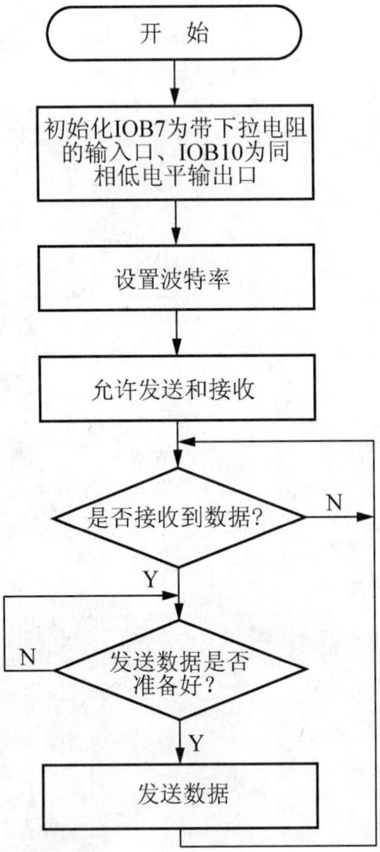

图 6.12 主程序流程图

完整程序如下：

```
//==========================================================
//   功能:实现单片机与上位机的通信。
//==========================================================
.DEFINE     P_IOB_Data                  0x7005
.DEFINE     P_IOB_Buffer                0x7006
.DEFINE     P_IOB_Dir                   0x7007
.DEFINE     P_IOB_Attrib                0x7008
```

```
.DEFINE    P_UART_Command1           0x7021
.DEFINE    P_UART_Command2           0x7022
.DEFINE    P_UART_Data               0x7023
.DEFINE    P_UART_BaudScalarLow      0x7024
.DEFINE    P_UART_BaudScalarHigh     0x7025

.DEFINE    P_Watchdog_Clear          0x7012
.CODE
.PUBLIC_main
_main:
//分别将引脚 Rx(IOB7)、Tx(IOB10) 设置为悬浮输入状态、同相输出状态
    R1 = 0x0480
    [P_IOB_Attrib] = R1       //初始化 IO 口,IOB7 悬浮输入,IOB10 同相输出
    R1 = 0x0400
    [P_IOB_Dir] = R1
    R1 = 0x0000
    [P_IOB_Data] = R1
//设置所需的波特率,校验方式等,并启用 UART 通信接收和发送功能
    R1 = 0x0000               //选择校验方式
    [P_UART_Command1] = R1
    R1 = 0x00C0               //接收发送使能
    [P_UART_Command2] = R1
    R1 = 0x00                 //设置波特率 9600BPs
    [P_UART_BaudScalarLow] = R1
    R1 = 0x05
    [P_UART_BaudScalarHigh] = R1
?Loop:
?RecWait:
    R1 = 0x0001               //清看门狗
    [P_Watchdog_Clear] = R1
//测试是否有数据接收
    R1 = [P_UART_Command2]
    TEST R2,0x0080            //测试是否有数据接收
    JZ ?RecWait
    R1 = [P_UART_Data]        //读取 UART 缓冲区数据
?WaitTX:
    R2 = 0x0001
    [P_Watchdog_Clear] = R2
//从上位机接收到数据后,测试当前发送是否忙?若不忙将接收到的数据在发送回上位机
    R2 = [P_UART_Command2]
    TEST R2,0x0040            //测试当前发送是否忙
    JZ ?WaitTX
    [P_UART_Data] = R1        //发送数据
    JMP ?Loop
```

特别提示

- 使用 UART 模块进行通信时，UART 的接收数据引脚 Rx 和发送数据引脚 Tx 为 IOB7 和 IOB10 共用。必须事先将引脚 Rx(IOB7)、Tx(IOB10) 分别设置为悬浮输入状态、同相输出状态。然后通过设置 P_UART_BaudScalarLow(7024H)、P_UART_BaudScalarHigh(7025H) 单元指定所需的波特率，这里注意保持通信双方的波特率设置相同。接着设置 P_UART_Command1(7021H) 和 P_UART_Command2(7022H) 单元以启用 UART 通信功能。以上设置完成后，UART 将处于启用状态。设置 P_UART_Command2 单元的第 6、7 位可以启用 UART Tx、Rx 引脚功能。μ'nSP™ 接收或发送一个字节数据时，P_UART_Command2(7022H) 单元的第 6、7 位会被置为“1”。最后实现数据的收发。

6.4 串行通信的综合应用——实现双机通信

单片机通信不仅与上位机 PC 通信，且单片机与单片机之间也要彼此通信。单片机与单片机之间的通信简称双机通信。下面介绍实现双机通信的方法，要实现单片机之间的双机通信，需对两个单片机分别加以控制，这里两个单片机分出主机和从机来。当主机有按键按下时，向从机发送一个数据，从机接收到正确的数据后，利用发光二极管将接收到的数据显示出来。

主机程序流程如图 6.13 所示。

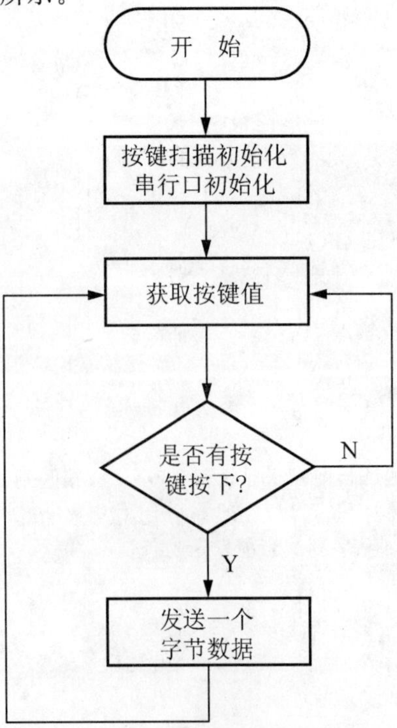

图 6.13 主机程序流程图

首先来看一下初始化程序，在这里分别对按键扫描和串行口进行初始化。分别写成一个函数的形式。在按键扫描程序中将IOA0～7设置为带下拉电路的输入状态，而在串行口初始化程序中将引脚Rx(IOB7)、Tx(IOB10)分别设置为悬浮输入状态、同相输出状态；设置串行口所需的波特率为9600BPs，校验方式为不做奇偶校验，并启用UART通信接收和发送功能。

在程序中为了只对I/O口功能寄存器中要用到的位作修改，如串行口初始化程序中分别将引脚Rx(IOB7)、Tx(IOB10)设置为悬浮输入状态、同相输出状态，而其他位保持不变，这里采取如下方式：先读出寄存器值，利用读取的值对需要修改的位作修改，其他位即可保持不变。

程序如下：

```
//===========================================================
//   功能描述:按键扫描初始化。
//===========================================================
.PUBLIC   _F_Key_Scan_Initial                     //被C语言文件调用格式
.PUBLIC  F_Key_Scan_Initial                       //被汇编语言文件调用格式
_F_Key_Scan_Initial:
F_Key_Scan_Initial:
        R1 = [P_IOA_Attrib]
        R1 = R1&(~0x00FF)
        [P_IOA_Attrib] = R1
        R1 = [P_IOA_Dir]
        R1 = R1&(~0x00FF)
        [P_IOA_Dir] = R1
        R1 = [P_IOA_Data]
        R1 = R1&(~0x00FF)
        [P_IOA_Data] = R1

        RETF
//===========================================================
//   功能描述:串行口初始化
//===========================================================
void InitUART(void)
{
    unsigned int iTEST;                          //设置的中间量
    __asm("int OFF");
    //IOB2口为外部中断的输入,设置为带下拉的输入口。
    //在IOB口中IOB7为RX  IOB10为TX
    iTEST = *P_IOB_Dir;
    iTEST |= 0x0400;
    iTEST &= 0xFF7F;
    *P_IOB_Dir = iTEST;
    iTEST = *P_IOB_Attrib;
    iTEST |= 0x0480;
    *P_IOB_Attrib = iTEST;

    //设置串行口    波特率为9600bps
```

```
    *P_UART_BaudScalarLow = 0x00;
    *P_UART_BaudScalarHigh = 0x05;
    *P_UART_Command1 = 0x80;          // 使能接收中断,而不打开发送中断
    *P_UART_Command2 = 0xC0;          // 使能接收发送引脚

    __asm("FIQ OFF");                 // 关闭 FIQ 中断,打开 IRQ 中断
    __asm("IRQ ON");
}
```

接下来循环采集按键，对于按键采集的程序也写成一个函数的形式，程序可以参考以前用过的按键扫描程序。这里就不再重复。

当按键按下时，需要向从机发送一个字节数据，为了区分各次发送的不同数据，在发送数据前发送一个数据的编号。

```
while(1)
    {uiKey = SP_GetCh();              // 获取键值
        if(uiKey)                     // 是否有键按下
        {
            uiTX_Buff[0] = uiIndex << 8;      // 如有键按下,则把 uiIndex 送到发送队列中的
                                                 最高 8 位
            UART_SendChar(1);                // 启动发送队列中的一个字节数据(从最高位
                                                 开始)
            uiIndex++;                       //uiIndex 自加 1
            if(uiIndex > 255)uiIndex = 1;    // 如溢出,则归一
        }
            *P_Watchdog_Clear = 0x0001;      // 清看门狗
    }
```

在这里函数 UART_SendChar(n) 的作用是当按键按下时，发送一个数据的编号，再向从机发送 n 个字节的数据。这里有个问题需要处理，要发送的数据是 1 个字节数据，而单片机中地址都是16位的，就是说一个地址可以存放两个字节数据，分别放在高字节和低字节，所以发送时要将两个字节的数据分开。

```
//=====================================================================
//    函数名称:UART_SendChar(unsigned int uiNumber)
//    功能描述:串行数据发送启动程序
//    语法格式:void UART_SendChar(unsigned itn uiNumber)
//    入口参数:uiNumber,要发送的 8 位数据个数
//=====================================================================

void UART_SendChar(unsigned int uiNumber)
{
    uiTX_Data_Number = uiNumber;
    *P_UART_Data = uiTX_Buff[0] >> 8;
    uiTX_Index = 0;
if(uiTX_Index < uiTX_Data_Number)
{
```

```
    uiTX_Index++;
    if(uiTX_Index&0x0001)
    *P_UART_Data=uiTX_Buff[uiTX_Index>>1];
    else *P_UART_Data=(uiTX_Buff[uiTX_Index>>1])>>8;
  }
  }
```

下面来看一下从机程序，其流程图如图 6.14 所示。

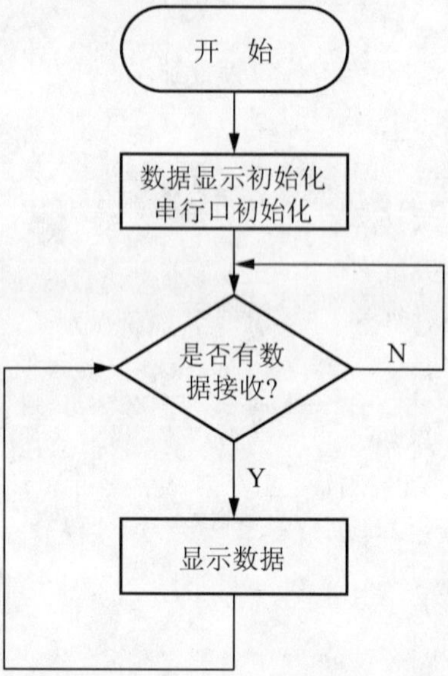

图 6.14　从机程序流程图

首先来看一下初始化程序，在这里分别对数据显示和串行口进行初始化，在数据显示初始化程序中将 IOA0～7 设置为同相输出状态，而在串行口初始化程序中将引脚 Rx(IOB7)、Tx(IOB10) 分别设置为悬浮输入状态、同相输出状态；设置串行口所需的波特率为 9600BPs，检验方式为不做奇偶检验，并启用 UART 通信接收和发送功能。

在这里采用接收中断来接收数据，为什么用接收中断呢?主机发送数据是随机的，什么时候按下按键不确定，因此有数据接收对从机来说是突发事件，采用中断处理更加有效。

主机程序如下：

```
//UART 波特率设置为 9600
//IOA0～7 接 1X8 键盘,键盘公共端接高电平
// 按下一个任意键,则发送一个当前的 uiIndex 数值

# include "spce061a.h"

extern  unsigned int uiRS_Buff;       // 串行口接收数据缓存
extern  unsigned int uiRS_ReciveFlag;// 串行口接收数据标识
extern  unsigned int uiTX_Buff[5];    // 发送数据缓冲区暂时设定为 10 个 8bit 的数据区域
extern  void  InitUAPT(void);
extern  void  F_Key_Scan_Initial(void);
extern  void  UART_SendChar(unsigned int i);
extern  void  F_Key_Scan_ServiceLoop();
extern  unsigned int  SP_GetCh();
```

```
int main(void)
{
    unsigned int uiKey = 0;
    unsigned int uiIndex = 1;
    InitUART();  //初始化串行口，端口初始、波特率初始化、变量初始化
    F_Key_Scan_Initial();              //初始化键盘扫描

    while(1)
    {
        uiKey = SP_GetCh();             //获取键值
        if(uiKey)                       //是否有键按下
        {
            uiTX_Buff[0] = uiIndex << 8;      //如有键按下,则把 uiIndex 送到发送队列中的
                                               最高 8 位
            UART_SendChar(1);                  //启动发送队列中的 1 个字节数据(从最高位
                                               开始)
            uiIndex++;                         //uiIndex 自加 1
            if(uiIndex > 255)uiIndex = 1;      //如溢出,则归一
        }
        F_Key_Scan_ServiceLoop();              //后台的循环服务程序(for 键盘)
        *P_Watchdog_Clear = 0x0001;            //清看门狗
    }
}

//======================================================================
//  文件名称:RSDocument.c
//  实现功能:串行通信、各中断服务程序
//======================================================================
# include  "SPCE061A.h"

# define   M_RX_FLAG     0x80
# define   M_TX_FLAG     0x40


unsigned int  uiRS_Buff;            //串行口接收数据缓存
unsigned int  uiRS_ReciveFlag;      //串行口接收数据标识
unsigned int  uiTX_Index;           //串行口发送数据缓冲区,发送数据的索引号
unsigned int  uiTX_Data_Number;     //本次发送数据的个数
unsigned int  uiTX_Buff[5];         //发送数据缓冲区  暂时设定为 10 个 8bit 的数据区域
//======================================================================
//  函数名称:InitUART(void)
//  功能描述:串行口初始化程序
//  语法格式:void InitUART(void)
//======================================================================
void InitUART(void)
{
    unsigned int iTEST;             //设置的中间量
```

```
    __asm("int OFF");
    //IOB2 口为外部中断的输入,设置为带下拉的输入口。
    //在 IOB 口中 IOB7 为 RX    IOB10 为 TX
    iTEST = *P_IOB_Dir;
    iTEST |= 0x0400;
    iTEST &= 0xFF7F;
    *P_IOB_Dir = iTEST;
    iTEST = *P_IOB_Attrib;
    iTEST |= 0x0480;
    *P_IOB_Attrib = iTEST;

    *P_SystemClock = 0x0088;            //系统时钟设置为 49.152MHz,并使晶振处于强振状
                                          态之下
    //设置串行口     9600   SystemClock:24.576MHz
    *P_UART_BaudScalarLow = 0x00;
    *P_UART_BaudScalarHigh = 0x05;
    *P_UART_Command1 = 0x80;            //使能接收中断,而不打开发送中断
    *P_UART_Command2 = 0xc0;            //使能接收发送引脚

    __asm("FIQ OFF");                   //关闭 FIQ 中断,打开 IRQ 中断
    __asm("IRQ ON");
}

//===========================================================
//   函数名称:UART_SendChar(unsigned int uiNumber)
//   功能描述:串行数据发送启动程序
//   语法格式:void UART_SendChar(unsigned itn uiNumber)
//   入口参数:uiNumber   要发送的 8 位数据个数
//===========================================================

void UART_SendChar(unsigned int uiNumber)
{
    uiTX_Data_Number = uiNumber;
    *P_UART_Data = uiTX_Buff[0] >> 8;
    uiTX_Index = 0;
if(uiTX_Index < uiTX_Data_Number)
{
    uiTX_Index++;
    if(uiTX_Index&0x0001)
    *P_UART_Data = uiTX_Buff[uiTX_Index >> 1];
    else *P_UART_Data = (uiTX_Buff[uiTX_Index >> 1]) >> 8;
}

}
```

从机程序：

```
//UART 波特率设置为 9600bps
//IOA0～7 接 LED 发光管，
//接收到一个零的数据则认为是接收到了有效数据，这时在 IOA 的低 8 位口输出接收到的数据
//
# INCLUDE"SPCE061A.h"

extern unsigned int  uiRS_Buff;          //串行口接收数据缓存
extern unsigned int  uiRS_ReciveFlag;    //串行口接收数据标识
extern unsigned int  uiTX_Buff[5];       //发送数据缓冲区   暂时设定为 10 个 8bit 的数
                                           据区域
extern void  InitUART(void);
int main(void)
{
    unsigned int uiIndex = 1;
    InitUART();                          //初始化串行口，端口初始化、波特率初始化、变量
                                           初始化
    *P_IOA_Dir = 0x00FF;                 //初始化 IOA 口，用于输出接收到的数据
    *P_IOA_Attrib = 0x00FF;
    *P_IOA_Data = 0x0000;

    while(1)
    {
        if(uiRS_ReciveFlag)              //接收标志为 1 时标志接收到数据

        {
            uiRS_ReciveFlag = 0;         //标志位清 0
            *P_IOA_Data = uiRS_Buff;     //在 IOA 的低 8 位中输出接收到的数据
        }
        *P_Watchdog_Clear = 0x0001;      //清看门狗
    }
}

//================================================================
//   文件名称：RSDocument.c
//   实现功能：串行通信、各中断服务程序
//================================================================
# include "SPCE061A.h"

# define     M_RX_FLAG     0x80
# define     M_TX_FLAG     0x40

unsigned int  uiRS_Buff;             //串行口接收数据缓存
unsigned int  uiRS_ReciveFlag;       //串行口接收数据标识
unsigned int  uiTX_Index;            //串行口发送数据缓冲区，发送数据的索引号
unsigned int  uiTX_Data_Number;      //本次发送数据的个数
unsigned int  uiTX_Buff[5];          //发送数据缓冲区暂时设定为 10 个 8bit 的数据区域
```

```
//=================================================================
//   函数名称:IRQ7()
//   功能描述:串行中断入口程序
//   语法格式:void IRQ7(void)
//=================================================================
void InitUART(void)
{
    unsigned int iTEST;             //设置的中间量
    __asm("int OFF");
    //IOB2 口为外部中断的输入,设置为带下拉的输入口
    //在 IOB 口中 IOB7 为 RX    IOB10 为 TX
    iTEST = *P_IOB_Dir;
    iTEST |= 0x0400;
    iTEST &= 0xFF7F;
    *P_IOB_Dir = iTEST;
    iTEST = *P_IOB_Attrib;
    iTEST |= 0x0480;
    *P_IOB_Attrib = iTEST;


    //设置串行口      9600
    *P_UART_BaudScalarLow = 0x00;
    *P_UART_BaudScalarHigh = 0x05;
    *P_UART_Command1 = 0x80;        //使能接收中断,而不打开发送中断
    *P_UART_Command2 = 0xC0;        //使能接收发送引脚

    __asm("FIQ OFF");               //关闭 FIQ 中断,打开 IRQ 中断
    __asm("IRQ ON");
}
//=================================================================
//   函数名称:IRQ7()
//   功能描述:串行中断入口程序
//   语法格式:void IRQ7(void)
//=================================================================
void IRQ7(void)__attribute__((ISR));
void IRQ7(void)
{
    unsigned intTemp;
    Temp = *P_UART_Command2;
    if(Temp & M_RX_FLAG)
    {                                      //接收中断
            uiRS_Buff = *P_UART_Data;//接收到非零的数据则置接收标志位
        if(uiRS_Buff)
            uiRS_ReciveFlag = 1;
        else
            uiRS_ReciveFlag = 0;
    }
```

```
    else
    {                    //发送中断
        uiTX_Index++;
        if(uiTX_Index<uiTX_Data_Number)
        {
    if(uiTX_Index&0x0001) *P_UART_Data=uiTX_Buff[uiTX_Index>>1];
    else *P_UART_Data=(uiTX_Buff[uiTX_Index>>1])>>8;
        }
        else
        {              //缓冲区内数据发送完   关掉发送中断
            * P_UART_Command1=0x80;
        }
    }
}
```

小　　结

本章主要讲解单片机的UART相关知识。随着多计算机系统的应用和计算机网络的发展，计算机和外界的信息交换越来越重要。通信包括计算机和外围设备之间，以及计算机和计算机之间的信息交换。串行通信指的是二进制数据一位一位地依次传送，每一个数据位的传送占据一个固定的时间长度，故它所需传输线条数极少，并且可以借助现成的电话网进行信息传送，因此，特别适用于远距离传送，也适用于分级、分层和分布式控制系统通信。按照串行数据的同步方式，串行通信可以分为同步通信和异步通信两类。按照数据传送方向，串行通信可分为单工、半双工和全双工3种方式。SPCE061A的UART通信模块提供了一个全双工标准接口，用于完成SPCE061A与外设之间的串行通信。

使用UART模块进行通信时，UART的接收数据引脚Rx和发送数据引脚Tx为IOB7和IOB10共用。必须事先将引脚Rx(IOB7)、Tx(IOB10)分别设置为悬浮输入状态、同相输出状态。然后通过设置P_UART_BaudScalarLow(7024H)、P_UART_BaudScalarHigh(7025H)单元指定所需的波特率，这里注意保持通信双方的波特率设置相同。接着设置P_UART_Command1(7021H)和P_UART_Command2(7022H)单元以启用UART通信功能。以上设置完成后，UART将处于启用状态。设置P_UART_Command2单元的第6、7位可以启用UART Tx、Rx引脚功能。μ'nSP™接收或发送一个字节数据时，P_UART_Command2 (7022H)单元的第6、7位会被置为“1”。最后实现数据的收发。

习　　题

一、问答题

1. 简述什么串行通信。
2. 串行通信有哪些分类？
3. 何谓数据的奇偶检验？
4. SPCE061A单片机与PC通信时为什么要进行电平转换？转换用的什么芯片？

5. 设置串行通信的奇偶检验方式为偶检验。
6. 设置串行通信的波特率为 9600BPs。
7. 如何判断数据已接收？如何判断发送数据准备好？
8. 如何允许接收和发送？
9. UART 的使用的基本步骤是什么？
10. UART 使用时如何设置 I/O 口？

二、上机练习

1. 编写程序实现 0 ～ 3.3V 电压的采集，并将采集的数据发送给上位机。
2. 编写程序实现将上位机发送的数据用数码管显示。

第 7 章

单片机语音基础及 LCD 显示

教学目标

通过学习单片机的语音知识，掌握语音记录、播放、识别的基本原理；掌握语音播放的步骤和程序编写；掌握语音识别程序编写。

教学要求

能力目标	知识要点	权　重	自测分数
掌握语音记录、播放、识别的基本原理	语音的记录，语音播放，语音识别，单片机硬件对语音功能的支持	20%	
掌握语音播放的步骤和程序编写	A2000，S480 语音的自动播放，语音播放程序编写	40%	
掌握语音播放和 LCD 显示的综合实例	带语音提示的自动温度采集仪设计	40%	

引例

音乐播放

设计的方法同前面，具体步骤如下：

(1) 打开 IDE 的安装路径 \\SPCE061A\\ExampleVoiceExa\\ex1_A2000_Auto 的例子。

(2) Rebuild All。

(3) 硬件连接和设置，如图 7.1 所示。

① 区的 S19 选择开关中 ICE 拨到 ON 位置，其他都拨到 OFF 位置。③ 区中 J10 接 Probe，打开 ④ 区电源开关 POWER。

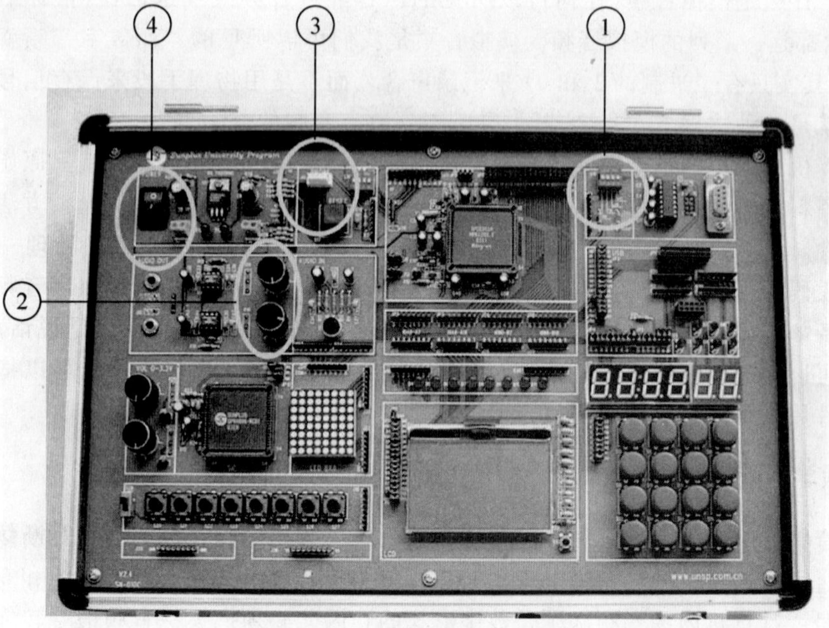

图 7.1　硬件接连示意图

(4) 下载，运行程序

(5) 当程序正常运行后，可以听到重复播放的两段音乐，调节 ② 区的音量旋钮可以改变播放语音的音量大小。

7.1　语音基础知识

语音处理技术是一门新兴的技术，它不仅包括语音的录制和播放，还涉及语音的压缩、编码、解码、识别等各种处理技术。以往做这方面的设计，一般有两个途径：一种方案是单片机扩展设计，另一种就是借助于专门的语音处理芯片。普通的单片机往往不能实现这么复杂的过程和算法，即使勉强实现也要加很多的外围器件。专门的语音处理芯片也比较多，像 ISD 系列、PM50 系列等，但是专门的语音处理芯片功能比较单一，想在语音之外的其他方面应用基本是不可能的。

SPCE061A 是凌阳科技推出的一款 16 位 μ'nSP 结构的微控制器。该芯片带有硬件乘法器，能够实现乘法运算、内积运算等复杂的运算。它不仅运算能力强，而且处理速度快，频率最高可以达到 49MHz。SPCE061A 内嵌 32K 字的 FLASH 程序存储器以及 2K 的 SRAM。同时该 SOC 芯片具有 ADC 和 DAC 功能，其 MIC_ADC 通道带有 AGC 自动增益环节，能够很轻松的将语音信号采集到芯片内部，两路 10 位的电流输出型 DAC，只要外接一个功率放大器就可以完成声音的播放。以上介绍的这些硬件资源使得该 SPCE061A 能够单芯片实现语音处理功能。

7.1.1 音频的概述

音频是个专业术语，人类能够听到的所有声音都称为音频，音频信号分为模拟音频和数字音频。什么是模拟音频?任何可以听见的声音经过音频线或送话器(俗称话筒、麦克风) 的传输都是一系列的模拟音频。模拟音频是我们可以听见的。而数字音频就是用一堆数字记号(其实只有二进制的 1 和 0) 来记录声音，而不是用物理手段来保存信号 (用普通磁带录音就是一种物理方式)。实际上是听不到数字音频的。

在计算机中处理的都是数字音频，在数字时代记录声音信号第一步就把原始信号录成数字音频资料，然后用硬件设备或各种软件进行加工处理，这个过程与模拟方法相比有很大的优越性，因为它几乎不会有任何损耗。对于机器来说这个过程只是处理一下数字而已，当然丢码的可能性也有，但只要操作合理就不会发生。最后把这堆数字音频传输给数字记录设备如 CD 等，损耗自然小很多了。声音被录制下来以后，无论是说话声、歌声、乐器声都可以通过数字音乐软件处理，或是把它制作成 CD。反过来，也可以把储存下来的音频文件用一定的音频程序播放，还原成以前录下的声音。

7.1.2 数字音频的采样和量化

模拟音频在时间上是连续的，而数字音频是一个数据序列，在时间上是断续的。数字音频是通过采样和量化，把模拟量表示的音频信号转换成由许多二进制数 1 和 0 组成的数字音频信号。计算机内的音频必须是数字形式的，因此必须把模拟音频信号转换成有限个数字表示的离散序列，即实现音频数字化。在这一处理技术中，涉及到音频的采样、量化和编码。

采样：音频实际上是连续信号，或称连续时间函数 $x(t)$。用计算机处理这些信号时，必须先对连续信号采样，即按一定的时间间隔(T)取值，得到 $x(nT)$(n 为整数)。T 称为采样周期，$1/T$ 称为采样频率，$x(nT)$ 称为离散信号。模拟信号采样示意图如图 7.2 所示。

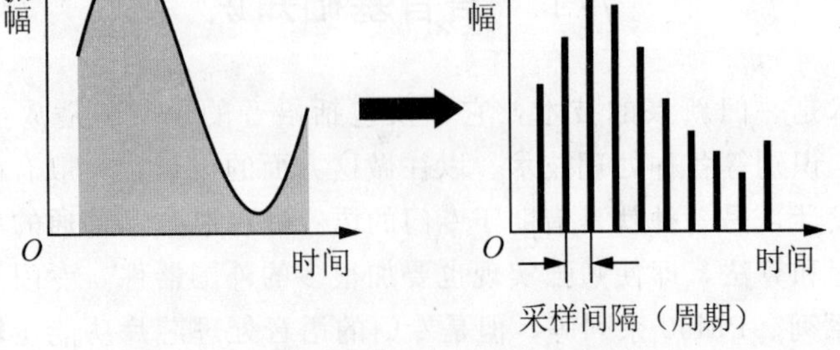

图 7.2　模拟信号采样示意图

量化：为了把采样序列 $x(nT)$ 存入计算机，必须将样值量化成一个有限个幅度值的集合 $x(nT)$。通常，用二进制数字表示量化后的样值是方便的。用 B 位二进制码字可以表示 $2B$ 个不同的量化电平。

量化采样的过程如下：先将整个幅度划分成为有限个小幅度（量化阶距）的集合，把落入某个阶距内的样值归为一类，并赋予相同的量化值，如图 7.3 所示。如果量化值是均匀分布的，则称为均匀量化。设 Δ 为量化阶距，则：对于小于 $(i+1/2)\Delta$，而大于 $(i-1/2)\Delta$ 的样值，均规定为相同的量化值 $i\Delta$。

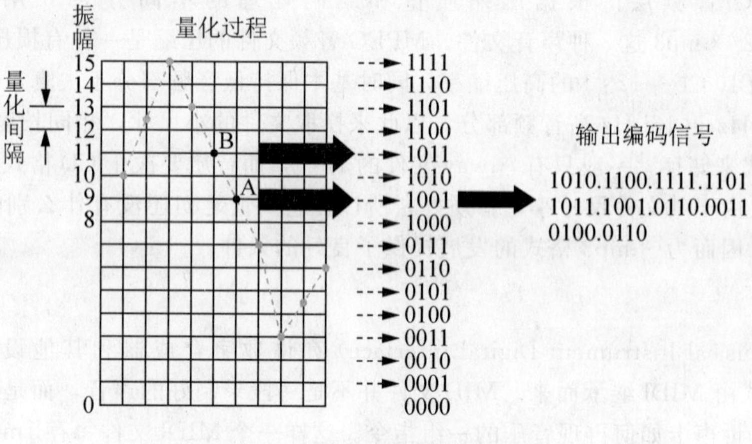

图 7.3　模拟信号量化示意图

将模拟的（连续的）声音波形数字元化（离散化），以便利数字计算机进行处理的过程，主要包括采样和量化两个方面。

数字音频的质量取决于采样频率和量化位数这两个重要参数。此外，声道的数目、相应的音频设备也是影响音频质量的因素。

7.1.3　音频格式的介绍

要在计算机内播放或是处理音频文件，也就是要对声音文件进行数 / 模转换，这个过程同样由采样和量化构成，人耳所能听到的声音，最低的频率是从 20Hz 起一直到最高频率 20kHz，20kHz 以上人耳是听不到的，因此音频的最大频率是 20kHz，故而采样频率需要介于 40 ～ 50kHz 之间。

下面介绍几种常见的音频格式。

1. CD

当今世界上音质最好的音频格式是什么?当然是 CD 了。在大多数播放软件的“打开文件类型”中，都可以看到 *.cda 格式，这就是 CD 音轨。标准 CD 格式也就是 44. 1kHz 的采样频率，速率 88K/s，16 位量化位数，因为 CD 音轨可以说是近似无损的，因此它的声音基本上是忠于原声的。CD 光盘可以在 CD 唱机中播放，也能用计算机里的各种播放软件来播放。

2. WAV

WAV 是微软公司开发的一种声音文件格式，它符合 PIFF Resource interchange File Format 文件规范，用于保存 Windows 平台的音频信息资源，被 Windows 平台及其应用程序所支持。*.wav格式支持MSADPCM、CCITT A LAW等多种压缩算法，支持多种音频位数、采样频率和声道，标准格式的WAV文件和CD格式一样，也是44.1K的采样频率，速率88K/秒，16位量化位数，WAV格式的声音文件质量和CD相差无几，也是目前PC机广为流行的声音文件格式，几乎所有的音频编辑软件都“认识”WAV格式。

3. MP3

MP3格式诞生于20世纪80年代的德国，所谓MP3指的是MPEG标准中的音频部分，也就是MPEG音频层。根据压缩质量和编码处理的不同分为3层，分别对应*.mp1/*.mp2/*.mp3这3种声音文件。MPEG音频文件的压缩是一种有损压缩，MPEG3音频编码具有10∶1～12∶1的高压缩率，同时基本保持低音频部分不失真，但是牺牲了声音文件中12kHz～16kHz高音频部分，以此来换取文件的小尺寸，相同长度的音乐文件，用*.mp3格式来储存，一般只有*.wav文件的1/10，而音质要次于CD格式或WAV格式的声音文件。由于其文件尺寸小，音质好，所以在它问世之初还没有什么别的音频格式可以与之匹敌，因而为*.mp3格式的发展提供了良好的条件。

4. MIDI

MIDI(Musical Instrument Digital interface)允许数字合成器和其他设备交换数据。MID文件格式由MIDI继承而来。MID文件并不是一段录制好的声音，而是记录声音的信息，然后再告诉声卡如何再现音乐的一组指令。这样一个MIDI文件每存1min的音乐只用大约5～10KB。今天，MID文件主要用于原始乐器作品、流行歌曲的业余表演、游戏音轨以及电子贺卡等。*.mid文件重放的效果完全依赖声卡的档次。*.mid格式的最大用处是在计算机作曲领域。*.mid文件可以用作曲软件写出，也可以通过声卡的MIDI口把外接音序器演奏的乐曲输入计算机里，制成*.mid文件。

5. WMA

WMA(Windows Media Audio)格式是微软力推的一种音频格式，音质要强于MP3格式，它是以减少数据流量但保持音质的方法来达到比MP3压缩率更高的目的，相对来说要比MP3体积更小，WMA的压缩率一般都可以达到1∶18左右，WMA的另一个优点是内容提供商可以通过DRM(Digital Rights Management)方案如Windows Media Rights Manager 7加入防复制保护。这种内置的版权保护技术可以限制播放时间和播放次数甚至于播放的机器等，另外WMA还支持音频流(Stream)技术，适合在网络上在线播放。

6. APE格式

APE是新一代的无损音频格式。APE的本质其实是一种无损压缩音频格式。庞大的WAV音频文件可以通过Monkey's Audio这个软件进行“瘦身”压缩为APE格式。很多时候它被用作网络音频文件传输，因为被压缩后的APE文件容量要比WAV源文件小一半多，可以节约传输所用的时间。更重要的是，通过Monkey's Audio解压缩还原以后得到的WAV文件可以做到与压缩前的源文件完全一致。所以APE被誉为“无损音频压缩格式”。

7.1.4 语音压缩编码基础

语音压缩编码中的数据量是指：

数据量 =（采样频率 × 量化位数）/8（字节数）× 声道数目

压缩编码的目的：通过对资料的压缩，达到高效率存储和转换资料的结果即在保证一定声音质量的条件下，以最小的资料率来表达和传送声音信息。

压缩编码的必要性：实际应用中，压缩编码的音频资料量很大，进行传输或存储资料量是不现实的。所以要通过对信号趋势的预测和冗余信息处理，进行资料的压缩，这样就可以使用较少的资源建立更多的信息。

举个例子，没有压缩过的CD品质的资料，1min的内容需要11MB的内存容量来存储。如果将原始资料进行压缩处理，在确保声音品质不失真的前提下，将数据压缩一半，5.5MB就可以完全还原效果。而在实际操作中，可以依需要来选择合适的算法。

常见的几种音频压缩编码如下：

(1) 波形编码：将时间域信号直接变换为数字代码，力图使重建语音波形保持原语音信号的波形形状。波形编码的基本原理是在时间轴上对模拟语音按一定的速率采样，然后将幅度样本分层量化，并用代码表示。译码是其反过程，将收到的数字序列经过译码和滤波恢复成模拟信号。如脉冲编码调制(Pulse CODE Modulation，PCM)、差值脉冲编码调制(DPCM)、增量调制(DM)以及它们的各种改进型自适应差分编码(ADPCM)、自适应增量调制(ADM)、自适应差值脉冲编码调制(ADPCM)、自适应传输编码(Adaptive Transfer Coding，ATC)和子带编码(SBC)等都属于波形编码技术。

波形编码特点：高话音质量、高码率，适于高保真音乐及语音。

(2) 参数编码：参数编码又称声源编码，是将信源信号在频率域或其他正交变换域提取特征参数，并将其变换成数字代码进行传输。译码为其反过程，将收到的数字序列经变换恢复特征参量，再根据特征参量重建语音信号。具体说，参数编码是通过对语音信号特征参数的提取和编码，力图使重建语音信号具有尽可能高的准确性，但重建信号的波形同原语音信号的波形可能会有相当大的差别。

如：线性预测编码(LPC)及其他各种改进型都属于参数编码。该编码比特率可压缩到2～4.8kb/s，甚至更低，但语音质量只能达到中等，特别是自然度较低。

参数编码特点：压缩比大，计算量大，音质不高，廉价。

(3) 混合编码：混合编码使用参数编码技术和波形编码技术，计算机的发展为语音编码技术的研究提供了强有力的工具，大规模、超大规模集成电路的出现，则为语音编码的实现提供了基础。自20世纪80年代以来，语音编码技术有了实质性的进展，产生了新一代的编码算法，这就是混合编码。它将波形编码和参数编码组合起来，克服了原有波形编码和参数编码的弱点，结合各自的长处，力图保持波形编码的高质量和参数编码的低速率。

如：多脉冲激励线性预测编码(MPLPC)，规划脉冲激励线性预测编码(KPELPC)，码本激励线性预测编码(CELP)等都是属于混合编码技术。其数据率和音质介于参数和波形编码之间。

总之，音频压缩技术之趋势有两个：

(1) 降低资料率，提高压缩比，用于廉价、低保真场合(如：电话)。

(2) 追求高保真度，复杂的压缩技术(如：CD)。

7.1.5 语音合成和辨识技术

1. 语音合成

按照实现的功能来分，语音合成可分 2 个档次：

(1) 有限词汇的计算机语音输出；

(2) 基于语音合成技术的文字语音转换(TTS：TEXT－to－Speech)。

按照人类语言功能的不同层次，语音合成可分为 3 个层次：

(1) 从文字到语音的合成(Text－to－Speech)；

(2) 从概念到语音的合成(Concept－to－Speech)；

(3) 从意向到语音的合成(intention－to－Speech)。

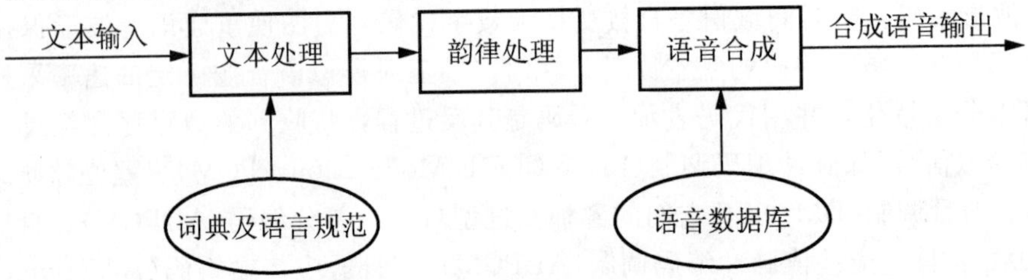

图 7.4 语音合成示意图

2. 语音辨识

语音辨识技术有三大研究范围：口音独立、连续语音及可辨认字词数量。

1) 口音独立

(1) 早期只能辨认特定的使用者即特定语者(Speaker Dependent，SD)模式，使用者可针对特定语者辨认词汇(可由使用者自行定义，如人名声控拨号)，作简单快速的训练纪录使用者的声音特性来加以辨认。随着技术的成熟，进入语音适应阶段 SA(Speaker Adaptation)，使用者只要对于语音辨识核心，经过一段时间的口音训练后，即可拥有不错的辨识率。

(2) 非特定语者模式(Speaker Independent，SI)，使用者无须训练即可使用，并进行辨认。任何人皆可随时使用此技术，不限定语者，即男性、女性、儿童、老人皆可。

2) 连续语音

(1) 单字音辨认：为了确保每个字音可以正确地切割出来，必须一个字一个字分开来念，非常不自然，与我们平常说话的连续方式，还是有点不同。

(2) 整个句子辨识：只要按照你正常说话的速度，直接将要表达的说出来，中间并不需要停顿，这种方式是最直接最自然的，难度也最高，现阶段连续语音的辨识率及正确率虽然效果还不错，但仍需再提高。然而，中文字有太多的同音字，因此目前所有的中文语音辨识系统，几乎都是以词为依据，来判断正确的同音字。

3) 可辨认词汇数量

内建的词汇数据库的多少，直接影响其辨识能力。因此就语音辨识的词汇数量来说也可分为 3 种：

(1) 小词汇量(10 ～ 100)；

(2) 中词汇量(100 ～ 1000)；

(3) 无限词汇量(即听写机)。

图7.5所示是简化的语音识别原理示意图。语音识别基本原理为：首先进行预处理，将语音信号通过采样、量化、编码，形成数字化的语音信息。然后进行特征提取，抽取反应语音本质的特征参数，形成特征矢量序列。一般需要从一个或多个讲话者多次重复讲话中提取语音参数，形成语音参数模板并存入语音模型库。当需要辨识时，把输入语音的特征参数与语音模型库进行比较分析，得到识别结果。

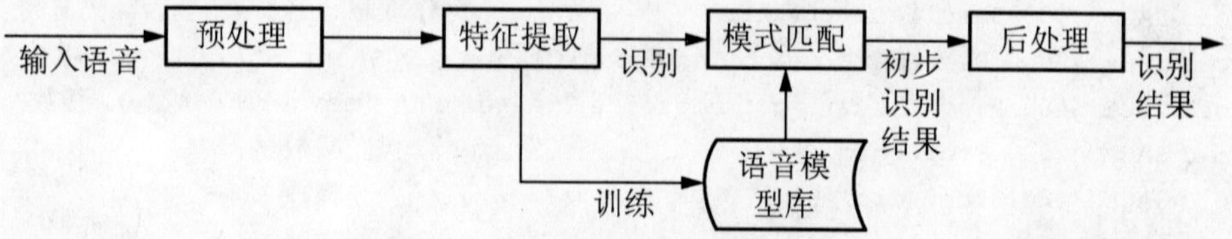

图7.5 语音辨识原理示意图

7.2 凌阳语音播放

语音和音乐与我们的生活有着非常密切的关系，而单片机对语音的控制如录放音、合成及辨识也广泛应用在现实生活中。语音处理大致可以分为A/D转换、编码处理、存储、解码处理以及D/A转换等。然而，通过前面介绍可以知道对于送话器(俗称话筒、麦克风)输入所生成的WAVE 文件，其占用的存储空间很大，对于单片机来说想要存储大量的信息显然是不可能的，而凌阳的SPCE061A提出了解决的方法，即建立SACM－LIB库，该库将A/D转换、编码、解码、存储及D/A转换作成相应的模块，对于每个模块都有其应用程序接口(API)，所以只需了解每个模块所要实现的功能及其参数的内容，然后调用该API 函数即可实现该功能。例如在程序中插入语音提示，或连续播放一段语音或音乐，也可以根据自己需要的空间或使用范围选择适合自己的算法，表7.1所示为凌阳音频的几种算法。

表7.1 凌阳音频的几种算法

模块名称 Model－Index	语音压缩编码率类型	资料采样频率
SACM_A2000	16kb/s，20kb/s，24kb/s	16kHz
SACM_S480/S720	4.8kb/s，7.2kb/s	16kHz
SACM_S240	2.4kb/s	24kHz
SACM_MS01	音乐合成(16kb/s，20kb/s，24kb/s)	16kHz
SACM_DVR(A2000)	16kb/s的资料率，8K的采样率，用于ADC信通录音功能	16kHz

以下就A2000、S480具体介绍各自的API 函数的格式、功能、参数、返回值、备注及应用范例。

7.2.1 A2000和S480相关语音函数

A2000压缩算法压缩率较小(8：1)所以具有高质量、高码率的特点，适用于高保真音乐和语音。

S480 压缩算法压缩率较大(80∶3)，存储容量大，音质介于 A2000 和 S240 之间，适用于语音播放，如“文曲星”词库。

其相关 API 函数如下所示：

```
void SACM_A2000_Initial(int Init_Index)                    //初始化
void SACM_S480_Initial(int Init_Index)                     //初始化
void SACM_A2000_ServiceLoop(void)                          //获取语音资料,填入译码队列
void SACM_S480_ServiceLoop(void)                           //获取语音资料,填入译码队列
void SACM_A2000_Play(int Speech_Index,int Channel,int Ramp_Set)      //播放
void SACM_S480_Play(int Speech_Index,int Channel,int Ramp_Set)       //播放
void SACM_A2000_Stop(void)                                 //停止播放
void SACM_S480_Stop(void)                                  //停止播放
void SACM_A2000_Pause(void)                                //暂停播放
void SACM_S480_Pause(void)                                 //暂停播放
void SACM_A2000_Resume(void)                               //暂停后恢复
void SACM_S480_Resume(void)                                //暂停后恢复
void SACM_A2000_Volume(Volume_Index)                       //音量控制
void SACM_S480_Volume(Volume_Index)                        //音量的控制
unsigned int SACM_A2000_Status(void)                       //获取模块状态
unsigned int SACM_S480_Status(void)                        //获取模块的状态
call F_FIQ_Service_SACM_A2000                              //中断服务函数
call F_FIQ_Service_SACM_S480                               //中断服务函数
```

由于 A2000 和 S480 的函数及其使用方式基本完全一样，下面以 A2000 为例子对各个函数及其使用进行具体介绍，在使用 S480 时将 A2000 的地方对应改为 S480 即可。

(1)【API 格式】C：void SACM_A2000_Initial(int Init_Index)

ASM：R1 = [Init_Index]

CALL F_SACM_A2000_Initial

【功能说明】SACM_A2000 语音播放之前的初始化。

【参数】Init_Index = 0 表示手动方式；Init_Index = 1 则表示自动方式。

【返回值】0 代表语音模块初始化失败；

1 代表初始化成功。

【备注】该函数用于对定时器、中断和 DAC 等的初始化。

(2)【API 格式】C：void SACM_A2000_ServiceLoop(void)

ASM：CALL F_SACM_A2000_ServiceLoop

【功能说明】从资源中获取 SACM_A2000 语音资料，并将其填入译码队列中。

【参数】无。

【返回值】无。

(3)【API 格式】C：int SACM_A2000_Play(int Speech_Index，int Channel，int Ramp_Set)；

ASM：R1 = [Speech_Index]

R2 = [Channel]

R3 = [Ramp_Set]

CALL SACM_A2000_Play

【功能说明】播放资源中 SACM_A2000 语音或乐曲。

【参数】Speech_Index：表示语音索引号。

Channel：1. 通过 DAC1 通道播放；

2. 通过 DAC2 通道播放；

3. 通过 DAC1 和 DAC2 双通道播放。

Ramp_Set：0. 禁止音量增 / 减调节；

1. 仅允许音量增调节；

2. 仅允许音量减调节；

3. 允许音量增 / 减调节。

【返回值】无。

【备注】

① SACM_A2000 的数据传输率有 16KBPs、20KBPs、24KBPs 共 3 种，可在同一模块的几种算法中自动选择一种。

② Speech_Index 是定义在 resource. inc 文件中资源表(T_SACM_A2000_SpeechTable) 的偏移地址。

③ 中断服务子程序 F_FIQ_Service_SACM_A2000 必须安置在 TMA_FIQ 中断向量上。

(4)【API 格式】C：void SACM_A2000_Stop(void)；

ASM：CALL F_SACM_A2000_Stop

【功能说明】停止播放 SACM_A2000 语音或乐曲。

【参数】无。

【返回值】无。

(5)【API 格式】C：unsigned int SACM_A2000_Status(void)；

ASM：CALL F_SACM_A2000_Status

[返回值] = R1

【功能说明】获取 SACM_A2000 语音播放的状态。

【参数】无。

【返回值】当 R1 的 bit0 = 0，表示语音播放结束；bit0 = 1，表示语音在播放中。

(6)【API 格式】ASM：CALL F_FIQ_Service_SACM_A2000

【功能说明】用作 SACM_A2000 语音背景程序的中断服务子程序。通过前台子程序(自动方式的 SACM_A2000_ServiceLoop 及手动方式的 SACM_A2000_DeCODE) 对语音资料进行解码，然后将其送入 DAC 通道播放。

【参数】无。

【返回值】无。

【备注】SACM_A2000 语音背景子程序只有汇编指令形式，且应将此子程序安置在 TMA_FIQ 中断源上。

7.2.2 语音播放实例

下面以一个例子来说明相关 API 函数的使用。

图 7.6 所示为 SACM－A2000 自动方式程序流程图，它自动方式播放一段自己录制的 SACM_A2000 语音，并自动结束。

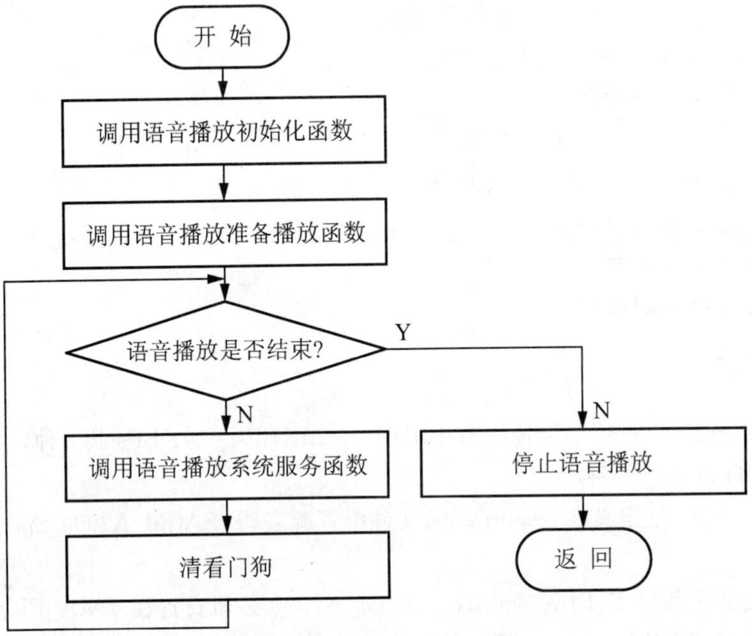

图 7.6 SACM_A2000 自动方式程序流程图

特别提示

- SACM－LIB 语音函数库将 A/D 转换、编码、解码、存储及 D/A 转换作成相应的模块，对于每个模块都有其应用程序接口(API)，需了解每个模块所要实现的功能及其参数的内容，然后调用该 API 函数即可实现该功能。

下面根据流程图先来编写语音播放程序：

```
//==================================================================
// 语法格式:void PlaySnd_Auto(unsigned int uiSndIndex,unsigned int uiDAC_Channel)
// 实现功能:通过自动方式播放语音资源
// 参数:(1) uiSndIndex:语音资源序号
       (2) uiDAC_Channel:语音播放通道
//==================================================================
void PlaySnd_Auto(unsigned int uiSndIndex,unsigned int uiDAC_Channel)
{
SACM_A2000_Initial(1);                          // 初始化语音播放,自动方式
SACM_A2000_Play(uiSndIndex,uiDAC_Channel,3);    // 播放语音
while((SACM_A2000_Status()&0x0001)! = 0)        // 判断当前是否在播放  返回最低
// 位为 1 则表示当前在播放
{
SACM_A2000_ServiceLoop();                       // 服务程序
* P_Watchdog_Clear = 0x0001;
}
SACM_A2000_Stop();                              // 停止
}
```

在这里可以看到语音播放，主要是调用现成的语音函数，因此需要掌握各个语音函数的使用。

中断服务程序流程图如图 7.7所示，在FIQ_TMA中断里，调用F_FIQ_Service_SACM_A2000解码播放。

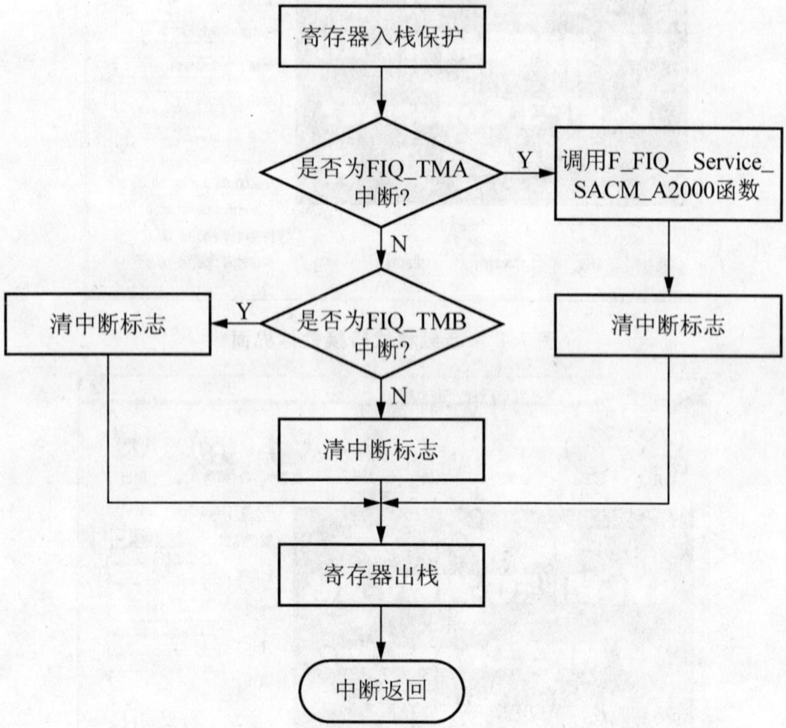

图 7.7　中断服务程序流程图

程序如下：

```
_FIQ:
PUSH R1,R5 to [SP]                    //将寄存器压栈保护；
CALL F_FIQ_Service_SACM_A2000;
R1 =  0x2000                          //清中断标志位
[P_int_Clear] =  R1
POP R1,R5 to from [SP]                //寄存器出栈；
RETI;
```

下面来录制自己的声音。

打开 Windows 自带的录音机软件，软件在 Windows 开始菜单 \\ 所有程序 \\ 附件 \\ 娱乐 \\ 录音机。当需要自己录音时计算机需要配备送话器，当然也可以将常见的语音格式通过软件转换为 .wav 格式。这里给大家介绍一款软件 ——HA_AVI MPEG WMV RM to MP3 Converter，这款软件能支持多种格式转换为 .wav 格式，在网上能够免费下载。

安装软件后，出现如图 7.8 所示的界面。

打开语音文件，利用“开始时间”和“结束时间”按钮选择其中一段，注意时间不要太长，一般几秒到几十秒。在右侧设置，“音频格式”下拉列表中选择 .wav 格式，如图 7.9 所示。

图 7.8　音频格式转换软件界面

图 7.9　输出格式选择

再单击上方的设置图标，如图 7.10 所示，弹出图 7.11 所示的对话框。

图 7.10　输出格式设置

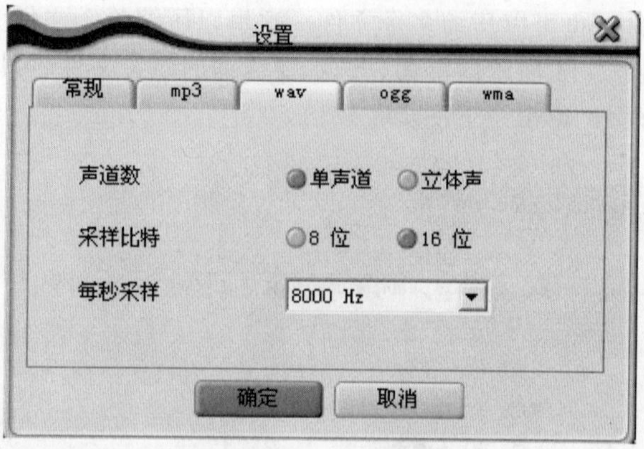

图 7.11　*.wav 格式设置

将需要压缩语音资源的属性改为为 8k，16 位，单声道。并进行格式转换，如图 7.12 所示。

图 7.12　音频格式转换

凌阳语音压缩工具(Compress Tool) 支持 .wav 格式的语音压缩，但要求压缩语音资源属性为 8k，16 位，单声道。Compress Tool 的安装软件在凌阳大学计划网站的下载专区可以找到，下载安装软件后，按照默认的方式进行安装。打开语音压缩工具，其界面如图 7.13 所示。

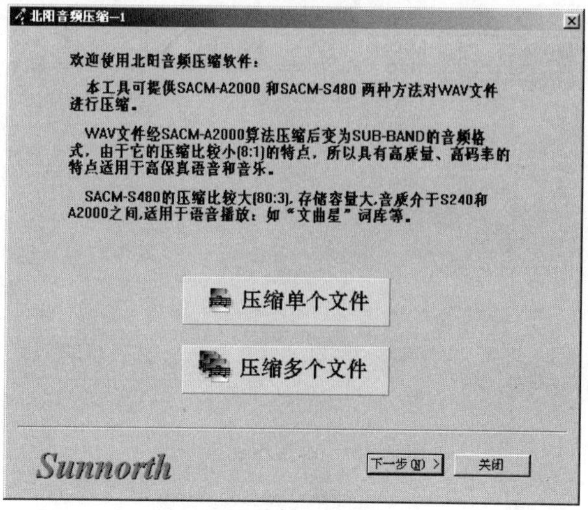

图 7.13　语音压缩第 1 步

可以压缩单个文件，也可以压缩多个文件。这里以压缩单个文件为例。单击“压缩单个文件”按钮，进入图7.14所示的界面，选择要压缩的语音文件(可以选择刚才处理好的文件，已经保存在桌面)，单击“下一步”按钮。

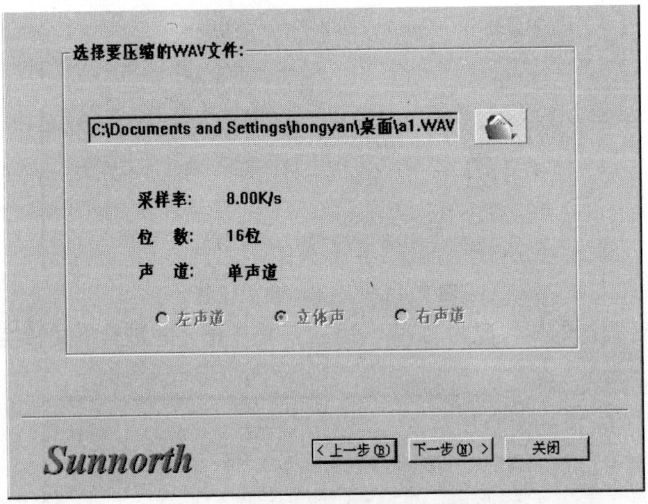

图7.14 语音压缩第2步

进入图7.15所示的对话框，选择压缩后的存储路径(这里在桌面上建立一个名为voice的文件夹，存储到这个文件夹里)和名称(这里利用默认名称)，并选择压缩算法和数据率(这里选择A2000)，单击“压缩”按钮。(凌阳科技目前提供两种语音压缩算法：A2000和S480，A2000有3种数据率可供选择：16kb/s，20kb/s，24kb/s)。

压缩成功后，就会出现“Ok!”字样，如图7.15所示。

此时,单击“下一步”按钮，可以单击“完成”按钮完成压缩，或者也可以单击“返回”按钮继续压缩其他语音文件。

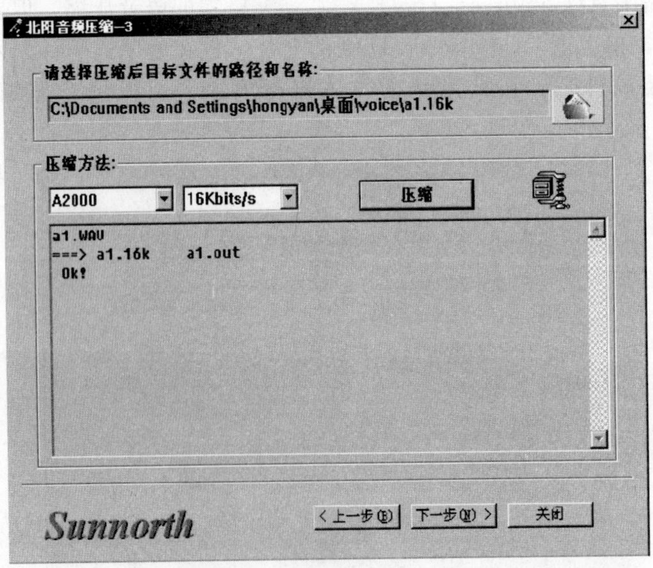

图7.15 语音压缩第3步

特别提示

- 注意凌阳语音压缩工具(Compress Tool)支持 .wav 格式的语音压缩，但要求压缩语音资源属性为 8k，16 位，单声道。

下面来看一下程序的编制：

(1) 新建一个工程 A2000_Auto，在工程里新建 main. c 文件和 isr. asm 文件。

(2) 复制头文件和支持文件。由于在播放 SACM_A2000 格式的语音文件时，需要头文件 a2000. h 和 a2000. inc，另外还有定义硬件及相关函数的头文件和汇编文件 hardware. h、hardware. inc、hardware. asm，这些文件都是现成的，只需复制到工程目录下就可以使用。复制方法如下：

第 1 步：在 IDE 的安装路径 \SPCE061A\include 里找到 a2000. h、a2000. inc、hardware. h、hardware. inc、hardware. asm，如图 7. 16 所示。

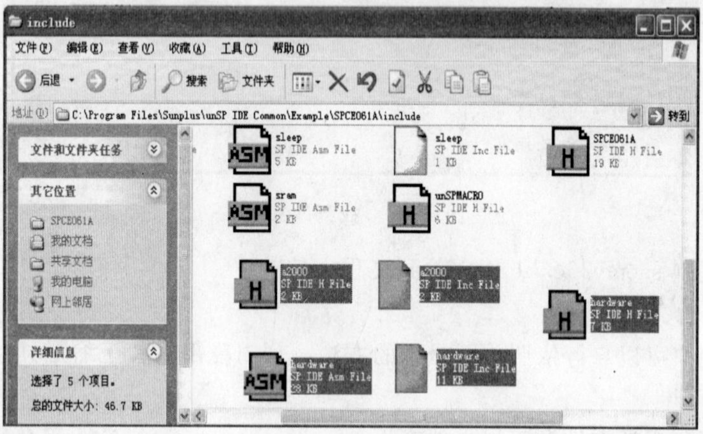

图 7. 16　找到文件

第 2 步：把这些文件复制到工程文件夹下面，如图 7. 17 所示。

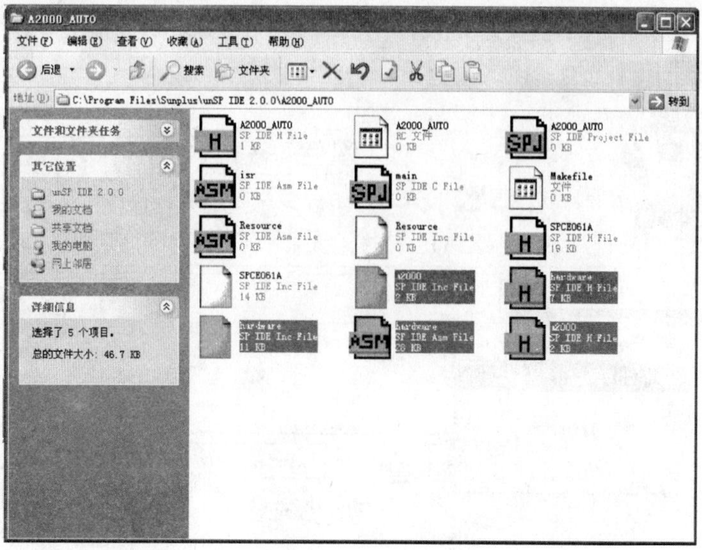

图 7. 17　复制文件

(3) 复制库文件。这里提供给大家的是 sacmv26e 语音库(文件名为 sacmv26e.lib)，要用到的语音函数都包含在内。步骤和复制支持文件类似。

第 1 步：在 IDE 的安装路径 \SPCE061A\library 找到 sacmv26e.lib 库文件，如图 7.18 所示。

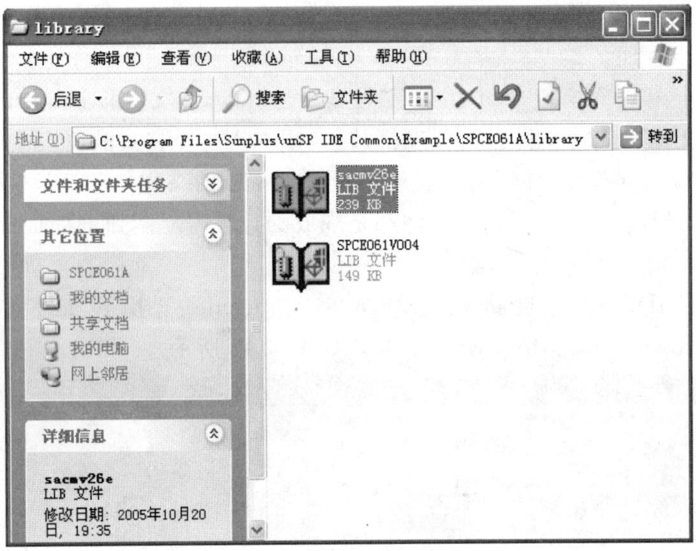

图 7.18　找到库文件

第 2 步：复制 sacmv26e.lib 库文件到工程文件夹下。

(4) 复制资源文件。

第 1 步：用户可以自行依照前面介绍的方法，利用凌阳语音压缩工具制作自己喜欢的音频资源。

第 2 步：复制资源文件到工程文件夹下。

(5) 添加语音资源文件。

第 1 步：在工程界面的 ResourceView 窗口选中 ex1_A2000_Auto Resource 选项，右击，如图 7.19，在弹出的快捷菜单中选择 Add Files to Folder… 命令。

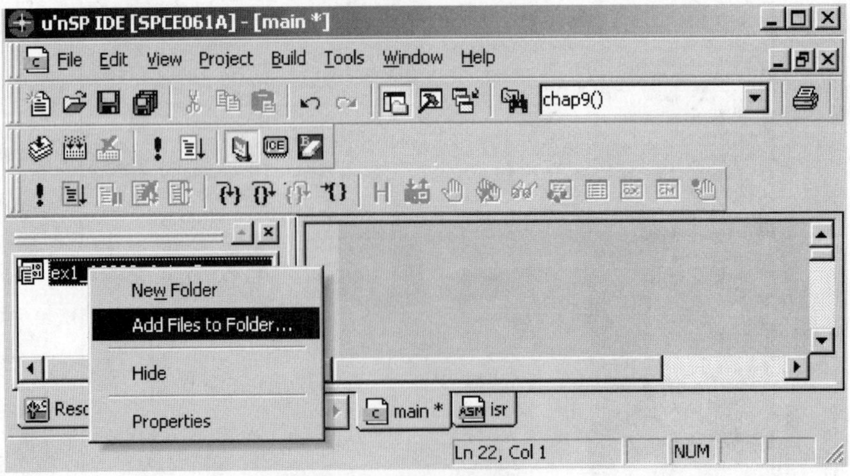

图 7.19　增加语音资源文件

第2步：进入选择语音资源对话框，如图7.20所示，选择语音文件d1.24k和ww.16k两个文件，单击“打开”按钮，完成语音资源的添加，如图7.21所示。

图7.20　添加语音资源文件

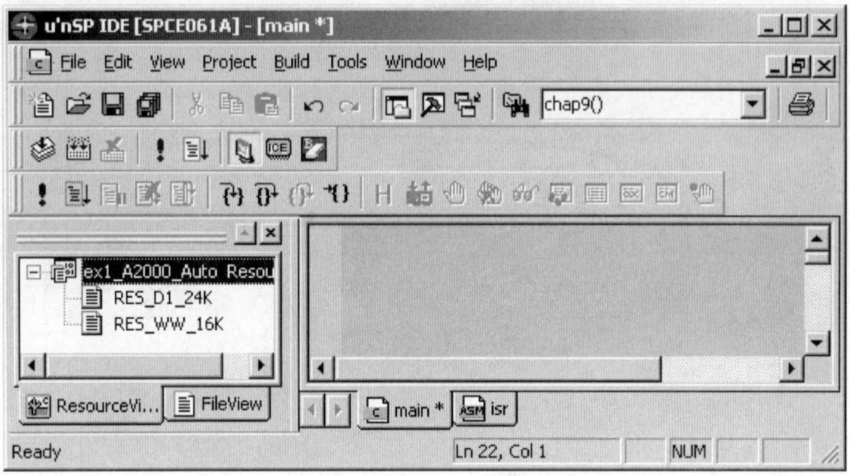

图7.21　添加语音资源文件后工程界面

(6) 链接sacmv26e.lib库到工程中。

第1步：在Project的下拉菜单中找到Setting… 命令，如图7.22所示。

第2步：单击Setting… 命令后进入图7.23所示的对话框，需要注意，在打开的Setting对话框中的左边的树形图中选择最上面的工程根目录。

第3步：在Link选项卡下可以看到Library modules选项区域，如图7.23所示的椭圆框，单击后面的图标，可以选择库文件，进入图7.24所示的对话框。

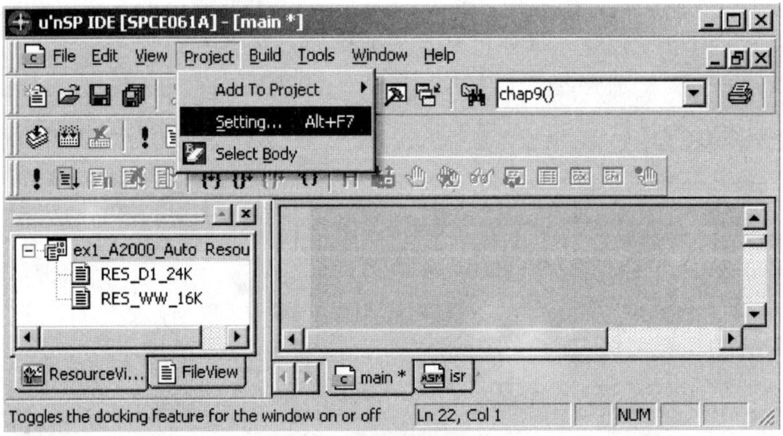

图 7.22　链接库第 1 步

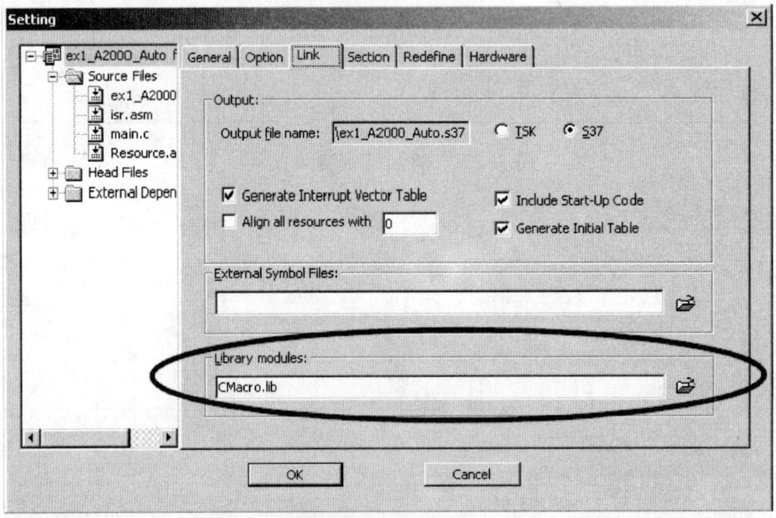

图 7.23　链接库第 2 步

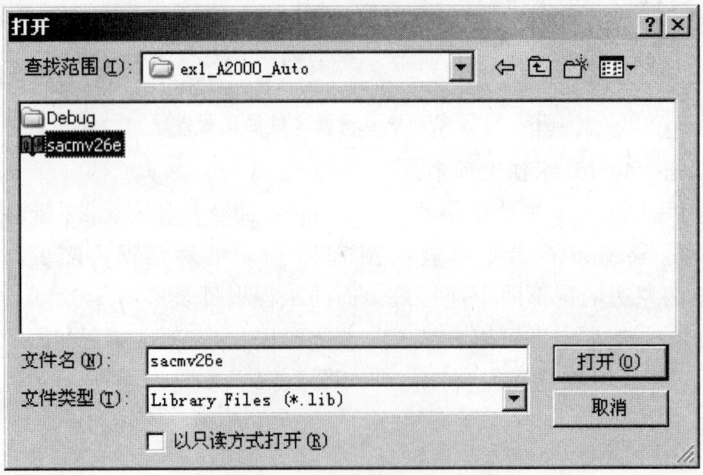

图 7.24　链接库第 3 步

第 4 步：通过路径查找到 sacmv26e. lib 文件，并选中，然后单击“打开”按钮。这时 Link 选项卡如图 7. 25 所示。

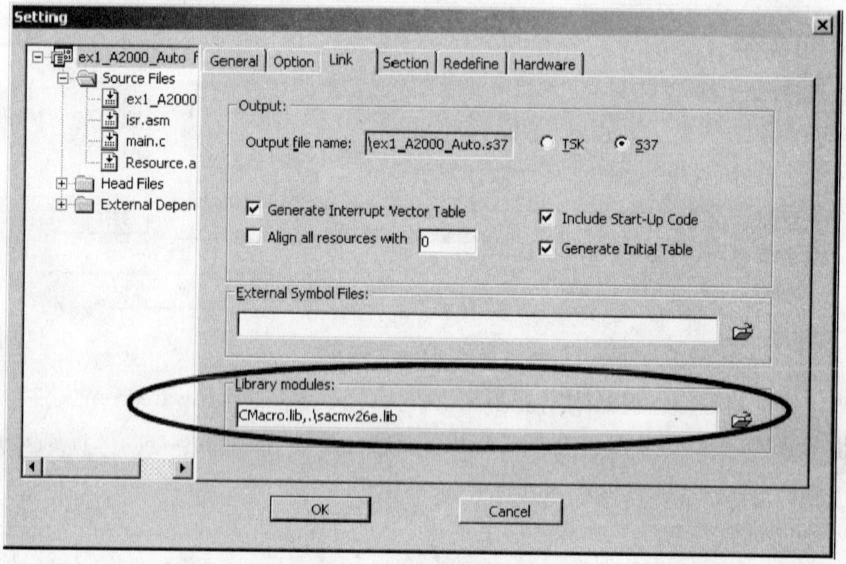

图 7. 25　链接库第 4 步

第 5 步：这时可以看见 sacmv26e. lib 已经出现在椭圆框内，单击 OK 按钮就完成了库文件的包含。

(7) 添加 hardware. asm 文件到工程。添加方法如下：

第 1 步：在 Source Files 上右击，如图 7. 26 所示，在弹出的快捷菜单中选择 Add Files to Folder… 命令，进入图 7. 27 所示的对话框。

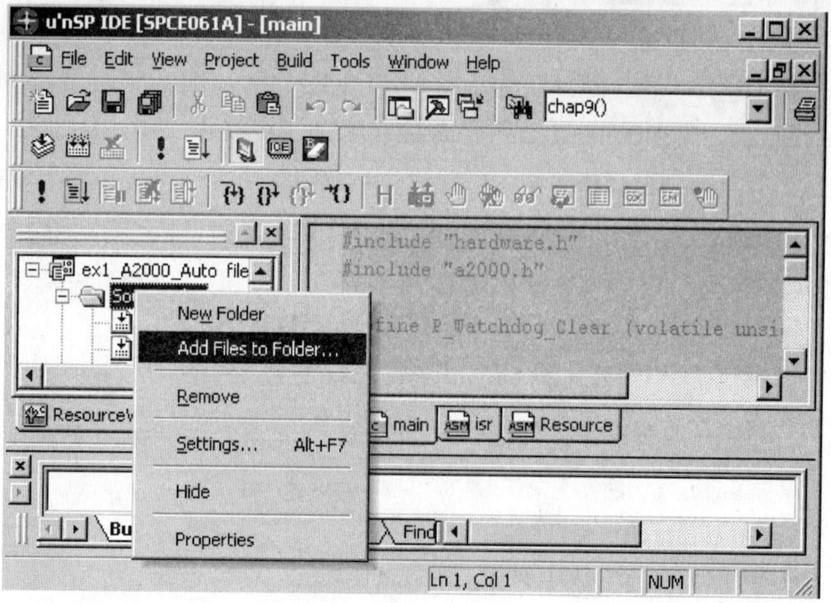

图 7. 26　添加支持文件

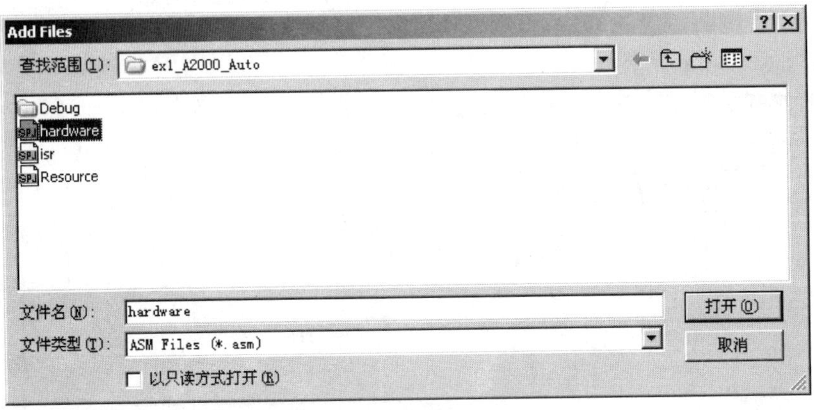

图 7.27 添加支持文件

第 2 步：通过路径，查找到刚刚复制到工程文件夹当中的 hardware. asm 文件，如图 7.27 所示，选择 hardware. asm 文件，单击“打开”按钮，添加 hardware. asm 文件就完成了。

(8) 在 main. c 文件开始包含头文件 a2000. h 和 hardware. h，在 isr. asm 文件开始包含 a2000. inc 和 hardware. inc，如图 7.28 和图 7.29 所示。

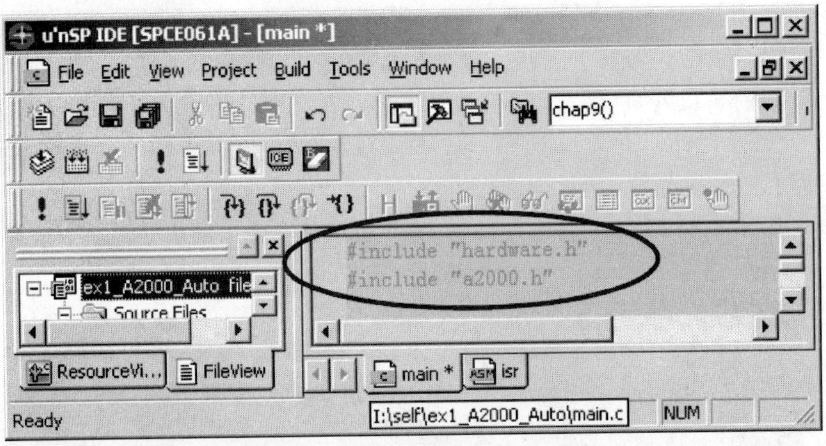

图 7.28 C 语言文件中包含头文件

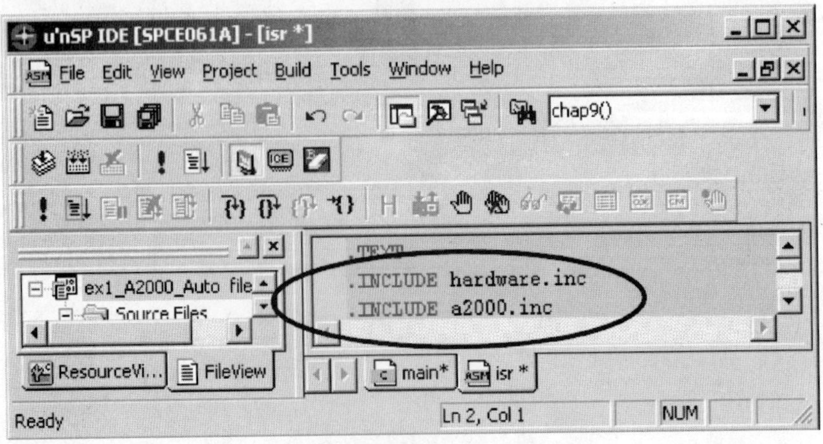

图 7.29 汇编语言文件中包含头文件

(9) 按照程序流程图编写程序。编写 main.c，在文件中将语音播报编写成一个函数的形式，并在主函数中调用来播放两段语音。

```
# include  "a2000.h"
# include  "hardware.h"

# define  P_Watchdog_Clear  (volatile unsigned int * )0x7012
void  PlaySnd_Auto(unsigned int uiSndIndex,unsigned int uiDAC_Channel);

//==============================================================
//实现功能:调用语音播放函数,通过自动方式播放两段语音资源
//==============================================================
int main(void)
{
    while(1)
    {
        PlaySnd_Auto(0,1);              //调用播放程序,播放第 0 段语音,采用 DAC1 播放
        PlaySnd_Auto(1,1);              //调用播放程序,播放第 1 段语音,采用 DAC1 播放
    //播放序号的列表在 Resource.asm 文件的最后的表中定义,参见后边的第(11)步
        * P_Watchdog_Clear = 0x0001;
    }
}

//==============================================================
//语法格式:void PlaySnd_Auto(unsigned int uiSndIndex,unsigned int uiDAC_Channel)
//实现功能:通过自动方式播放语音资源
//参数:(1) uiSndIndex:语音资源序号
      (2) uiDAC_Channel:语音播放通道
//==============================================================

void PlaySnd_Auto(unsigned int uiSndIndex,unsigned int uiDAC_Channel)
{
    SACM_A2000_Initial(1);                          //初始化语音播放,自动方式
    SACM_A2000_Play(uiSndIndex,uiDAC_Channel,3);//播放语音
    while((SACM_A2000_Status()&0x0001)!= 0)       //判断当前是否在播放?返回最低位为 1
                                                     则表示当前在播放
    {
        SACM_A2000_ServiceLoop();//服务程序
        * P_Watchdog_Clear = 0x0001;
    }
    SACM_A2000_Stop();//停止
}
```

编写 isr.asm,编写 FIQ 中断服务程序,在中断中调用语音播放程序。

```
//==============================================================
//文件名称:isr.asm
//功能描述:将解码队列的语音资源送到 DAC 进行播放
```

```
//==========================================================
.INCLUDE a2000.inc
.INCLUDE hardware.inc
.TEXT
.PUBLIC _FIQ
_FIQ:
    PUSH R1,R5 to[sp]
    R1 = C_FIQ_TMA                    //判断是否是定时器 A 的 FIQ 中断
    TEST R1,[P_int_Ctrl]
    JNZ L_FIQ_TimerA
    R1 = C_FIQ_TMB                    //判断是否是定时器 B 的 FIQ 中断
    TEST R1,[P_int_Ctrl]
    JNZ L_FIQ_TimerB
L_FIQ_PWM:                            //Fosc/1024 中断
    R1 = C_FIQ_PWM
    [P_int_Clear] = R1
    POP R1,R5 from [sp]
    RETI
L_FIQ_TimerA:                         //TimerA 的 FIQ 中断
    [P_int_Clear] = R1                //清中断标志位

    CALL F_FIQ_Service_SACM_A2000     //调用音频中断服务程序 A2000 的

    POP R1,R5 from [sp]
    RETI
L_FIQ_TimerB:
    [P_int_Clear] = R1
    POP R1,R5 from [sp]
    RETI
```

(10) Rebuild All，出现图 7.30 所示错误。

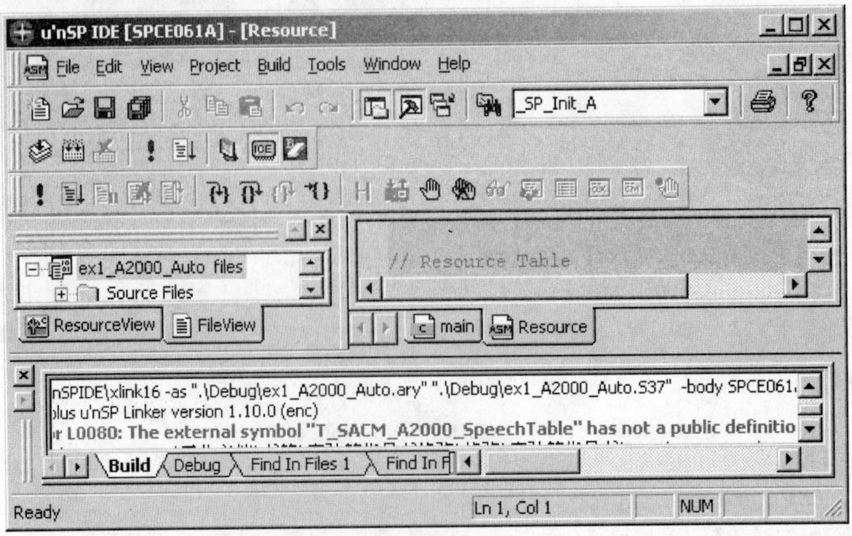

图 7.30　没有定义资源表之前

(11) 在 resource.asm 文件中定义语音资源表和语音播放顺序(即定义语音索引号，索引号生成的规律为 SpeechTable 下第一个资源索引号为 0，后面依次为 1，2，3…)，如图 7.31 所示。

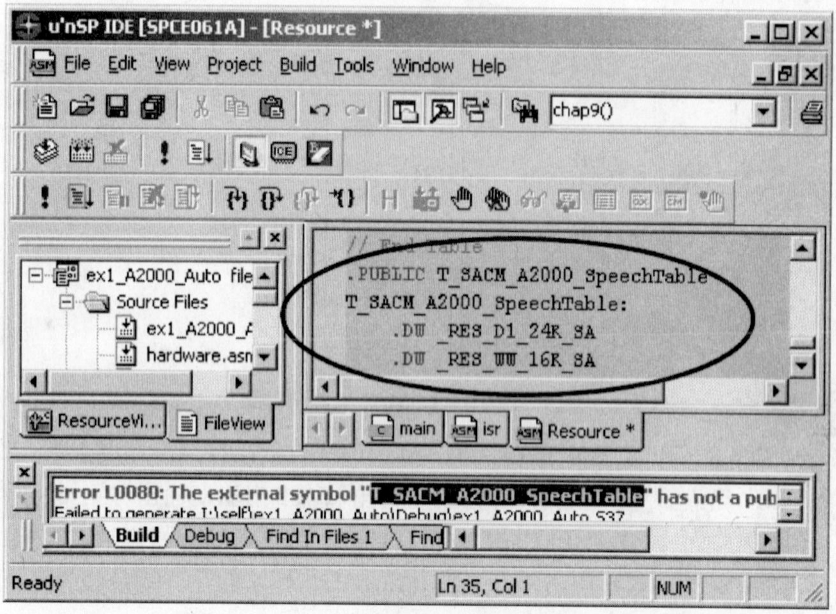

图 7.31　添加资源表

7.3　液晶显示

单片机与显示器件的接口是以单片机为核心的嵌入式测控系统的一个不可缺少的环节，具体工作包括显示器件类型的选择、显示驱动及接口方式的确定等。LED 数码管的亮度高，适用于大多数应用场合。其缺点是接口电路复杂，功耗高。而液晶显示器件是利用液晶的电光效应制作的，具有功耗低、接口控制方便等优点，同时模块的接口信号和操作指令具有广泛的兼容性，能直接与单片机连接；此外，它还有专用指令，可方便地实现各种不同的操作。液晶显示器件分字符式、点阵式和波段式。其中，点阵式液晶显示器件不仅可以显示数字、字符，还可显示各种图形、曲线及汉字，而且可实现分区开窗口、闪烁、反转等动态显示功能。因此在各类测量及控制仪表中被广泛应用。

显示器的核心——液晶显示器控制器品种繁多，各种控制芯片在控制电路逻辑、控制指令、指标参数等方面各有差异。但对于已带有控制电路的平板点阵式图形液晶显示器，使用者无须关心其控制核心的集成芯片、控制电路等，就可方便地利用它进行开发。

7.3.1　SPLC501 液晶显示基础

1. SPLC501 液晶显示工作原理

SPLC501 液晶显示采用的驱动控制芯片为凌阳科技的 SPLC501A 芯片，SPLC501A 为液晶显示控制驱动器，SPLC501A 单芯片液晶驱动，可以直接与其他微控制器接口总线相连。微控制器可以将显示数据通过 8 位数据总线或者串行接口写到 SPLC501A 的显存中。其引脚示意图如图 7.32 所示，CS1 为片选信号，A0 为数据命令选择，R/W 为读写信号控制端，EP 为时钟信号使能端，DB0 ～ DB1 为数据总线。

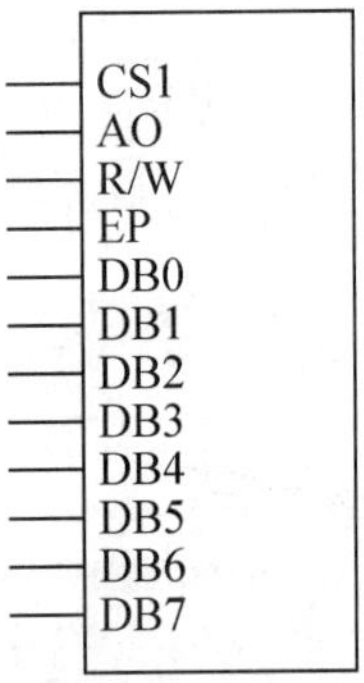

图 7.32　SPLC501 液晶显示引脚

SPLC501A 内置 8580 位显示 RAM。RAM 中的一位数据控制液晶屏上的一个像素点的亮、暗状态："1" 亮 "0" 暗。具有 65 行驱动输出和 132 列驱动输出(注：模组中的液晶显示面板仅为 64 行、128 列 A。SPLC501 液晶显示模组的显示器上的显示点与驱动控制芯片中的显示缓存 RAM 是一一对应的；SPLC501A 芯片中共有 65(8 Page×8 bit+1)×132 位的显示 RAM 区。而显示器的显示点阵大小为 64 点×128 点，所以实际上在 SPLC501 液晶显示模组中有用的显示 RAM 区为 64 位×128 位；按 byte 为单位划分，共分为 8 个 Page，每个 Page 为 8 行，而每一行有 128 位(即 128 列)。

如要点亮 LCD 上的某一个点时，实际上就是对该点所对应的显示 RAM 区中的某一位进行置 1 操作；所以就要确定该点所处的行地址、列地址。SPLC501 液晶显示模组的行地址实际上就是 Page 的信息，每一个 Page 应有 8 行；而列地址则表示该点的横坐标，在屏上为从左到右排列，Page 中的一个 Byte 对应的是一列(8 行，即 8 个点)，共 128 列。

图 7.33　液晶显示实物图

			列 行	LCD显示器横向坐标(自左至右)								
				0	1	2	3	…	…	125	126	127
LCD显示器纵向坐标(自上至下)	Page0	8bit数据	0	bit0	bit0	bit0	bit0	…	…	bit0	bit0	bit0
			1	bit1	bit1	bit1	bit1	…	…	bit1	bit1	bit1
			2	bit2	bit2	bit2	bit2	…	…	bit2	bit2	bit2
			⋮	⋮	⋮	⋮	⋮	…	…	⋮	⋮	⋮
			6	bit6	bit6	bit6	bit6	…	…	bit6	bit6	bit6
			7	bit7	bit7	bit7	bit7	…	…	bit7	bit7	bit7
	Page1	8bit数据	8	bit8	bit8	bit8	bit8	…	…	bit8	bit8	bit8
			9	bit1	bit1	bit1	bit1	…	…	bit1	bit1	bit1
			⋮	⋮	⋮	⋮	⋮	…	…	⋮	⋮	⋮
			15	bit7	bit7	bit7	bit7	…	…	bit7	bit7	bit7
	⋮		⋮	⋮	⋮	⋮	⋮	…	…	⋮	⋮	⋮
	⋮		⋮	⋮	⋮	⋮	⋮	…	…	⋮	⋮	⋮
	Page7	8bit数据	56	bit0	bit0	bit0	bit0	…	…	bit0	bit0	bit0
			⋮	⋮	⋮	⋮	⋮	…	…	⋮	⋮	⋮
			59	bit7	bit7	bit7	bit7	…	…	bit7	bit7	bit7
			60	bit0	bit0	bit0	bit0	…	…	bit0	bit0	bit0
			61	bit1	bit1	bit1	bit1	…	…	bit1	bit1	bit1
			62	bit2	bit2	bit2	bit2	…	…	bit2	bit2	bit2
			63	bit3	bit3	bit3	bit3	…	…	bit3	bit3	bit3

图 7.34　显示 RAM 区与显示屏点映射图

2. SPLC501 液晶显示模组驱动程序及英文字符显示 API 函数介绍

SPLC501 液晶显示驱动程序，由 5 个文件组成，底层驱动程序文件：SPLC501Driver_IO. inc、SPLC501Driver_IO. asm；用户 API 功能接口函数文件：SPLC501User. h、SPLC501User. c、DataOSforLCD. asm。

其中在 SPLC501User. c 定义了丰富易用的 API 函数，在 SPLC501User. h 文件里对这些函数进行了声明；SPLC501 液晶显示模组英文字符显示相关的 API 函数如下：

```
void LCD501_Init(unsigned int InitialData)              //初始化液晶显示
void LCD501_ClrScreen(unsigned int Mode)                //点亮屏幕或清屏
void LCD501_SetPaintMode(unsigned ModeCODE)             //设置图形显示模式
unsigned int LCD501_GetPaintMode(void)                  //获取图形显示模式
void LCD501_FontSet(unsinged int Font)                  //选择显示字符的字体大小
unsigned int LCD501_FontGet(void)                       //获得显示字符的字体大小
void LCD501_Char(int x,int y,unsigned int a)            //显示字符
void LCD501_PutString(int x,int y,unsigned int a)       //显示字符串
```

驱动程序文件SPLC501User. c同样定义了显示汉字的API函数，在SPLC501 User. h文件里也对这些函数进行了声明。SPLC501 液晶显示模组英文字符显示相关的 API 函数如下：

```
void LCD501_Bitmap(unsigned int x,unsigned int y,unsigned int * word)
//显示汉字或者位图的字模数据
```

这些函数的详细说明如下：

(1)【API格式】C：void LCD501_Init(unsigned int InitialData)

【功能说明】液晶显示初始化。

【参数】InitialData初始化显示的字，低8位有效。

InitialData = 0x00 表示全屏不显示

InitialData = 0xFF 表示全屏显示

【返回值】无

【备注】在使用LCD前，首先应执行该函数，使LCD处于可以正常显示的状态。

(2)【API格式】C：void LCD501_ClrScreen(unsigned int Mode)

【功能说明】液晶整屏清屏函数。

【参数】清屏类型，Mode = 1 表示全屏点亮，Mode = 0 表示全屏清零。

【返回值】无

(3)【API格式】C：void LCD501_SetPaintMode(unsigned int ModeCODE)

【功能说明】设置图形显示模式。

【参数】ModeCODE为选择图形显示模式，可以是下列数值之一：

0 PAint_COVER：覆盖显示。图形所在位置的原有显示内容将被覆盖。

1 PAint_SET：叠加显示。图形所在位置中原有的黑色点将被保留。

2 PAint_CLR：擦除显示。图形反色显示，但图形所在位置中原有的白色点将被保留。

3 PAint_REV：异或显示。图形中每一个点与原有的点做异或，即如果图形中某点的颜色与其所在位置原有的颜色相同，则该点显示白色，如果新颜色与原来颜色不同，则该点显示黑色。

4 PAint_RECO：取反并覆盖显示。原始图像数据取反，然后图形所在位置的原有显示内容将被覆盖。

【返回值】无

(4)【API格式】C：unsigned int LCD501_GetPaintMode(void)

【功能说明】获得图形显示模式。

【参数】：无

【返回值】ModeCODE为图形显示模式，可以是下列数值之一：

0 PAint_COVER：覆盖显示。图形所在位置的原有显示内容将被覆盖。

1 PAint_SET：叠加显示。图形所在位置中原有的黑色点将被保留。

2 PAint_CLR：擦除显示。图形反色显示，但图形所在位置中原有的白色点将被保留。

3 PAint_REV：异或显示。图形中每一个点与原有的点做异或，即如果图形中某点的颜色与其所在位置原有的颜色相同，则该点显示白色，如果新颜色与原来颜色不同，则该点显示黑色。

4 PAint_RECO取反并覆盖显示。原始图像数据取反，然后图形所在位置的原有显示内容将被覆盖掉。

(5)【API格式】C：void LCD501_FontSet(unsinged int Font)

【功能说明】选择显示ASCII字符的大小类型。

【参数】Font选择ASCII字符的大小：

1，表示字体大小为8×16；

0，表示字体大小为 6×8。

【返回值】无

(6)【API 格式】C：unsigned int LCD501_FontGet(void)

【功能说明】获取当前显示 ASCII 字符的大小类型。

【参数】无

【返回值】选择 ASCII 字符的大小：

1，表示字体大小为 8×16；

0，表示字体大小为 6×8。

(7)【API 格式】C：void LCD501_Char(int x，int y，unsigned int a)

【功能说明】显示单个 ASCII 字符。

【参数】x 表示显示字符的起始列，x 的范围为 0～127；
y 表示显示字符的起始行，y 的范围为 0～63；
a 表示字符的 ASCII 码。

【返回值】无

(8)【API 格式】C：void LCD501_PutString(int x，int y，unsigned int a)

【功能说明】显示 ASCII 字符串。

【参数】x 表示显示字符的起始列，x 的范围为 0～127；
y 表示显示字符的起始行，y 的范围为 0～63；
a 表示字符串的首地址送到指针变量 a。

【返回值】无

(9)【API 格式】C：void LCD501_Bitmap(unsigned int x，unsigned int y，unsigned int * word)

【功能说明】显示汉字或者位图的字模数据。

【参数】x 表示显示字符的起始列(0～128)；
y 表示要显示的字模的起始行(0～64 - y_whide)；
* word 表示要显示的汉字字模的数据首地址。

【返回值】无

【备注】只显示用 DM Tool 取字模软件所取的汉字字模数据，该函数可以在指定位置显示位图。参数 x 和 y 是位图的左上角坐标。word 是"位图数据"的起始地址。"位图数据"的第 1 个字声明了位图的大小，低 8 位代表位图宽度，高 8 位代表位图高度。如 0x172B 表示位图的宽为 43 像素，高为 23 像素。从第 2 个字开始描述位图每个点的颜色(1—— 黑色，0—— 白色)。点对应每个数据位的情况为：从下到上，自左到右，以字(16bit)为存储单位，不足 16 位的补 0。可以利用凌阳大学计划提供的 DM Tool 字模提取工具提取出汉字或 BMP 图像的字模数据，然后直接引用由其生成的字模数组。

7.3.2　液晶显示实例

下面通过一些例子来说明这些 API 函数的使用。

1. LCD 字符显示：显示 hello，world!

(1) 新建一个工程 LCD501_Character，在工程中新建一个 C 语言文件 main. c。

(2) 开发软件中提供了显示驱动程序，驱动程序里定义了常用的一些显示函数，所以这里先复制驱动程序文件到 LCD501_Character 工程：在 IDE 的安装路径 \\SPCE061A\\example\\model_Exa\\Driver\\SPLC501driver 下找到驱动文件 DataOSforLCD. asm、SPLC501 Driver_IO. asm、SPLC501Driver_IO. inc、SPLC501User. c 和 SPLC501User. h。复制这些文件到新建的工程文件夹以方便新建工程加载使用。

(3) 添加 DataOSforLCD. asm、SPLC501Driver_IO. asm 和 SPLC501User. c 文件到 Source Files，添加 SPLC501Driver_IO. inc 和 SPLC501User. h 文件到 Head Files。添加方法和语音实验中添加 hardware. asm 文件方法一样，添加之后再编写程序时就可以直接使用其中的 API 函数了。

(4) 按照程序流程图在 main. c 文件里编写 C 语言程序，程序里调用 SPLC501 驱动程序中的子函数，控制 LCD 显示。常用的 API 函数是在 SPLC501User. h 头文件中声明的，所以这里需要在 main. c 文件开始包含头文件 SPLC501User. h。

```
# include  "SPLC501User.h"                              //包含 SPLC501 的头文件
# define   P_Watchdog_Clear    (volatile unsigned int * )0x7012

//=================================================================
//实现功能:LCD 字符显示
//=================================================================

int main(void)
{
    int i,j;                                            //用于延时
    LCD501_Init(0xff);                                 // 初始化 LCD 端口以及 LCD，在
                                                          SPLC501User.c 中定义
    while(1)
    {
        LCD501_ClrScreen(1);                            //满屏显示,即全部点亮

        for(j = 0;j <= 3;j++)                           //延时,保持整个显示屏点亮
            for(i = 0;i < 0x1fff;i++)
                * P_Watchdog_Clear = 0x0001;            //清看门狗

        LCD501_ClrScreen(0);                            //整屏清屏
        LCD501_FontSet(1);                              //设置大号的 ASCII 码字体
        LCD501_PutString(30,3,(unsigned int * )"HELLO WORLD!");
                                                        //显示字符串"HELLO WORLD "
        for(j = 0;j <= 7;j++)                           //延时,保持当前显示
            for(i = 0;i < 0x1fff;i++)
                * P_Watchdog_Clear = 0x0001;            //清看门狗
    }
}
```

2. LCD 汉字显示：显示“北京欢迎您”！

与显示英文字符(ASCII 码)不同，汉字不能直接显示在点阵的 LCD 显示器上，而是要借助一个工具，先把汉字转换成 LCD 显示器能显示的形式。这里可以利用字模数据提取工

具 ——DM Tool，此工具可以提取汉字字模、BMP 位图字模，还可以很方便地提取 ASCII 码字模。

下面介绍利用 DM Tool 字模提取工具提取汉字字模的步骤。

第 1 步：安装好 DM Tool 后，打开 DM Tool 工具，界面如图 7.35 所示。

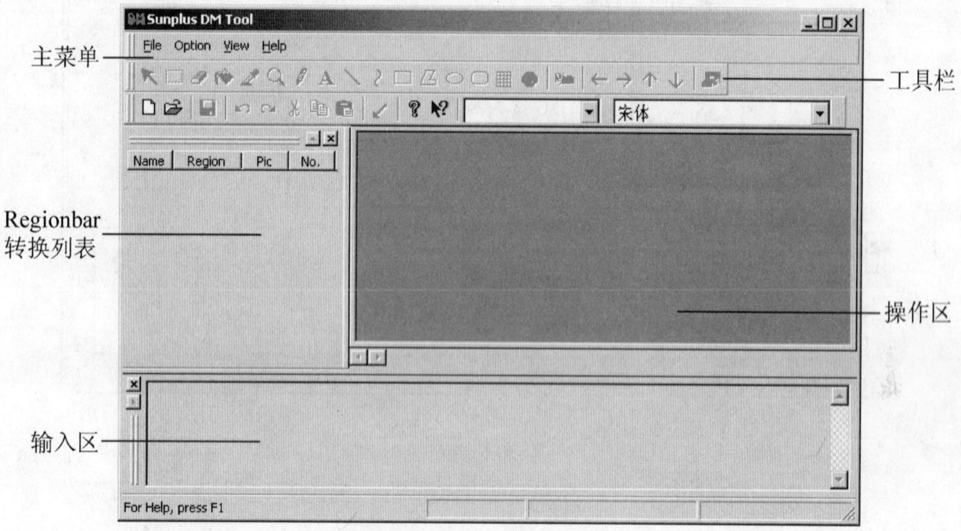

图 7.35　DM Tool 工具界面

DM Tool 为针对 unSP 系列 16 位单片机的字模数据提取工具；用户可以利用此工具提取汉字字模、BMP 位图字模，还可以很方便地提取 ASCII 码字模；用户还可以利用此工具对所要取的汉字、位图等进行编辑；生成的字模数据用以 Word(字型) 数据为基本单元，并以数组的形式保存。字模数据导出时，可以导出一个扩展名为 .C 文件和一个扩展名为 .h 的头文件，用户可以直接把这两个文件加载到用户的工程中，供汉字、位图显示使用。

下面介绍 DM Tool 的使用方法。

在打开的 DM Tool 软件中，选择 file → New 命令，新建工程，如图 7.36 所示。

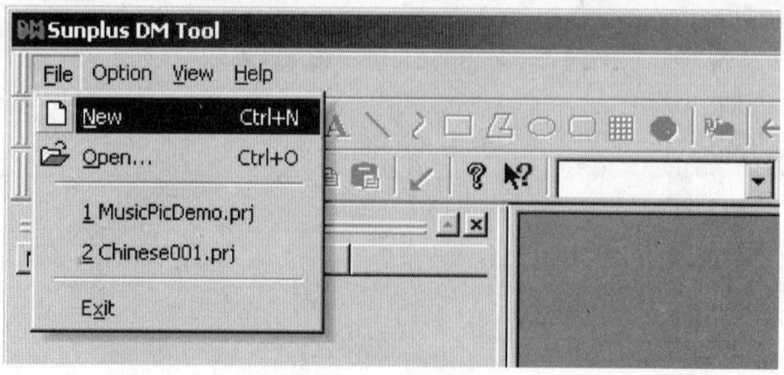

图 7.36　新建工程

新建工程如图 7.37 所示。然后，在输入区中输入“北京欢迎您!”。如图 7.38 所示。

这时利用组合键：Ctrl + Enter，则完成了汉字的输入操作，可以看到转换列表中出现“北京欢迎您!” 4 个汉字的列表，而在操作区中也会出现汉字的点阵图，如图 7.39 所示。

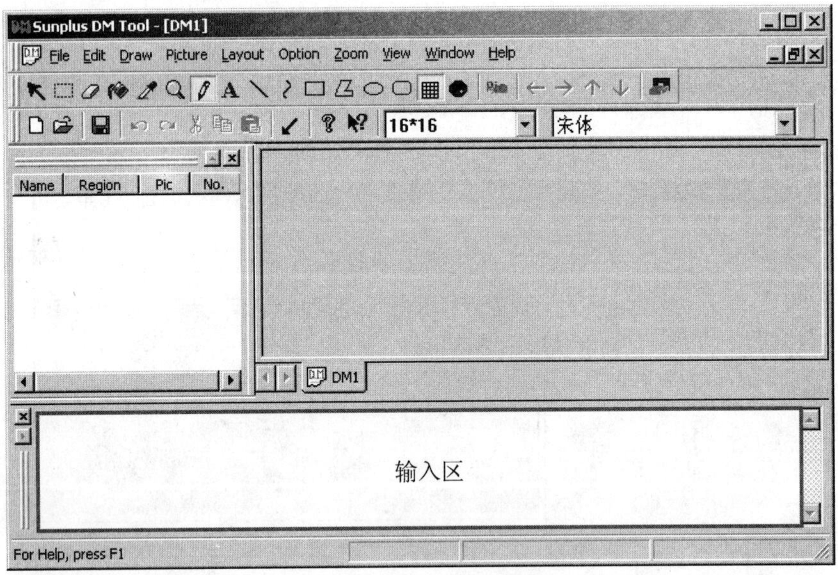

图 7.37　新建工程后在界面

图 7.38　在输入区中输入“北京欢迎您!”

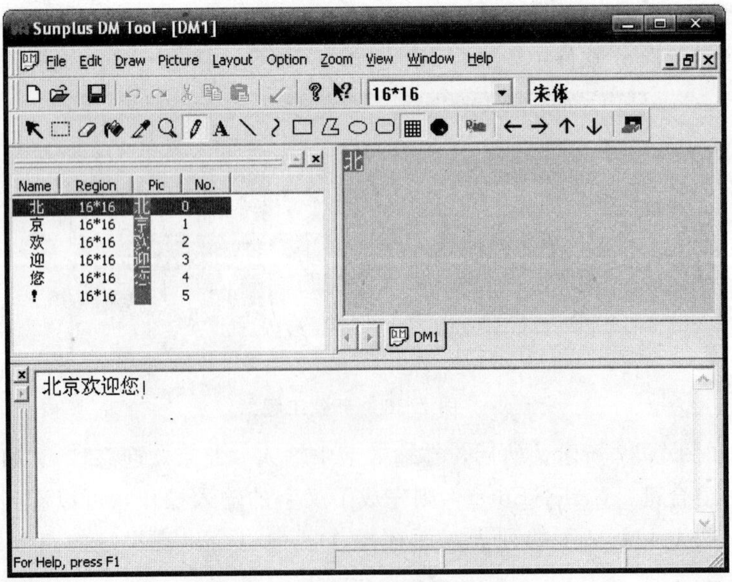

图 7.39　完成汉字输入操作

下一步进行字模数据的提取。选择 File→Export CChar file… 命令，或者直接用工具栏最右边的 Export 工具，如图 7.40 所示；打开字模数据生成窗口，如图 7.41 所示。

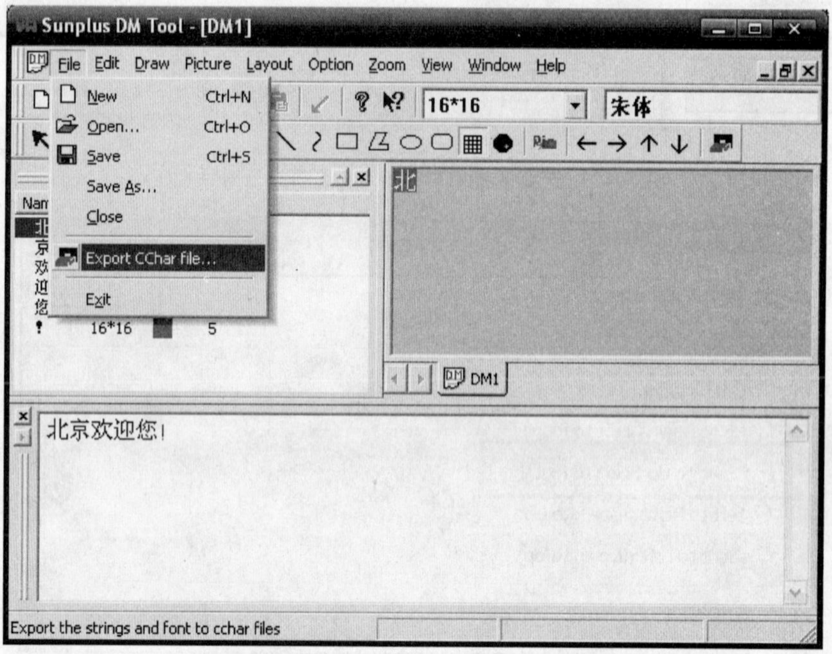

图 7.40　选择 Export... 选项切换窗口

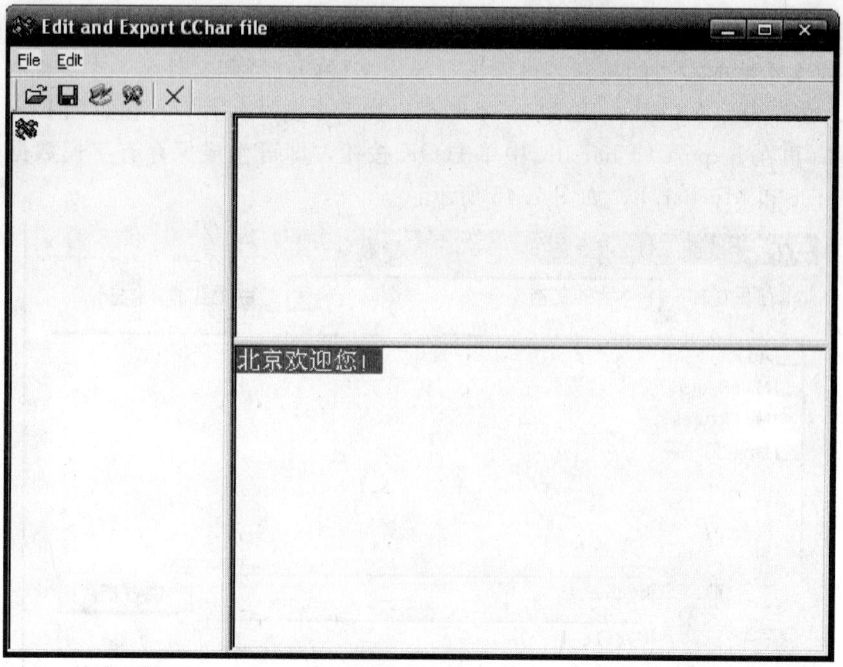

图 7.41　字模数据生成窗口(Edit and Export CChar file)

在字模数据生成窗口中，选择 File→Export CChar files 命令，或工具栏中的 Export CChar file 工具，开始生成数据，即打开了 Export CChar file 对话框，如图 7.42 和图 7.43 所示。

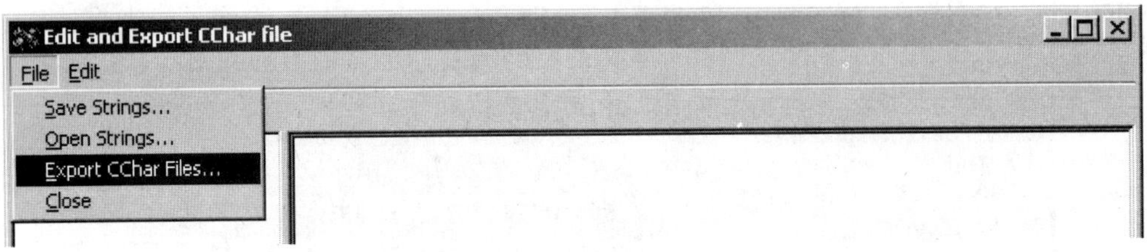

图 7.42　选择 Export CChar file 选项打开对话框

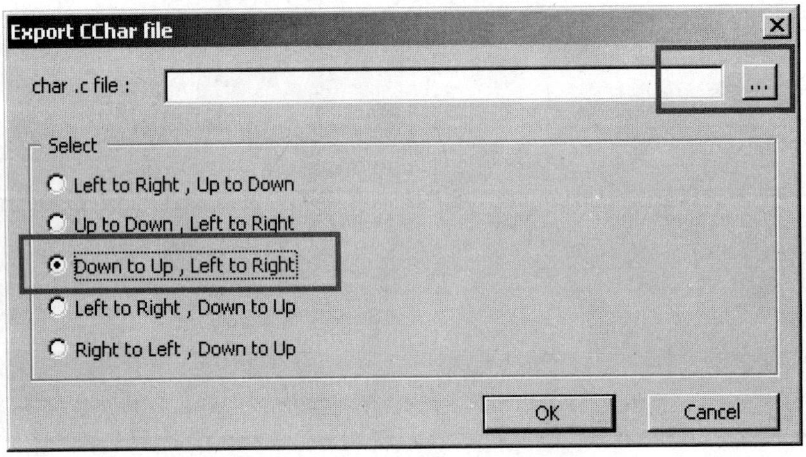

图 7.43　Export CChar file 对话框

在对话框的 Select 选项区域中，选中 Down to Up，Left to Right 单选按钮；单击 char. c file：文本框的右边的按钮，可以选择导出文件的路径和文件名，本例保存在“我的文档”中，文件名为 Mychar，如图 7.44 所示，然后单击“保存”按钮返回 Export CChar file 对话框；再在 Export CChar file 中单击 OK 按钮，即可生成保存有字模数据的两个文件：Mychar. c 和 Mychar. h，如图 7.45 所示：

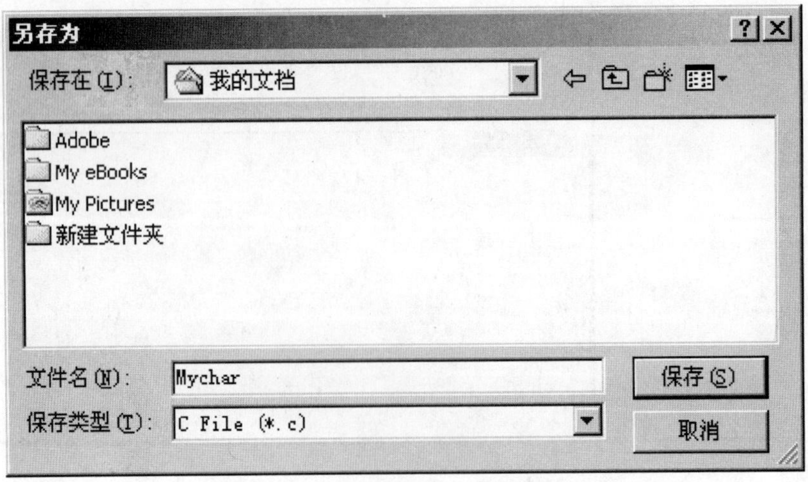

图 7.44　选择路径和保存文件名

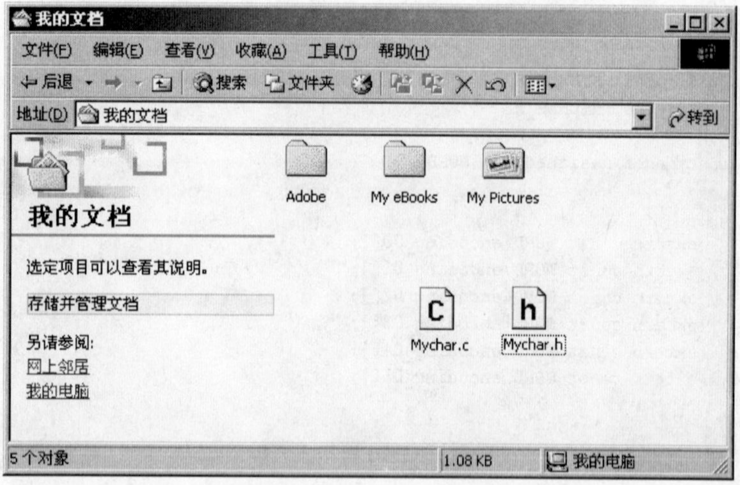

图 7.45　导出的字模数据文件

这时，汉字字模数据的生成操作已完成，已经生成了所需的字模数据文件：Mychar. c 和 Mychar. h。

导出文件后，用户可以关闭字模数据生成窗口，返回到 DM Tool 软件的主窗口，以便进行其他的操作，DM Tool 的使用方法可以参考 DM Tool 的用户手册。

生成的 Mychar. c 和 Mychar. h 两个文件用 unSPIDE 打开后，如图 7.46 和7.47 所示。

```
//Mychar.c file define all chars information.

typedef unsigned int WORD;


const WORD encoding_00[] =      //北
{
    0x1010,
    0x1000, 0x3020, 0x1820, 0x0820, 0x0420, 0x7fff, 0x0000, 0x
    0x0000, 0x3fff, 0x4040, 0x4020, 0x4030, 0x4018, 0x7810, 0x
};

const WORD encoding_01[] =      //京
{
    0x1010,
    0x0000, 0x2004, 0x1004, 0x19e4, 0x0d24, 0x4124, 0x8125, 0x
```

图 7.46　生成的 .C 文件

从图中可见，导出的字模数据以数组的形式保存，可以直接包含到工程中进行引用，下面的例子会直接引用这两个文件，进行汉字显示的操作。

第 1 步，打开 unSPIDE，新建一个工程，工程名为 ShowChinese，再新建一个 C 语言的文件：main. c。

第 2 步，将 SPLC501 的驱动程序文件复制到刚刚建立的工程文件夹当中，共 5 个文件，分别为：SPLC501Driver_IO. asm、SPLC501Driver_IO. inc、SPLC501User. c、SPLC501 User. h、DataOSforLCD. asm。利用 IDE 中菜单 Project → Add to Project → Files… 命令，把这 5 个文件包含到工程当中。

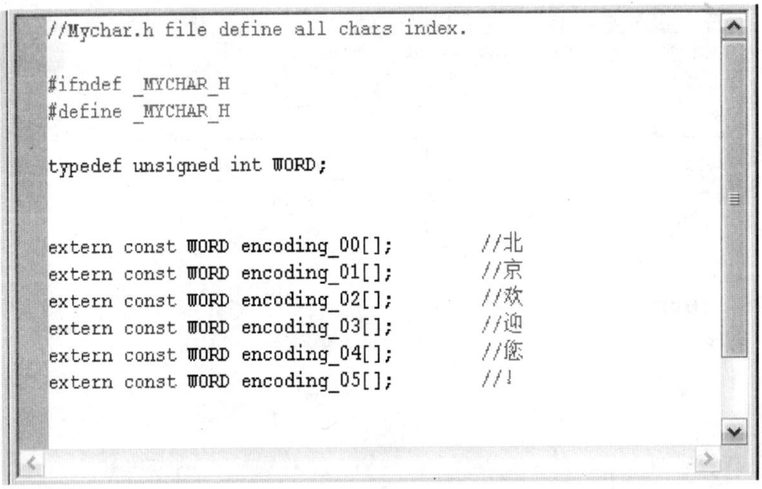

图 7.47 生成的 .h 头文件

完成驱动程序文件加载后，找到上一节中利用 DM Tool 导出生成的两个字模数据文件 Mychar. c 和 Mychar. h，并将这两个文件复制到当前工程的文件夹中，通过上前面所述的方法，把这两个文件加载到工程当中。文件加载完成后，IDE 的 Workspace 窗口中的 FileView 选项卡如图 7. 48 所示。

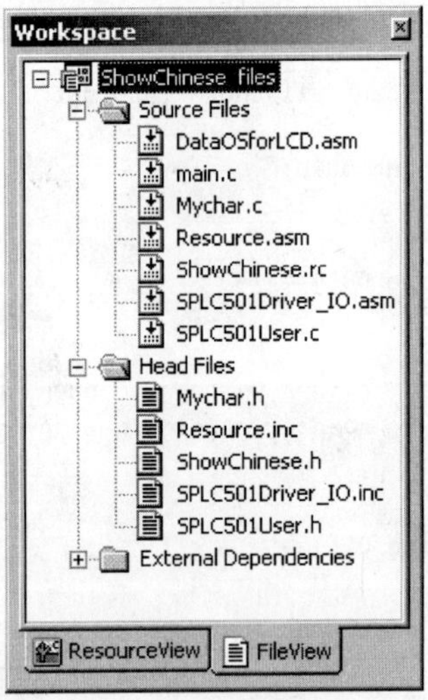

图 7. 48 加载驱动及字模数据文件后的 FileView 选项卡

在 main. c 文件中键入如下代码：

```
//=================================================================
//功能描述:LCD501 显示汉字
//=================================================================
# include "SPLC501User. h"                //包含 SPLC501 液晶模组驱动程序的用户接
                                            口 API 函数声明的头文件
# include "Mychar. h"                     //包含"北京欢迎您!"字模数据的头文件
# define P_Watchdog_Clear(volatile unsigned int * )0x7012
int main(void)
```

```
{
    int i,j;//用于延时
    LCD501_Init(0x00);                          //初始化 LCD 端口以及 LCD 初始化所需要的
                                                  设置,在 SPLC501User.c 中定义
  while(1)
  {
    LCD501_ClrScreen(0);                                    //整屏清屏

    for(j= 0;< = 5;j++)                                     //延时,保持当前显示
      for(i= 0;i< 0x15ff;i++)
        * P_Watchdog_Clear= 0x0001;                         //清看门狗

    LCD501_Bitmap(0,0,(unsigned int * )encoding_00);      //显示"北"
    LCD501_Bitmap(16,0,(unsigned int * )encoding_01);     //显示"京"

    for(j= 0;j< = 5;j++)                                    //延时,保持当前显示
      for(i= 0;i< 0x15ff;i++)
      * P_Watchdog_Clear= 0x0001;                           //清看门狗

    LCD501_Bitmap(32,16,(unsigned int * )encoding_02);    //显示"欢"
    LCD501_Bitmap(48,16,(unsigned int * )encoding_03);    //显示"迎"
    LCD501_Bitmap(64, 16,(unsigned int * )encoding_04);   //显示"您"
    for(j= 0;j< = 5;j++)                                    //延时,保持当前显示
      for(i= 0;i< 0x15ff;i++)
      * P_Watchdog_Clear= 0x0001;                           //清看门狗
  }
}
```

硬件连接图如图 7.49 所示，分别连接 IOB4 与 AO，IOB5 与 R/W，IOB6 与 EP，IOB9 与 CS1，IOA8 ~ IOA15 与 DB0 ~ DB7。

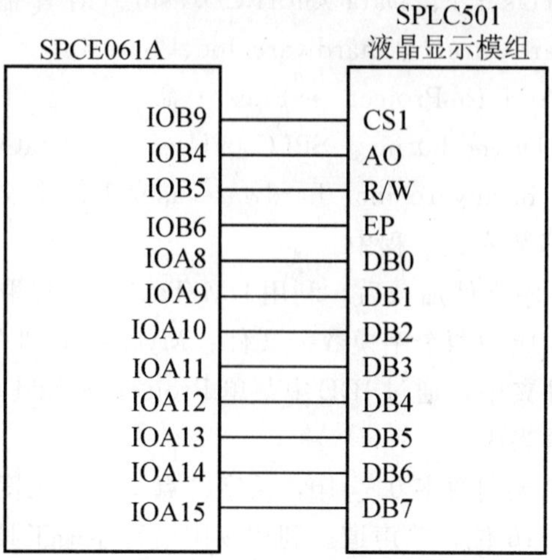

图 7.49　硬件连接图

7.4 综合应用——带语音播报的温度自动测量仪

带语音播报的自动温度测量仪，在前面数码管显示自动温度测量仪的基础上，加上语音播报的功能，并将数码管显示改为 LCD 显示即可。硬件连接图如图 7.50 所示，这里利用 IOB4～6，IOB9 分别完成对液晶显示的 CS 片选信号，A0 数据/命令选择，R/W 为读/写信号，EP 为时钟信号使能端的控制，IOA8～IOA15 与 D0～D7 连接进行数据传输。温度信号首先通过信号调理电路变为电压信号，然后接入 IOA0，对于语音的播报利用两路 DAC 输出。

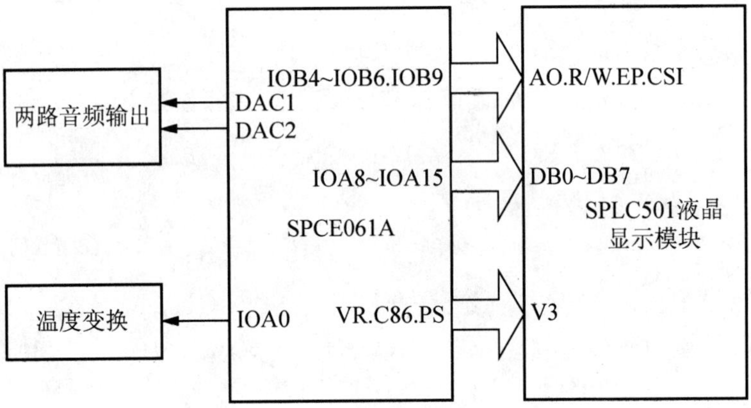

图 7.50 温度测量仪硬件连接图

第 1 步，打开 unSPIDE，新建一个工程，工程名为 Tempture；新建一个 C 语言的文件——main. c，一个汇编语言文件——ISR. asm。

第 2 步，将 SPLC501 和语音播报的驱动程序文件复制到刚刚建立的工程文件夹当中。SPLC501 共 5 个文件，分别为：SPLC501User. h 、SPLC501Driver_IO. asm、SPLC501 Driver_IO. inc、SPLC501User. c、DataOSforLCD. asm。语音播报共 6 个文件分别为：a2000. h、a2000. inc、hardware. h、hardware. inc、hardware. asm，sacmv26e. lib。利用 IDE 中菜单 Project → Add to Project → Files… 命令，把 SPLC501User. h、SPLC501 Driver_IO. asm、SPLC501Driver_IO. inc、SPLC501User. c、DataOSforLCD. asm、a2000. h、a2000. inc、hardware. h、hardware. inc、hardware. asm 这 10 个文件包含到工程当中，另外链接 sacmv26e. lib 语音函数库到工程中。

第 3 步，完成驱动程序文件加载后，利用 DM Tool 工具提取汉字“当前温度为：摄氏度”的字模，找到导出生成的两个字模数据文件：Mychar. c 和 Mychar. h；并将这两个文件复制到当前工程的文件夹中，通过 IDE 中菜单 Project → Add to Project → Files… 命令，把这两个文件加载到工程当中。

第 4 步，利用录音机录制数字 0～10，汉字“点”“摄氏度”的语音，注意录制时语音资源属性设置为：8k，16 位，单声道。利用凌阳语音压缩工具(Compress Tool) 进行语音压缩，将语音压缩为 S480 格式。找到导出生成的语音数据文件，并将这些文件复制到当前工程的文件夹中，通过 IDE 中菜单 Project → Add to Project → Resourse… 命令，把这文件加载到工程当中。

第 5 步，编写主函数 main. c，主函数程序流程图如图 7.51 所示。

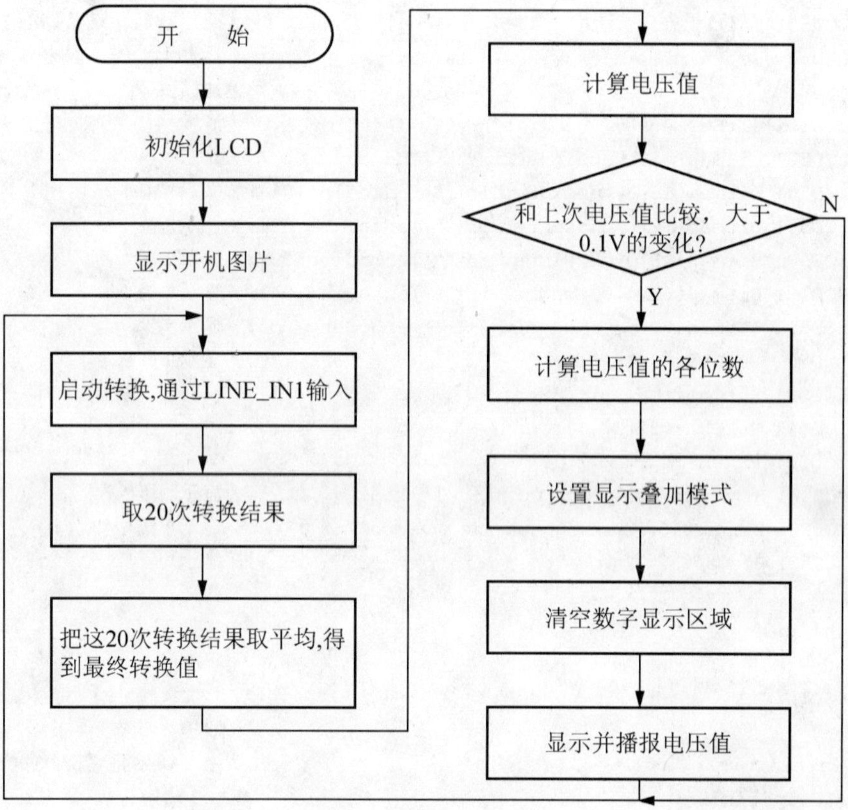

图 7.51　程序流程图

```
//==================================================================
//文件名称:main.c
//功能描述:采集温度经 LCD 显示出来,并语音提示
//==================================================================
# include  "Mychar.h"            //包含汉字"当前温度为:摄氏度"数据头文件
# include  "SPLC501User.h"       //包含液晶显示头文件
# include  "SPCE061A.h"
extern      irq_Initial();       //外部函数完成中断初始化
extern      IO_Initial();        //外部函数完成 I/O 口初始化
unsigned int giADC_DataSave[20]; //数组用于存放 A/D 转换结果,A/D 转换将在中断中进行
void PlayS480(int Result);       //语音播报函数定义,这里由于语音较多,故使用 S480 压缩算法
void ADC_Initial(void);          //ADC 初始化函数定义
int main(void)
{
    int m;
    int uishi,uige,uisfw;        //定义温度显示值的十位,个位,十分位。
    float WenDuA,WenDuB,WenDuC,K,B,adc_data;
    unsigned int uiData;
    WenDuB = 0.0;                //初始化温度值,WenDuB 用于保存前一次采集的温度值
```

```
    WenDuA = 0.0;                                        //WenDuA 表示当前采集的温度值
    LCD501_Init(0x00);                                   //调用初始化函数,初始化 LCD
    LCD501_SetPaintMode(4);                              //设置 LCD 显示图象模式为取反叠
                                                           加模式
    LCD501_ClrScreen(0);                                 //清屏
    LCD501_Bitmap(0,0,(unsigned int * )encoding_00);     //显示"当"
    LCD501_Bitmap(16,0,(unsigned int * )encoding_01);    //显示"前"
    LCD501_Bitmap(32,0,(unsigned int * )encoding_02);    //显示"温"
    LCD501_Bitmap(48,0,(unsigned int * )encoding_03);    //显示"度"
    LCD501_Bitmap(64,0,(unsigned int * )encoding_04);    //显示"为"
    LCD501_Bitmap(80,0,(unsigned int * )encoding_05);    //显示":"
    LCD501_PutChar(0,16,'0');                            //显示 00.0
    LCD501_PutChar(16,16,'0');
    LCD501_PutChar(32,16,'.');
    LCD501_PutChar(48,16,'0');
    LCD501_Bitmap(0,32,(unsigned int * )encoding_06);    //显示"摄"
    LCD501_Bitmap(16,32,(unsigned int * )encoding_07);   //显示"氏"
    LCD501_Bitmap(32,32,(unsigned int * )encoding_08);   //显示"度"

    while(1)                                             //主循环
    {
    IO_Initial();                                        //I/O 口初始化,将 IOA0 设置为悬
                                                           浮输入状态
irq_Initial();                                           //中断初始化,打开 IRQ5_2Hz 中断
    ADC_Initial();                                       //ADC 初始化

    //注意播放语音后会改变中断,ADC 的设置,因此将初始化放入循环,每次数据采集时重新初始化
    adc_data = adc_data_cmp();
    adc_data/= 16.0;                                     //取 18 个数据,减去最大值和最小
                                                           值求平均值,以减少误差
    K = 0.0891;                                          //确定温度系数
    B = 2.4;
    WenDuA = (adc_data * K) - B;                         //换算成温度值
    * P_Watchdog_Clear = 0x0001;
    WenDuC = WenDuB - WenDuA;                            //计算前后两次测温值之差,看有无更新
    if(WenDuC < 0.5&&WenDuC > (- 0.5))                   //和前一次数据比较,有变化更新显
                                                           示和语音提示

    ;
    else{

        WenDuB = WenDuA;
        uishi = (int)WenDuA/10;                          //取得要在 LCD 上显示的数据
        uige = (int)WenDuA% 10;
        uisfw = (int)(WenDuA* 10)% 10;

        m = LCD501_GetPaintMode();                       //获取当前图象叠加模式
        LCD501_SetPaintMode(2);                          //设置为清除模式
```

```
        LCD501_Rectangle(0,16,64,32,PAint_SOLID);           //清除数据显示区
        LCD501_SetPaintMode(m);                             //图象叠加模式恢复
        //显示温度值以及语音播报结果
        LCD501_PutChar(0,16,('0'+ uishi));                  //显示播报温度十位数
        if(uishi > 1)
        {
            PlayS480(uishi);
            PlayS480(10);
        }
        else if(uishi == 1)
        {
            PlayS480(10);
        }
        else
        ;
            LCD501_PutChar(16,16,('0'+ uige));              //显示播报温度十位数
        if(uige!= 0)
        {
            PlayS480(uige);
        }
            LCD501_PutChar(32,16,'.');                      //显示小数点
        if(uishi == 0&&uige == 0)
        {
            PlayS480(0);
            PlayS480(11);                                   //播报"点"
        }
            else
            PlayS480(11);                                   //播报"点"
            LCD501_PutChar(48,16,('0'+ uisfw));             //显示播报温度十分位
            PlayS480(uisfw);
            PlayS480(12);                                   //播报"摄氏度"
            }
        }
    }

//===========================================================
//语法格式:void PlayS480(int Result);
//实现功能:语音播放
//===========================================================
void PlayS480(int Result)
{
    SACM_S480_Initial(1);                                   //播放初始化
    SACM_S480_InitQueue();
    SACM_S480_Play(Result,3,3);
    while((SACM_S480_Status()&0x0001)!= 0)                  //填充队列播放
{
        SACM_S480_ServiceLoop();
```

```
        * P_Watchdog_Clear = 0x0001;
    }
        SACM_S480_Stop();                      //停止播放 __asm("FIQ OFF");
}
//===========================================================
//语法格式:int adc_data_cmp(void);
//实现功能:求 18 次 AD 转换值之和并减去最大值和最小值
//===========================================================
intadc_data_cmp()
{
    int max;
    int min;
    int Sum = 0;
    int i;
    max = giADC_DataSave[0];
    for(i = 0;i < 18;i++)
    {
        if(giADC_DataSave[i] > max)
            max = giADC_DataSave[i];          //取出最大值
    }
        min = giADC_DataSave[0];
    for(i = 0;i < 18;i++){
        if(giADC_DataSave[i] < min)
            min = giADC_DataSave[i];          //取出最小值
    }
    for(i = 0;i < 18;i++)
        Sum += giADC_DataSave[i];             //累计值
        Sum = Sum - max - min;                //排除最大最小值

    return(Sum);                              //返回求和值
}
//===========================================================
//语法格式:void ADC_Initial(void)
//实现功能:ADC 初始化
//===========================================================
void ADC_Initial(void)
{
        * P_DAC_Ctrl = 0;                     //AD 转换初始化
        * P_ADC_Ctrl = C_ADCE + C_MIC_DIS + C_AGCN + C_DAC_OUT3mA + C_VEXTREF_DIS
+ C_V2VREFB_DIS;
        uiData = * P_ADC_LINEIN_Data;
        while((* P_ADC_MUX_Ctrl&0x8000) != 0x8000);
        * P_ADC_MUX_Ctrl = C_ADC_CH1;         //选择 A/D 转换通道 0
}
```

第 6 步，编写 ISR.asm，在这个汇编文件中包含了中断初始化函数，I/O 口初始化函数，用于语音播报的 FIO 中断服务程序，用于进行 18 次 ADC 的 IRQ5_2Hz 中断服务程序。

```
.INCLUDE   hardware.inc
.INCLUDE   s480.inc;
.externAL _giADC_DataSave                       //此数组将在主程序中用到
.DEFINE    P_ADC_MUX_Ctrl      0x702B
.DEFINE    P_ADC_MUX_Data      0x702C
.CODE
//==============================================================
//函数名称:irq_Initial
//实现功能:中断初始化函数,打开 IRQ5_2Hz 中断
//==============================================================
.PUBLIC _irq_Initial
_irq_Initial:
    PUSH  R1 to [sp]
    R1 = 0x0004
    [P_int_Ctrl] = R1
      irq on
    POP R1 from [sp]
  RETF;
//==============================================================
//函数名称:IO_Initial
//实现功能:IO 口初始化, 将 IOA0 设置为悬浮输入状态
//==============================================================
.PUBLIC _IO_Initial
_IO_Initial:
    PUSH  R1 to [sp]
    R1 = [P_IOA_Attrib]//IOA0 为悬浮输入,注意只修改 IOA0,其他位不动
    R1|= 0x0001
    [P_IOA_Attrib] = R1
    R1 = [P_IOA_Dir]
    R1&= 0xFFFE
    [P_IOA_Dir] = R1
    R1 = [P_IOA_Data]
    R1&= 0xFFFE
    [P_IOA_Data] = R1
    POP R1 from [sp]
    RETF
//==============================================================
//函数名称:FIQ();
//实现功能:S480 语音播放
//==============================================================
.TEXT
.PUBLIC _FIQ
_FIQ:
    PUSH R1,R5 to [SP]
    R1 = [P_int_Ctrl]
    R1&= 0x2000
    jz ?notTimerA                               //当不为 TIQ_TMA,则转
```

```
    CALL F_FIQ_Service_SACM_S480;                    //播放 480
    R1 = 0x2000
    [P_int_Clear] = R1
    POPR1,R5 from [SP];
    RETI;
?notTimerA:
    R1 = 0x8800;
    [P_int_Clear] = R1;
    POPR1,R5 from [SP];
    RETI;
//===============================================================
//函数名称:IRQ5();
//实现功能:做 18 次 AD 转换,将结果存入数组 giADC_DataSave[]
//===============================================================
.PUBLIC _IRQ5
_IRQ5:
    PUSH R1,R5 TO[sp]
    R1 = 0x0008
    TEST R1,[P_int_Ctrl]
    JNZL_4Hz                                         //开 Timer AFIQ
    R1 = 0x0004
    [P_int_Clear] = R1                               //清中断

A DC_Value:
    R1 = 0
L_AD:
    R2 = [P_ADC_MUX_Ctrl]                            //读寄存器[P_ADC_MUX_Ctrl]的 B15 位
    TEST R2,0x8000//判断是否转换完毕
    JZ L_AD//否,继续转换
    R3 = [P_ADC_MUX_Data]                            //是,则读出[P_ADC_MUX_DATA]转换结果
    R3 = R3 lsr 4
    R3 = R3 lsr 2
    R2 = R1 + _giADC_DataSave
    [R2] = R3
    R1 = R1 + 1
    cmp R1,18
    JNE L_AD
    JMP exit_int

L_4Hz:
    R1 = 0x0008
    [P_int_Clear] = R1                               //清中断
exit_int:
    POP R1,R5 FROM [sp]
    RETI
.END
```

第 7 步，Rebuild All，出现错误。在 resource.asm 文件中定义语音资源表和语音播放

顺序(或者说定义语音索引号)，注意为了使用方便，资源表中索引号为0的资源为播报数字0的语音，资源表中索引号为1的资源为播报数字1的语音……资源表中索引号为10的资源为播报数字10的语音，索引号为11的资源为播报汉字“点”的语音，索引号为11的资源为播报汉字“摄氏度”的语音。

```
//=====================================================================
//函数名称:T_SACM_S480_SpeechTable
//实现功能:语音播放列表的建立
//=====================================================================
.PUBLIC  T_SACM_S480_SpeechTable;
T_SACM_S480_SpeechTable:
  .dw_RES_0_48K_SA;                  //播报数字 0 的语音
  .dw_RES_1_48K_SA;                  //播报数字 1 的语音
  .dw_RES_2_48K_SA;                  //播报数字 2 的语音
  .dw_RES_3_48K_SA;                  //播报数字 3 的语音
  .dw_RES_4_48K_SA;                  //播报数字 4 的语音
  .dw_RES_5_48K_SA;                  //播报数字 5 的语音
  .dw_RES_6_48K_SA;                  //播报数字 6 的语音
  .dw_RES_7_48K_SA;                  //播报数字 7 的语音
  .dw_RES_8_48K_SA;                  //播报数字 8 的语音
  .dw_RES_9_48K_SA;                  //播报数字 9 的语音
  .dw_RES_10_48K_SA;                 //播报数字 10 的语音
  .dw_RES_DIAN_48K_SA;               //播报“点“”
  .dw_RES_SHESHIDU_48K_SA;           //播报数字 0 的语音
```

小　　结

本章主要讲解单片机的语音和LCD相关知识。语音处理技术是一门新兴的技术，它不仅包括语音的录制和播放，还涉及语音的压缩编码和解码，语音的识别等各种处理技术。SPCE061A是凌阳科技推出的一款16位μ'nSP结构的微控制器。该芯片带有硬件乘法器，能够实现乘法运算、内积运算等复杂的运算。它不仅运算能力强，而且处理速度快，单周期最高可以达到49MHz。SPCE061A内嵌32K字的FLASH程序存储器以及2K的SRAM。同时该SOC芯片具有ADC和DAC功能，其MIC_ADC通道带有AGC自动增益环节，能够很轻松的将语音信号采集到芯片内部，两路10位的电流输出型DAC，只要外接一个功放就可以完成声音的播放。凌阳的SPCE061A提供了语音函数库 ，即SACM-LIB，该库将A/D转换、编码、解码、存储及D/A转换作成相应的模块，对于每个模块都有其应用程序接口API，所以只需了解每个模块所要实现的功能及其参数的内容，然后调用该API函数即可实现该功能。

单片机与显示器件的接口是以单片机为核心的嵌入式测控系统的一个不可缺少的环节，具体工作包括显示器件类型的选择、显示驱动及接口方式的确定等问题。LED数码管的亮度高，适用于大多数应用场合。其缺点是接口电路复杂，功耗高。而液晶显示器件是利用液晶的电光效应制作的，具有功耗低、接口控制方便等优点，同时模块的接口信号和操作指令具有广泛的兼容性，能直接与单片机连接口；此外，它还有专用指令，可方便地实现各种不同的操作。液晶显示器件分字符式、点阵式和波段式。其中，点阵式液晶显示器件不仅可以显示数字、字符，还可显示各种图形、曲线及汉字，而且可实现分区开窗口、闪烁、反转等动态显示功能。因此在各类测量及控制仪表中被广泛应用。

习　　题

一、问答题

1. 模拟语音如何变换为数字化语音？
2. A2000 和 S480 压缩算法分别适合于何种场合？
3. 简述如何实现 A2000 语音的自动播放。
4. 简述如何实现语音资源的压制，如何将压制好的语音资源加入工程。
5. 实现 A2000 语音播放所需的头文件和支持文件有哪些？
6. 如何将语音函数加入工程？
7. 语音资源列表中索引号有什么规律？如何使用？
8. 实现 LCD501 液晶显示所需的头文件和支持文件有哪些？
9. 如何实现字符的显示？
10. 如何实现汉字的显示？

二、上机练习

1. 编写程序实现 0～3.3V 电压的采集，并将采集的数据利用 LCD501 液晶显示出来。
2. 录制一段语音资源，并进行播放。

参考文献

[1] 罗亚非．凌阳16位单片机应用基础．北京：北京航空航天大学出版社，2005.

[2] 凌阳大学计划．凌阳十六位单片机实验箱实验指导书．北京：北阳电子有限公司，2005.

[3] 凌阳大学计划．凌阳单片机在大学生电子竞赛中的应用．北京：北京航空航天大学出版社，2005.

[4] 高玉良．电路与模拟电子技术．北京：高等教育出版社，2008.

[5] 黄智伟．凌阳单片机课程设计指导．北京：北京航空航天大学出版社，2007.

[6] 袁越阳．如何学好单片机．幸叶电子(苏州)有限公司．

[7] 彭传正．凌阳单片机原理与实践．北京：北京航空航天大学出版社，2006.

[8] 杜刚．16位单片机原理及应用(凌阳系列)．北京：中国电力出版社，2007.

[9] 高吉祥．数字电子技术．北京：电子工业出版社，2004.

[10] 李源生．电路与模拟电子技术．北京：电子工业出版社，2007.

[11] 夏路易．数字电子技术基础教程．北京：电子工业出版社，2009.

[12] 李晶皎．嵌入式语音技术及凌阳16位单片机应用．北京：北京航空航天大学出版社，2003.

北京大学出版社高职高专机电系列教材

序号	书号	书名	编著者	定价	出版日期
1	978-7-301-10464-2	工程力学	余学进	18.00	2006.1
2	978-7-301-10371-9	液压传动与气动技术	曹建东	28.00	2006.1
3	978-7-301-11566-4	电路分析与仿真教程与实训	刘辉珞	20.00	2007.2
4	978-7-5038-4863-6	汽车专业英语	王欲进	26.00	2007.8
5	978-7-5038-4864-3	汽车底盘电控系统原理与维修	闵思鹏	30.00	2007.8
6	978-7-5038-4868-1	AutoCAD 机械绘图基础教程与实训	欧阳全会	28.00	2007.8
7	978-7-5038-4866-7	数控技术应用基础	宋建武	22.00	2007.8
8	978-7-5038-4937-4	数控机床	黄应勇	26.00	2007.8
9	978-7-301-13258-6	塑模设计与制造	晏志华	38.00	2007.8
10	978-7-301-12182-5	电工电子技术	李艳新	29.00	2007.8
11	978-7-301-12181-8	自动控制原理与应用	梁南丁	23.00	2007.8
12	978-7-301-12180-1	单片机开发应用技术	李国兴	21.00	2007.8
13	978-7-301-12173-3	模拟电子技术	张　琳	26.00	2007.8
14	978-7-301-09529-5	电路电工基础与实训	李春彪	31.00	2007.8
15	978-7-5038-4861-2	公差配合与测量技术	南秀蓉	23.00	2007.9
16	978-7-5038-4865-0	CAD/CAM 数控编程与实训(CAXA 版)	刘玉春	27.00	2007.9
17	978-7-5038-4862-9	工程力学	高　原	28.00	2007.9
18	978-7-5038-4869-8	设备状态监测与故障诊断技术	林英志	22.00	2007.9
19	978-7-301-12392-8	电工与电子技术基础	卢菊洪	28.00	2007.9
20	978-7-5038-4867-4	汽车发动机构造与维修	蔡兴旺	50.00(1CD)	2008.1
21	978-7-301-13260-9	机械制图	徐　萍	32.00	2008.1
22	978-7-301-13263-0	机械制图习题集	吴景淑	40.00	2008.1
23	978-7-301-13264-7	工程材料与成型工艺	杨红玉	35.00	2008.1
24	978-7-301-13262-3	实用数控编程与操作	钱东东	32.00	2008.1
25	978-7-301-13261-6	微机原理及接口技术(数控专业)	程　艳	32.00	2008.1
26	978-7-301-12386-7	高频电子线路	李福勤	20.00	2008.1
27	978-7-301-13383-5	机械专业英语图解教程	朱派龙	22.00	2008.3
28	978-7-301-12384-3	电路分析基础	徐　锋	22.00	2008.5
29	978-7-301-13572-3	模拟电子技术及应用	刁修睦	28.00	2008.6
30	978-7-301-13575-4	数字电子技术及应用	何首贤	28.00	2008.6
31	978-7-301-13574-7	机械制造基础	徐从清	32.00	2008.7
32	978-7-301-13657-7	汽车机械基础	邰　茜	40.00	2008.8
33	978-7-301-13655-3	工程制图	马立克	32.00	2008.8
34	978-7-301-13654-6	工程制图习题集	马立克	25.00	2008.8
35	978-7-301-13573-0	机械设计基础	朱凤芹	32.00	2008.8
36	978-7-301-13582-2	液压与气压传动	袁　广	24.00	2008.8
37	978-7-301-13662-1	机械制造技术	宁广庆	42.00	2008.8
38	978-7-301-13661-4	汽车电控技术	祁翠琴	39.00	2008.8
39	978-7-301-13658-4	汽车发动机电控系统原理与维修	张吉国	25.00	2008.8
40	978-7-301-13653-9	工程力学	武昭晖	25.00	2008.8
41	978-7-301-14139-7	汽车空调原理及维修	林　钢	26.00	2008.8
42	978-7-301-13652-2	金工实训	柴增田	22.00	2009.1
43	978-7-301-14656-9	实用电路基础	张　虹	28.00	2009.1
44	978-7-301-14655-2	模拟电子技术原理与应用	张　虹	26.00	2009.1
45	978-7-301-14453-4	EDA 技术与 VHDL	宋振辉	28.00	2009.2
46	978-7-301-14470-1	数控编程与操作	刘瑞已	29.00	2009.3
47	978-7-301-14469-5	可编程控制器原理及应用(三菱机型)	张玉华	24.00	2009.3
48	978-7-301-12385-0	微机原理及接口技术	王用伦	29.00	2009.4
49	978-7-301-12390-4	电力电子技术	梁南丁	29.00	2009.4
50	978-7-301-12383-6	电气控制与 PLC(西门子系列)	李　伟	26.00	2009.6

序号	书号	书名	编著者	定价	出版日期
51	978-7-301-13651-5	金属工艺学	柴增田	27.00	2009.6
52	978-7-301-12389-8	电机与拖动	梁南丁	32.00	2009.7
53	978-7-301-12391-1	数字电子技术	房永刚	24.00	2009.7
54	978-7-301-13659-1	CAD/CAM 实体造型教程与实训(Pro/ENGINEER 版)	诸小丽	38.00	2009.7
55	978-7-301-15378-9	汽车底盘构造与维修	刘东亚	34.00	2009.7
56	978-7-301-13656-0	机械设计基础	时忠明	25.00	2009.8
57	978-7-301-12387-4	电子线路 CAD	殷庆纵	28.00	2009.8
58	978-7-301-12382-9	电气控制及 PLC 应用(三菱系列)	华满香	24.00	2009.9
59	978-7-301-15692-6	机械制图	吴百中	26.00	2009.9
60	978-7-301-15676-6	机械制图习题集	吴百中	26.00	2009.9
61	978-7-301-16898-1	单片机设计应用与仿真	陆旭明	26.00	2010.2
62	978-7-301-15578-3	汽车文化	刘　锐	28.00	2009.8
63	978-7-301-15742-8	汽车使用	刘彦成	26.00	2009.9
64	978-7-301-16919-3	汽车检测与诊断技术	娄　云	35.00	2010.2
65	978-7-301-17122-6	AutoCAD 机械绘图项目教程	张海鹏	36.00	2010.5
66	978-7-301-17079-3	汽车营销实务	夏志华	25.00	2010.6
67	978-7-301-17148-6	普通机床零件加工	杨雪青	26.00	2010.6
68	978-7-301-16830-1	维修电工技能与实训	陈学平	37.00	2010.7
69	978-7-301-13660-7	汽车构造(上册)——发动机构造	罗灯明	30.00	2010.8
70	978-7-301-17398-5	数控加工技术项目教程	李东君	48.00	2010.8
71	978-7-301-17573-6	AutoCAD 机械绘图基础教程	王长忠	32.00	2010.8
72	978-7-301-17324-4	电机控制与应用	魏润仙	34.00	2010.8
73	978-7-301-17557-6	CAD/CAM 数控编程项目教程(UG 版)	慕　灿	45.00	2010.8
74	978-7-301-17609-2	液压传动	龚肖新	22.00	2010.8
75	978-7-301-17569-9	电工电子技术项目教程	杨德明	32.00	2010.8
76	978-7-301-17679-5	机械零件数控加工	李　文	38.00	2010.8
77	978-7-301-17608-5	机械加工工艺编制	于爱武	45.00	2010.8
78	978-7-301-17696-2	模拟电子技术	蒋　然	35.00	2010.8
79	978-7-301-17707-5	零件加工信息分析	谢　蕾	46.00	2010.8
80	978-7-301-17712-9	电子技术应用项目式教程	王志伟	32.00	2010.8
81	978-7-301-17730-3	电力电子技术	崔　红	23.00	2010.9
82	978-7-301-17711-2	汽车专业英语图解教程	侯锁军	22.00	2010.9
83	978-7-301-17821-8	汽车机械基础项目化教学标准教程	傅华娟	40.00	2010.10
84	978-7-301-17532-3	汽车构造(下册)——底盘构造	罗灯明	29.00	2011.1
85	978-7-301-17958-1	单片机开发入门及应用实例	熊华波	30.00	2011.1

电子书(PDF 版)、电子课件和相关教学资源下载地址：http://www.pup6.com/ebook.htm，欢迎下载。
欢迎免费索取样书，请填写并通过 E-mail 提交教师调查表，下载地址：http://www.pup6.com/down/教师信息调查表 excel 版.xls，欢迎订购。
欢迎投稿，并通过 E-mail 提交个人信息卡，下载地址：http://www.pup6.com/down/zhuyizhexinxika.rar。
联系方式：010-62750667，laiqingbeida@126.com，linzhangbo@126.com，欢迎来电来信。